化学工业出版社"十四五"普通高等教育规划教材

白酒品评与酒体设计

李学思　主编　　潘春梅　赵志军　副主编

化学工业出版社

·北京·

内容简介

《白酒品评与酒体设计》吸取了酿酒工程领域新的研究成果，结合传统的评酒经验和勾调技巧，重点介绍了白酒的品评和酒体设计。本教材主要分为绪论、白酒品评和白酒酒体设计三部分，其中绪论部分主要介绍白酒的起源、白酒的发展趋势、白酒品评及酒体设计的目的意义和中国白酒的分类等；白酒品评部分主要讲述酒类风味化学、白酒微量成分及其作用、白酒风味成分与香型风格的关系、白酒生产工艺及其风格的形成、白酒品评方法及要点、白酒主要成分分析及仪器、评酒员的训练与考核、品评技巧、计算机在评酒技术中的应用与发展等；酒体设计部分主要包括白酒的贮存与老熟、白酒勾调原料的预处理、白酒的勾调、低度白酒及调香白酒的酒体设计等。教材内容涵盖白酒品评和白酒酒体设计的技能和方法等各个环节，在写作体例上，充分考虑到酿酒工程的学科特点，根据章节内容配置了品评及勾调实操训练，便于读者学习和提高。

本书可作为高等院校酿酒工程、食品科学与工程、食品质量与安全、食品营养与健康、生物技术等专业师生的教材，也可作为酿酒企业科研、管理人员的参考用书。

图书在版编目（CIP）数据

白酒品评与酒体设计 / 李学思主编 ；潘春梅，赵志
军副主编. -- 北京 ：化学工业出版社，2025. 8.
（化学工业出版社"十四五"普通高等教育规划教材）.
ISBN 978-7-122-48333-1

Ⅰ. TS262.3

中国国家版本馆 CIP 数据核字第 2025BC4696 号

责任编辑：尤彩霞　　　　　文字编辑：白华霞
责任校对：李　爽　　　　　装帧设计：韩　飞

出版发行：化学工业出版社
　　　　　（北京市东城区青年湖南街 13 号　邮政编码 100011）
印　　装：河北鑫兆源印刷有限公司
787mm×1092mm　1/16　印张 13½　字数 335 千字
2025 年 9 月北京第 1 版第 1 次印刷

购书咨询：010-64518888　　　售后服务：010-64518899
网　　址：http://www.cip.com.cn
凡购买本书，如有缺损质量问题，本社销售中心负责调换。

定　　价：45.00 元　　　　　　　版权所有　违者必究

《白酒品评与酒体设计》
编写人员名单

主　　编：　李学思

副　主　编：　潘春梅　赵志军

其他参编人员：

张晓峰　曹振华　刘延波

王俊坤　李绍亮　李富强

吴　鑫　闫培勋　侯小歌

王　静　李　斌　余海尤

主　　审：　杨明超

→ 前言

白酒品评与酒体设计是酿酒工程专业的核心课程。白酒品评课程实践性强，是学生学习了有机化学、生物化学、分析化学等基础课程后再学习的一门专业课。目的是培养学生掌握白酒的品尝方法、品评技巧、打分原则、评语书写等各项实践技能以及各香型白酒质量风格特点、质量标准等理论知识，使初学者具备白酒感官质量的鉴别能力，基本可胜任企业评酒员、质检员岗位。白酒酒体设计是在学生学习了白酒生产工艺学、白酒品评学、酒类分析等课程后才能学习的一门专业课程。要求学生具有对工艺、品评、储存、质量风格及产品标准进行了解和认知的能力。目的是培养学生掌握酒体设计技巧，具备根据不同消费需求而设计出具有独特风格的成品酒的基本能力。本课程主要从爱国情怀、理想信念、社会责任、科学精神、工程伦理、工匠精神、生态文明、诚实守信、团结协作等方面引入思政元素，对学生进行社会主义核心价值观教育、中华优秀传统文化教育。

本书针对酿酒行业教学和生产需要而编写，为高校酿酒工程专业及其他相关专业的学生提供参考教材，为酿酒行业生产、技术、检验人员提供技术参考，本教材也可作为高等学校食品科学与工程、生物技术等专业选修课教材，还可作为酒类生产、销售、流通、文化旅游等领域进修、研习以及职业技能鉴定参考用书。本书体例新颖，既有一定的理论基础知识，又有较强的可操作性。

河南省宋河酒业股份有限公司对本书的出版给予了大力支持和帮助，在此致以衷心的感谢。

由于编者水平有限，书中不足和疏漏之处在所难免，敬请读者指正，以便日后修订时加以改进、补充和完善。

编者
2025 年 1 月

⊖ 目 录

第 1 篇 绪论

第 2 篇 白酒品评

第7章　白酒生产工艺及其风格的形成 ——————— 79

第 3 篇　白酒酒体设计

第 1 篇

绪　论

第1章

白酒的起源与发展

白酒是以曲类、酒母、糖化酶等为糖化发酵剂，利用粮谷或含糖类的原料，经蒸煮、糖化、发酵、蒸馏、贮存、勾调而成的蒸馏酒。若采用糖质原料，则无需糖化；调香白酒则以白酒或优质酒精为酒基，用香源调制而成。

从现代科学的观点来看，酒的起源经历了一个从自然酿酒逐渐过渡到人工酿酒的漫长过程，我国酒的起源与发展大概经历了四个阶段。

1.1 自然酒阶段

凡是含有糖分的物质，如水果、蜂蜜、兽乳，很容易受到自然界中的发酵微生物（酵母菌为主）的作用而产生酒。所以，普遍认为，最原始的酒，应该是由含糖水果自然发酵而成的。古代文人笔下屡见不鲜的猿猴酿酒应该是自然酒的起源之一。

1.2 第一代人工饮料酒阶段

人类最早的人工饮料酒的发明，是游牧时代用兽乳酿造的乳酒。因为兽乳中含有乳糖，能自然发酵生成乙醇（酒精）。这种乳酒，古称醴酪（《周礼·礼运》）。也就是说，第一代人工饮料酒，不添加任何糖化发酵剂，全靠自然形成。今日的内蒙古、西藏、青海等地，仍保留有兽乳制酒的习惯。第一代人工饮料酒出现的时间应该是距今7000～10000年以前。

1.3 第二代人工饮料酒（发酵酒）阶段

我们平时所指酒的起源，一般是指以粮食为原料酿酒的出现，也就是发酵酒的出现。第二代人工饮料酒的出现，应该是在仰韶文化时期，距今约7000年。因为，这时人类社会已进入以农耕为主的原始社会，这已从地下出土的大量饮酒、酿酒器皿中得到证实。我国第二代人工饮料酒是在粮食中加了糖化发酵剂来酿成的，又称人工发酵酒，亦简称发酵酒。在商周时代人们就已经记述了"若作酒醴，尔惟曲蘖"。曲蘖就是酿酒时所用的糖化发酵剂。这是我国酿酒的一大特点，它又分为天然曲蘖酿酒和人工曲蘖酿酒两个阶段。

1.3.1　天然曲蘖酿酒

用天然曲蘖酿酒是人工饮料酒的第一阶段，出现在农业产生前后。我们祖先因认识到野生植物的淀粉种子可以充饥，便搜集贮藏以备冬用。由于当时保存的方法原始、粗放、条件差，谷物在贮藏过程中受潮发芽、长霉的现象比较普遍，吃剩的熟谷物也会发霉，这些发芽长霉的谷物，就形成了天然的曲蘖。其遇到水以后，会自然发酵生成酒。为此，启示人们模拟其形成过程，从而懂得和掌握了制造曲蘖的方法，并用于酿酒。也就是说，这一阶段的曲、蘖是不分家的，是混合在一起的。《淮南子》中提出"清醠之美，始于耒耜"，也就是说酒源于农业之初。

1.3.2　用曲作酒，用蘖作醴

随着社会生产力的发展和酿酒技术的进步，到了农耕时代的中、晚期，曲蘖分为曲、蘖（谷芽）、黄衣曲（糖化用曲、酱曲）。于是，人们把用蘖酿制的"酒"称为醴，把用曲制作的酒称为酒。也就是说，第二代人工饮料酒发展的第二阶段，实现曲、蘖分家。用蘖酿酒盛行于夏、商、周三代，秦以后逐渐被用曲酿造的酒所取代。至于曲、蘖分家的具体时间，可能在阶级社会的商周时期。明代宋应星在《天工开物》中指出："古来曲造酒，蘖造醴。后世厌醴味薄，遂至失传，则并蘖法亦亡。"从发酵原理看，谷芽在发酵过程中仅起糖化作用，且糖化能力低于曲，加之蘖在制造过程中所网罗的野生酵母菌较少，因而蘖的糖化发酵能力较曲差，所造的醴酒度低，口味淡薄，最终逐渐被淘汰。

曲的发明，是我国古代劳动人民的伟大贡献，19 世纪传入西方，不仅改变了西方自古沿用麦芽糖化谷物，然后再加酵母菌发酵成酒的方法，还奠定了现代酒精工业的基础。更重要的是，曲给现代发酵工业和酶制剂工业带来了深远影响。

随着殷墟的发掘，我国发现了用大缸酿酒的场所，其规模相当可观，可以判断，商代酿酒技术已有较大的进步。《史记正义》引《六韬》云"纣为酒池，迴船糟丘而牛饮者三千馀人为辈"，虽有夸张，但确实反映了酿酒业的规模。

到了公元前 11 世纪西周王朝建立以后，随着社会生产力的发展，酿酒业也有了更大的进步。不但设立了专门机构，指定专职官员来管理酒的生产，还制定了酿酒的操作工艺，这些都促进了酿酒技术的发展。

到了秦汉，酿酒技术有了进一步发展和提高，一是研究原料，并进行分级；二是曲的品种迅速增加，仅汉初扬雄在《方言》中就记载了近 10 种。最初人类用的是散曲，至于大小曲出现的时间，一般认为大曲是秦汉以前，而小曲稍早，当在战国以前。西汉的制酒方法是"用粗米二斛，曲一斛，得酒六斛六斗"，其配方与今日黄酒的配方比例比较接近。

到了公元 5 世纪，北魏贾思勰在《齐民要术》中，系统而又详尽地总结了各种制曲的方法、酿酒的操作工艺规范。这些技术很快传到朝鲜、日本、中南半岛和其他东南亚国家及地区。日本三大酒神庙之一的山松尾神社，就是公元 701 年由一个姓秦的中国酒师建造的。

尔后北宋窦苹的《酒谱》、朱翼中的《北山酒经》等都系统地总结了大量的制曲和酿酒的工艺方法，如酒坛内部涂蜡或漆，新酒必须杀菌，煮酒用松香、黄蜡作消泡剂，榨酒用压板，装坛酒应满，制曲原料不蒸也不煮而用生料，上次老曲涂在生（新）曲外面，等等，这些都说明酿酒技术上的进步和发展。北宋时酿酒技术的又一项重大进步是红曲的发现与应用。明代李时珍和宋应星分别在《本草纲目》和《天工开物》中进行了详细的记载。

　　以上所述的酒并不是蒸馏酒，全都是发酵酒，也称酿造酒。

1.4　第三代人工饮料酒——蒸馏酒的出现

　　用曲作为糖化发酵剂制成的蒸馏酒俗称白酒，又叫烧酒。白酒蒸馏技术是我们祖先为了提高酒度，增加酒精含量，在长期酿酒实践的基础上，利用酒精沸点（78.5℃）与水的沸点（100℃）不同，发明的蒸烤取酒的方法。蒸馏酒的出现，是酿酒史上一个划时代的进步，是我国的第三代人工酒。

　　关于蒸馏酒的起源，从古代起就有人关注过，历来众说纷纭。国内外学者对这个问题仍在进行资料收集及研究工作。随着考古资料的充实及对古代文献资料的查询，人们对蒸馏酒起源的认识逐步深化。

　　目前关于蒸馏酒起源的时代学说有东汉起源说、唐代起源说、宋元起源说等多种不同的观点。蒸馏酒无论何时起源，在我国成为人们广泛消费的大众饮料酒都是明清以后的事情了。

第 2 章

白酒品评与酒体设计的定义和作用

2.1 白酒品评

白酒品质优劣的鉴定，通常是通过理化分析和感官检验的方法实现的。

理化分析是使用各种现代仪器或传统的定量分析，对组成白酒的主要物理化学成分，如乙醇、总酸、总酯、高级醇、甲醇、重金属、氯化物、固形物等，进行定量分析。

感官检验是人们常说的品评、尝评、鉴评等，它是利用人的感觉器官——眼、鼻、口来判断酒的色、香、味、格的方法。

白酒的色、香、味、格的形成不仅取决于各种理化成分的数量，还取决于各种成分之间的协调平衡、微量成分的衬托等，而人们对白酒的感官检验，正是对白酒的色、香、味、格的综合性反映。这种反映是很复杂的，仅靠对理化成分的分析不可能全面地、准确地反映白酒的色、香、味、格的特点，因此感官检验在酒类分析中占有重要的地位。

2.1.1 白酒品评的定义

白酒品评又叫尝评或鉴评，是利用人的感觉器官（视觉、嗅觉和味觉）按照各类酒的质量标准来鉴别白酒质量优劣的一门检测技术。它具有快速而又准确的特点，到目前为止，还不能被任何分析仪器所替代，是国内外用以鉴别食品内在质量的重要手段。

由国家质量监督检验检疫总局（现为国家市场监督管理总局）、国家标准化管理委员会批准，2016 年我国通过了 GB/T 33405—2016《白酒感官品评术语》、GB/T 33406—2016《白酒风味物质阈值测定指南》和 GB/T 33404—2016《白酒感官品评导则》三个关于白酒感官评价方面的标准，并于 2017 年 7 月 1 日起正式实施。

2.1.2 白酒品评的特点

（1）快速 白酒的品评，不需要通过样品处理而直接观色、闻香和品味，根据色、香、味的情况确定风格。这个过程短则几分钟，长则半个小时即可完成。只要具有灵敏度高的感觉器官和掌握了品评技巧的人就能很快判断出某一种白酒的质量好坏。

（2）准确 人的嗅觉和味觉的灵敏度较高，在空气中存在 5×10^{-6} mg/L 的麝香时其香气都能被人嗅闻出来。乙硫醇只要有 6.6×10^{-8} mg/L，就能被人所感觉到。可见，人的嗅觉对某种成分来说，甚至比气相色谱仪的灵敏度还高。

（3）方便 白酒品评只需酒杯、品酒桌、品酒室等简单的工作条件，就能完成对几个、几十个甚至上百个样品的质量鉴定，方便快捷的特点非常突出。

（4）实用　品评对新酒的分级、出厂产品的把关、新产品的研发、市场消费者喜爱品种的认识都有重要作用，而且品酒师的专业品评与消费者的认知度如果一致，那么会对产品消费产生重要影响。

2.1.3　白酒品评的作用

品评是确定质量等级和评选优质产品的重要依据。对工厂、企业来说，应快速地进行半成品检验，加强过程控制，以便量质摘酒，分级入库、贮存，确保产品质量的稳定和不断提高。为此，须建立一支过硬的品评酒技术队伍，既能品评成品酒，又能品评新酒，把住生产（入库）及成品（出厂）两道质量关口。相关国家机关和管理部门，通过举行评酒会、检评质量、分类分级、评选优质产品、颁发质量奖证书等活动，推动白酒行业的发展和产品质量的提高。

通过品评，可以及时确定产品等级，便于分级、分质、分库贮存。

品评是指导生产的有力措施。品评可以发现生产中的问题，从而指导生产技术，所以说它是生产的眼睛。品评也是一门科学，通过品评，还可以掌握酒在贮存过程中物理和化学变化规律，为稳定提高产品质量提供依据。

品评是产品定型的先决条件，能加快检验勾兑和调味的效果，品评是前提，勾调是手段，而勾兑、调味是实现产品定型的技术手段，缺少任何一方均不会产生理想的效果。

品评是鉴别假冒伪劣商品的手段之一。在流通领域里，假冒名优白酒的商品冲击市场，屡见不鲜。这些假冒伪劣商品的出现，不仅使消费者在经济上蒙受损失，而且使生产企业的合法权益和产品声誉受到严重的侵犯和损害。实践证明，结合理化分析，利用感官品评是识别假冒伪劣酒的直观而又简便的方法。

然而，感官品评也不是十全十美的，它受地区性、民族性、习惯性以及个人爱好和心理等因素的影响，同时难以用数字表达，因此感官品评不能代替化验分析。而化验分析因受香味物质、温度、溶剂、异味和复合香的影响，只能准确测定含量，而对呈香、呈味及其变化不能准确地表达，所以化验分析代替不了品评，只有两者有机结合起来，才能发挥更大作用。

2.2　白酒酒体设计

2.2.1　酒体设计的定义

酒体设计学也叫酒体风味设计学，是根据白酒的风味特征和市场的需求，结合工艺技术而设计出具有典型风味个性特征的酒类产品，它包括一整套技术的实施方案和管理准则。酒体设计学是对传统酿酒技艺的传承和发展，是中国传统白酒业的创新和升华，对提升全行业总体科学技术水平具有重要意义和深远影响，是中国白酒工业创新和发展的里程碑。

酒体设计学是以满足消费需求为目标，从酿酒环境、原辅料、曲药、设备、工艺，乃至饮用模式等贯穿消费端至生产端的全链条入手，研究和探索酒体风味特征形成的基本规律，并在此基础上建立的、对酒体风味进行设计的一门学科，在研究方法上通常围绕生物、物理、化学等多个维度开展。随着研究方法的不断进步，一些新的分析工具在白酒酒体设计过程中起到非常重要的作用，如箱线图、聚类热图、风味雷达图、主成分分析等。

2.2.2　酒体设计的作用

① 为消费者提供具有独特个性及风味特征的产品。

② 满足不同地区不同消费者的口感需求。

③ 完善和提高中国白酒的产品质量。

④ 确保产品质量稳定，风格统一，符合相应的国家标准和市场标准。

第 3 章

中国白酒的分类

白酒是以粮谷为主要原料，以大曲、小曲、麸曲、酶制剂及酵母等为糖化发酵剂，经蒸煮、糖化、发酵、蒸馏、陈酿、勾调而成的蒸馏酒。我国白酒种类繁多，地方性强，产品各具特色，工艺各有特点，目前尚无统一的分类方法，现就常见的分类方法简述于下。

3.1 按使用原料分类

（1）粮谷类白酒　是以粮谷原料酿制的白酒，常用的原料有高粱、玉米、大米、小麦、糯米、青稞等。

（2）其他原料白酒　是以非粮谷类含糖类物质的原料酿制的白酒。常用的原料有薯类（甘薯、木薯等）、粉渣、伊拉克枣（椰枣）、高粱糠、甜菜等。

3.2 按生产方式分类

（1）固态法白酒　是指以粮谷为原料，以大曲、小曲、麸曲等为糖化发酵剂，采用固态发酵法或半固态发酵法工艺所得的基酒，经陈酿、勾调而成的，不直接或间接添加食用酒精及非自身发酵产生的呈色呈香呈味物质，具有本品固有风格特征的白酒。

（2）液态法白酒　是指以粮谷为原料，采用液态发酵法工艺所得的基酒，经添加谷物食用酿造酒精，不直接或间接添加非自身发酵产生的呈色呈香呈味物质，精制加工而成的白酒。

（3）固液法白酒　是指以液态法白酒或以谷物食用酿造酒精为基酒，利用固态发酵酒醅或特制香醅串蒸或浸蒸，或直接与固态法白酒按一定比例调配而成，不直接或间接添加非自身发酵产生的呈色呈香呈味物质，具有本品固有风格的白酒。

（4）调香白酒　是指以固态法白酒、液态法白酒、固液法白酒或食用酒精为酒基，添加食品添加剂调配而成的，具有白酒风格的配制酒。

（5）机械化白酒　是在传统的白酒生产方式中，对配料、蒸煮、通风晾醅、加入糖化发酵剂、出入池等工序，用机械设备代替手工操作生产的白酒。

（6）半机械化白酒　是在传统的白酒生产方式中，对部分生产工序用机械设备代替手工操作生产的白酒。如出入池用电葫芦抓斗、出入甑用活甑桶、晾醅用扬渣机等，可代替手工操作，从而减轻工人的劳动强度。所生产的白酒质量可保持原有的质量水平。

（7）手工生产的白酒　是在传统的白酒生产中，各个工序均以手工操作生产的白酒。这种白酒生产条件差,需要肩扛人抬、人工扬渣、人工挖窖和入池、人工装甑和出甑,工人操作时劳动强度大。

3.3　按糖化发酵剂分类

(1) 大曲酒　是指以大曲为糖化发酵剂酿制而成的白酒。

(2) 小曲酒　是指以小曲为糖化发酵剂酿制而成的白酒。

(3) 麸曲酒　是指以麸曲为糖化剂,加酒母发酵酿制而成的白酒。

(4) 混合曲酒　是指以大曲、小曲、麸曲等其中两种或两种以上为糖化发酵剂酿制而成的白酒,或以糖化酶为糖化剂,加酿酒酵母等发酵酿制而成的白酒。

3.4　按香型分类

(1) 浓香型白酒　是指以粮谷为原料,采用浓香大曲为糖化发酵剂,经泥窖固态发酵、固态蒸馏、陈酿、勾调而成的,不直接或间接添加食用酒精及非自身发酵产生的呈色呈香呈味物质的白酒。

(2) 清香型白酒　是指以粮谷为原料,采用大曲、小曲、麸曲及酒母等为糖化发酵剂,经缸、池等容器固态发酵、固态蒸馏、陈酿、勾调而成的,不直接或间接添加食用酒精及非自身发酵产生的呈色呈香呈味物质的白酒。

(3) 米香型白酒　是指以大米等为原料,采用小曲为糖化发酵剂,经半固态法发酵、蒸馏、陈酿、勾调而成的,不直接或间接添加食用酒精及非自身发酵产生的呈色呈香呈味物质的白酒。

(4) 凤香型白酒　是指以粮谷为原料,采用大曲为糖化发酵剂,经固态发酵、固态蒸馏、酒海陈酿、勾调而成的,不直接或间接添加食用酒精及非自身发酵产生的呈色呈香呈味物质的白酒。

(5) 豉香型白酒　是指以大米或预碎的大米为原料,经蒸煮,用大酒饼作为主要糖化发酵剂,采用边糖化边发酵的工艺,经蒸馏、陈肉酝浸、勾调而成的,不直接或间接添加食用酒精及非自身发酵产生的呈色呈香呈味物质,具有豉香特点的白酒。

(6) 芝麻香型白酒　是指以粮谷为主要原料,或配以麸皮,以大曲、麸曲等为糖化发酵剂,经堆积、固态发酵、固态蒸馏、陈酿、勾调而成的,不直接或间接添加食用酒精及非自身发酵产生的呈色呈香呈味物质,具有芝麻香型风格的白酒。

(7) 特香型白酒　是指以大米为主要原料,以面粉、麦麸和酒糟培制的大曲为糖化发酵剂,经红褚条石窖池固态发酵、固态蒸馏、陈酿、勾调而成的,不直接或间接添加食用酒精及非自身发酵产生的呈色呈香呈味物质的白酒。

(8) 兼香型白酒　是指以粮谷为原料,采用一种或多种曲为糖化发酵剂,经固态发酵(或分型固态发酵)、固态蒸馏、陈酿、勾调而成的,不直接或间接添加食用酒精及非自身发酵产生的呈色呈香呈味物质,具有兼香风格的白酒。

(9) 浓酱兼香型白酒　是指以粮谷为原料,采用一种或多种曲为糖化发酵剂,经固态发酵(或分型固态发酵)、固态蒸馏、陈酿、勾调而成的,不直接或间接添加食用酒精及非自身发酵产生的呈色呈香呈味物质,具有浓香兼酱香风格的白酒。

(10) 老白干香型白酒　是指以粮谷为原料,采用中温大曲为糖化发酵剂,以地缸等为发酵容器，经固态发酵、固态蒸馏、陈酿、勾调而成的，不直接或间接添加食用酒精及非自身发酵产生的呈色呈香呈味物质的白酒。

（11）酱香型白酒　是指以粮谷为原料，采用高温大曲为糖化发酵剂，经固态发酵、固态蒸馏、陈酿、勾调而成的，不直接或间接添加食用酒精及非自身发酵产生的呈色呈香呈味物质，具有酱香特征风格的白酒。

（12）董香型白酒　是指以高粱、小麦、大米等为主要原料，按添加中药材的传统工艺制作大曲、小曲，用固态法大窖、小窖发酵，经串香蒸馏、长期储存、勾调而成的，不直接或间接添加食用酒精及非自身发酵产生的呈色呈香呈味物质，具有董香型风格的白酒。

（13）馥郁香型白酒　是指以粮谷为原料，采用小曲和大曲为糖化发酵剂，经泥窖固态发酵、清蒸混入、陈酿、勾调而成的，不直接或间接添加食用酒精及非自身发酵产生的呈色呈香呈味物质，具有前浓中清后酱独特风格的白酒。

第 2 篇

白酒品评

第4章

风味化学

4.1 风味的定义

风味是一种物质的特征，也是人摄取食物后感受器的一种反应。风味的研究包括能被味觉或嗅觉感受到的食品化合物组成，以及这些化合物与味觉和嗅觉感受器的相互作用。感受器产生信号，并被传送到中枢神经系统，从而产生风味。我国国家标准中对风味的定义是：品尝过程中感知到的嗅感、味感和三叉神经感的复合感觉，可能受触觉的、温度的、痛觉的和（或）动觉效应的影响。

虽然风味主要由味觉特征和嗅觉特征组成，但其他的性质对总体感觉也是有贡献的。质感也有着决定性的影响，包括圆润感、粗糙感、黏稠感、辛辣调味品的辣味、薄荷醇的凉爽感、特定氨基酸的丰满感、金属味或碱味等。

嗅觉是指气味刺激鼻腔内嗅觉细胞而产生的感觉。味觉是指口腔内味蕾对味道刺激的感觉，不用于表示味感、嗅感和三叉神经感的复合感觉，如果其被非正式地用于这种含义，那它总是与某种修饰词连用，例如发霉的味道、草莓的味道、软木塞的味道等。

4.2 风味物质的特点

一些化合物仅有嗅觉特征或味觉特征，但一些化合物既有嗅觉特征又有味觉特征。能产生味觉特征的物质一般是室温下不挥发的化合物，这些化合物与舌头上的味觉感受器作用而产生味觉，包括酸、甜、苦、咸和鲜。能产生嗅觉的化合物即香气化合物，是挥发性化合物，这些化合物进入鼻腔而与气味感受器作用产生嗅觉。气味进入鼻腔有两种方式，一种是直接进入鼻腔，称为前鼻感觉；另一种是在口腔内咀嚼后释放出来的香气，称为后鼻感觉。

在饮料酒中，已经发现的风味化合物超过800种，但仅有某些化合物是重要的风味化合物，如R-柠檬烯呈柑橘风味，是橙汁的重要风味物质；1-对孟烯-8-硫醇呈葡萄柚风味，是葡萄柚的主要香气成分；苯甲醛呈苦杏仁香，是杏仁、樱桃和李子的特征风味物质；橙花醛和香叶醛呈柠檬香，是柠檬的主要香气成分；树莓酮呈树莓的风味，是树莓的特征风味物质。

风味物质具有以下特点：

（1）种类繁多　目前咖啡、酒类等几个重点食品中已检测（鉴定）到的风味物质种类繁多，例如调配的咖啡超过400种，焙烤的马铃薯有200多种，葡萄酒近200种，中国白酒有200多种。

（2）相互作用　相互作用包括风味化合物之间的相互作用（有中和、协同、拮抗、掩蔽等效应），以及风味化合物与脂肪、蛋白质和糖类的相互作用。

① 中和效应　是指两种不同风味的物质相混合，失去各自单独风味的现象，如甜与咸能中和。

② 协同效应　也称相乘效应、增强效应、超加成效应，是两种或多种刺激的联合作用，它导致感觉水平超过预期的各自刺激效应的叠加。如少量的盐，可以增加糖的甜度。在15％～25％蔗糖溶液中加入0.5％食盐时，则呈最甜状态。如果盐的添加量增加到5％，反而不及不添加食盐的糖液甜。有研究认为，NaCl有一种固有的甜味，但通常被高水平的咸味所掩盖。当添加NaCl后，甜味有少量的增强，是由于稀释后的NaCl所固有的甜味引起的。一定的盐还可以增加鲜味。粗砂糖由于杂质的存在，在感觉上比纯砂糖更甜。再如在谷氨酸钠溶液中添加5'-肌苷酸时，能增加鲜味，二者比例为1∶1时，鲜味增加7.5倍；10∶1时鲜味增加5倍；添加量仅有1％时，鲜味也翻了一番。麦芽酚几乎对任何风味物质都有协同作用，在饮料、果汁中加入麦芽酚能增强甜味。在苦味溶液中添加酸味物质，可使溶液中的苦味更苦。又如，当2-丁酮、2-戊酮、2-己酮、2-庚酮和2-辛酮的浓度分别为5mg/kg、5mg/kg、1mg/kg、0.5mg/kg、0.2mg/kg并单独存在时，并不产生嗅感；但若将它们以上述浓度混合时，会形成明显的嗅感。

③ 拮抗效应　也称抵消效应、相杀作用，是两种或多种刺激的联合作用，它导致感觉水平低于预期的各自刺激效应的叠加。如在砂糖、柠檬酸、食盐和奎宁之间，若将任何两种物质以适当比例混合时，都会比其中任何一种单独存在时味感要弱。在苦味液中添加食盐可使苦味降低。在非洲有一种"神秘果"，内含一种碱性蛋白质，吃了以后，再吃酸的东西时会感觉有甜味。在咸味溶液中添加酸味物质，可使咸味减弱。如在1％～2％食盐溶液中加入0.3％的醋酸时，咸味大幅度下降。在咸味溶液中加糖，则咸味也相对被削弱。又如，当含有1mg/kg的Z-3-己烯醛时，会产生类似青豆的气味；而当含有13mg/kg的Z-3-己烯醛和12.5mg/kg的E,E-2,4-癸二烯醛时，并无特殊的气味。

④ 掩蔽效应　也称掩盖效应，是由于两种刺激同时进行而降低了其中某种刺激的强度或改变了对该刺激的知觉。

⑤ 复合作用　是指两种不同性质的物质混合时，能使单体的香味发生很大的变化，有的是正面的，有的也可能是负面的。如香草醛是食品中常用的香料，在较高浓度时呈饼干的香气，而β-苯乙醇则有玫瑰花的香气。二者以适当比例混合时，既不是饼干的香气，也不是玫瑰花的香气，而变成了白兰地的特有香气。

⑥ 助香作用　是指一种香味物质与另一种并不呈香呈味的物质相互作用，使得香味物质更加突出或典型的现象。此时，不呈香呈味的物质称为助香剂。如清酒中加入500mg/L高级醇，可立即感觉到有较强的杂醇油味，实际上，这一数量并不比酿造的清酒中高。但当再添加1mg/L亮氨酸时，则立即变成了清酒芳香，不但富有自然感，而且使酒香味明显提高。又如，在合成清酒中加入辛酸乙酯，酒不但不香，反而出现油臭。再加入α-羟基己酸乙酯时，则油味完全消失，酒变成了糖香。

⑦ 间段反应　是指两种不同性质的香味物质相混合，初闻时是混合的，继闻是单的，有分段感觉。

脂肪、蛋白质和糖类会影响风味化合物在饮料中的保留情况，即影响风味化合物在气相中的浓度，从而影响风味的强度与质量。而这种相互作用并不能在真正的饮料中进行研究，因此，经常会使用模型系列进行试验。例如研究调香蛋黄酱鸡尾酒时发现，当鸡尾酒中脂肪含量为 20% 时，风味典型且平衡；当鸡尾酒中脂肪含量为 5% 时，有一种不典型的奶油和刺激性气味；而当脂肪含量为 1% 时，却显示出刺激性的、像芥末的气味。

（3）含量极微但呈味特征显著　如当水中含有 $5×10^{-6}$ mg/kg 的乙酸异戊酯时，人们就能感觉到香蕉的气味。又如当 2,4,6-三氯茴香醚的浓度超过 0.00001μg/L 时，人们就能感觉到它的气味。

（4）极易反应或分解　有些香气或香味物质，在空气中会自动氧化或分解；有些化合物热稳定性差。如酚类化合物在空气中会氧化褐变；硫化物也易在空气中反应而生成其他的化合物。

（5）可能存在变臭/味现象　如粪臭素（3-甲基吲哚）在高浓度时具有大粪臭，但在极低浓度时却具有花香和令人感觉温暖愉快的香气，但这类化合物并不多见。再如 4-乙烯基愈创木酚在低浓度时释放出丁香、坚果、香子兰和调味品的香气，在高浓度时则呈现出烟熏、苯酚和黑胡椒气味。4-烯丙基-2,6-二甲氧基苯酚，在高浓度时具烤肉和咸肉香，稀薄时则呈花香、甜香和花粉香。一些化合物在一种介质/基质中呈现的可能是香气或香味，而在另一种介质/基质中呈现的则可能是异臭、异味或缺陷风味。

（6）风味物质的分子结构与呈香呈味特征之间无规律　它们之间具有如下几种情况：结构相似风味也相似；风味类似而结构不同；结构相同或相似而风味不同，如 α-D-甘露糖呈现甜味，而类似结构的 β-D-甘露糖却呈现苦味；异构体或立体异构体具有不同或相似的风味特征。

4.3　化合物阈值

一个化合物能否产生嗅觉或味觉取决于该化合物的阈值。什么是阈值？美国检验与材料协会（American Society for Testing and Materials，ASTM）给出了以下定义。

刺激阈：也称感觉阈值，是指人们能感觉到的、不需要辨别出来的化合物的最低物理强度。

差别阈：是指人们能感觉出风味变化的化合物的最小浓度变化。

识别阈：也称感知阈值，是指人们能正确辨别到风味化合物的最低浓度。

极限阈：是指人们不能感觉到一个物质浓度再增加时它的风味改变的浓度。

我国国家标准《感官分析　术语》（GB/T 10221—2021）中，也给出了阈值的定义：

刺激阈、觉察阈：是指刚能引起感官感觉所需的对应感官刺激的最小物理强度。

识别阈：是指使评价员每次收到该刺激时都能给出相同描述的刺激的最小物理强度。

差别阈：是指能引起可感知差别的刺激物理强度的最小变化量。

极限阈：是指强感官刺激的最小值。当刺激强度高于此值时则无法感知强度的变化。

根据阈值对人体的作用方式，阈值又可以分为嗅阈值和味阈值两大类。嗅阈值是指人的鼻子能感觉或感知到的嗅觉化合物的最低浓度；味阈值则是指人的舌头（味蕾）能感觉或感知到的味觉化合物的最低浓度。

基于此，可以认为并不是所有的化合物都是风味化合物，因为许多化合物并不产生嗅觉或味觉，人们并不能感觉到它们。一个化合物在某一个特定的酒中是否产生风味，要看该化合物的浓度是否超过它的阈值，当该化合物的浓度与阈值的比值，既味活性值（odor activity values，OAV）大于 1 时，人们才能感觉到它，此时该化合物才能够称为风味化合物。

在一个多组分的体系中，一个化合物是否呈现风味，也与 OAV 的大小有关，但目前比较流行的观点是 OAV 大于 1 时，可能该化合物即呈现出风味。

化合物的阈值与化合物的结构、挥发性、化合物相互作用、溶液的 pH、介质或溶媒等都有关系。

OAV 也称气味单位、气味值，在饮料酒中的计算公式为：

$$OAV = \frac{C_X}{OT_X}$$

式中　C_X——化合物 X 在饮料中的浓度；

　　　OT_X——化合物 X 在饮料中的阈值。

事实上，人们感觉到的气味强度与化合物的浓度呈现指数关系，遵循 Stevens 法则，即：

$$E = k(S - S_0)^n$$

式中　E——感觉强度；

　　　k——常数；

　　　S——刺激物的浓度；

　　　S_0——刺激物的阈值浓度；

　　　n——幂指数。

4.4　白酒风味化学

4.4.1　白酒风味化学的概念

白酒风味化学是一门从化学角度与分子水平上研究白酒风味组分的化学本质、分析方法、生成机制及变化途径的科学。

酒类风味化学的研究内容包括：风味物质的化学组成和分离鉴定方法；风味化合物的形成机制及变化途径；在生产和贮存过程中风味的变化；风味增效、强化、稳定、改良等的措施和方法等。它为改善品质，开发新产品，革新发酵、贮存、勾兑工艺和技术，科学调整配方与成分，改善包装，加强质量控制，提高原料加工和综合利用水平等，奠定了理论基础。

4.4.2　酒风味化学与酒成分分析的关系

酒成分分析是应用现代的分析方法、手段，运用现代分析仪器［如气相色谱仪、高效液相色谱（HPLC）仪、气相色谱-质谱（GC-MS）联用仪、液相色谱质谱（LC-MS）联用仪等］分析酒产品的成分组成的技术手段。第一，成分分析法只能基本分析清楚酒中含有何种化合物，并不能清楚每一个化合物在酒中的作用，因为并不是每一个微量成分或痕量成分都呈现风味。第二，酒中含有大量的痕量或极微量的化合物，一开始时并不能通过常规的分析方法检测出来，因为人们可能并不知道它的存在。而这些化合物往往具有十分低的阈值，在酒中可能起着关键的或决定性的作用，这类化合物完全可以通过风味研究的方法去发现。第三，任何一种酒中，可能都含有成百上千的化合物，要分析清楚这些化合物是十分困难的，也是没有必要的，既费时又费力。例如，有白酒企业进行成分分析，共发现近 1000 种成分，但并没有在这近千种成分中找到主体香气或特征香气成分。第四，在生产过程中，人们常见到两个或几个酒样成分分析的数据十分接近，而在感官品尝时却有一些或明显的差异；经常有理化指标全部合格而感官鉴定不合格，或者感官鉴定得高分而理化指标不合格的例子。因此，成分分析只能是一种生产过程的辅助手段，在酒的风味成分没有分析清楚之前，它必须与感官品尝相结合，来控制产品的质量。

酒风味化学主要是研究酒中可能含有的对酒的香气和口感有重要作用的化合物。众所周知，饮酒是一种嗜好，人们饮酒主要是对酒的一种感官上的需求，如酒的良好的香气、优雅细腻的口感。因此，只要研究清楚酒中的风味物质，就可改良酒的风味，消除酒中可能存在的异味、异臭或不愉快感，完善酒体，使得人们在消费酒的同时，能够有感官上的愉悦。与成分分析类似，人们首先将酒中的微量成分进行分离，即将所有的微量成分分离成一个一个独立的成分，然后利用人的嗅觉和/或味觉对分离的成分进行逐一鉴定，找寻可能存在的主体香或特征风味物质。当然，在酒中风味物质鉴定出来后，就要进行定量，这就涉及酒风味成分的分析。在风味成分分析完成后，生产企业就可以根据这些物质的含量范围进行生产技术的管理，监控产品的质量，保证产品质量的稳定。另外，生产企业也可以根据确定的主体香或特征风味成分，从大曲或酒醅发酵过程中发现主体香或特征风味物质产生的机理，即确定其是微生物或酶作用产生的，还是化学反应产生的。在生成机理清楚后，可以在生产过程中加以强化，以保证主体香突出，彰显个性。

4.4.3　酒风味化学与感官品评的关系

感官品评，也称感官分析、感官评价、感官检验、感官检查，是指人们用感觉器官检查产品的感官特性的过程。感官特性是指可由感觉器官（如视觉、嗅觉、味觉等）感知的产品特性，酒的感官品评主要是通过嗅觉和/或味觉进行综合的评定，并给出一种描述，如酒是酸的或甜的，或是具有典型的香蕉香气，或是具有本品特有的香气等。而风味化学研究的是这些风味的本质，即这种酸或甜是什么物质产生的，这种物质在生产过程中是如何产生的，以及如何控制它的产生等。如己酸乙酯是浓香型酒的主体香，那么人们就可以通过控制己酸乙酯的量来控制浓香型酒的质量；同时，在生产过程中可通过研制人工窖泥，加强人工窖泥生产制作过程管理，以及一系列的工艺措施，来不断稳定或提高其主体香气成分，以保证产品质量的稳定或提高。

4.5　风味化学在白酒生产与技术管理上的作用

不少品尝专家认为，再灵敏的仪器也没有鼻子或嘴巴灵敏，应该说事实确实如此。如气相色谱上常用的检测器有热导检测器（TCD）、火焰离子化检测器（FID）、电子捕获检测器（ECD）等，它们检测灵敏度分别是 TCD $10^{-3} \sim 10^{-9}$ g，FID $10^{-4} \sim 10^{-10}$ g，ECD 可以达到 10^{-15} g，而人的嗅觉可以检测到约 10^{-18} g。因此，从这个角度可以认为人的嘴巴和鼻子是一个十分灵敏的检测器。但作者认为，再好的鼻子或嘴巴也没有仪器稳定。其实，这是一个不争的事实。无论是多么优秀的品尝人员，其品尝的准确度都受到多种因素的影响，如身体状况、品评的环境等，甚至要受到心理的以及记忆力的影响。因此，在品评时，往往要采取密码编号的办法消除心理的暗示作用；在品评员考核时，要考核所谓的重现性和再现性就是这个道理。

风味化学结合了人工品尝与仪器分析的优点。首先是应用仪器分析成分，在分析成分的同时，利用经过训练的人员或专家的鼻子或嘴巴来辨别哪些成分是有气味的，哪些成分对口感或风味没有作用。然后再通过复杂的数据处理，找到特征香气或主体香，最后再应用于生产过程控制和质量控制中。因此，这种控制是一种有目的的控制技术，是一种精确的控制技术，更是一种稳定的控制技术。与成分分析相比，它的目的性更强；与人工品尝相比，它更稳定和精确。

总体上讲，风味化学在白酒生产与技术管理上主要有 3 方面的作用。

（1）可以发现某种酒的主体香味成分 如在 20 世纪 50～60 年代，我国科技工作者应用仪器结合风味化学的知识，发现了浓香型大曲酒的主体香——己酸乙酯。这一发现为浓香型大曲酒的生产奠定了科学基础，包括随后发现的栖息于窖泥中的微生物——己酸菌，以及人工窖泥的发明。同样地，在水果中，人们发现香蕉香是由乙酸异戊酯产生的。当然，由于白酒风味化学研究处于刚刚开始的阶段，对中国白酒中的一些现象目前还不能从本质上去认识，如酱香型酒的主体香以及空杯留香，浓香型酒中的陈味以及其与纯浓香型酒的区别等。对这些问题的解决必须依赖风味化学的手段，应用风味化学研究的思路与方法来研究才能找到问题的答案。

（2）可以认识生产过程中异味产生的本质，以探究消除异味的措施 在酒的生产过程中，往往会产生异味/异臭，以往遇到这种情况，只能通过一般的分析来解决，解决不了时，也只能顺其自然，有时也会突然消除掉，而风味化学的应用可以认识异味/异臭的本质，有利于消除异味/异臭的产生源。

（3）能够精确地控制产品质量 目前，不少酒类标准中已经规定了强制性或非强制性的一些特征性指标，这些指标大多数与产品的质量密切相关。通过这些指标的控制，基本可以保证产品质量的稳定。

因此，风味化学与白酒的生产管理、质量控制、产品开发有着密切的关系，同时，对饮料酒风味的研究也必将丰富风味化学的内容，推动风味化学向着一个更新、更高的目标发展。

4.6 工业革命以来与风味化学有关的重要发现

工业革命以来与风味化学有关的重要发现见表 4-1。

表 4-1 工业革命以来与风味化学有关的重要发现

年份	发现
1834	分离出肉桂醛
1837	分离出苯甲醛
1855	合成了肉桂醛
1858	用灰绿青霉（*Penicillium glaucum*）从外消旋酒石酸中分离出（－）-酒石酸
1859	合成了水杨酸甲酯
1859	纯化香草醛
1868	合成香豆素，这是第一个合成的香料
1871	测定了香草醛的结构
1872	合成香草醛
1876	人工合成香草醛开始生产
1878	合成肉桂酸
1879	发现糖精
1880	首次发现工业化生产的乳酸是一种光学活性物质

年份	发现
1883	合成苯乙醛
1886	生成醋的菌株——木醋杆菌（*Acetobacter xylinus*）被鉴定
1886	发现含硝基的麝香化合物
1887	发现天门冬素对映异构体有不同的口感
1888	第一次测定香味阈值，即 Fischer 和 Penzoldt 检测了乙硫醇的阈值
1891	合成紫罗兰酮
1892	在大蒜中鉴定出二烯丙基二硫
1900	糖精第一次被用作甜味剂
1908	谷氨酸单钠被鉴定出来
1910	Otto Wallach 获得诺贝尔化学奖
1912	美拉德反应被描述

奥拓·瓦拉赫（Otto Wallach）于 1910 年获得诺贝尔化学奖。他使用常规的像氯化氢和溴化氢那样的试剂研究了存在于精油中的萜烯类（CH 类）化合物，并证明了这些化合物的结构。奥拓·瓦拉赫于 1909 年发表了他的研究成果——《萜类和樟脑》（Terpene and Campher）。1926 年，塔迪乌斯·雷契斯坦（Tadeus Reichstein）和赫曼·史托丁格（Hermann Staudinger）申请了专利，使用呋喃硫醇和其他的咖啡分离出一系列的烷基吡嗪类化合物，用于人工咖啡的调香。但直至 20 世纪 50 年代，在可可中再次发现吡嗪类的重要作用后，吡嗪类作为调香剂才受到重视。后来，成百上千的出版物发表了吡嗪类化合物的香味特征。

4.7　常见醇类化合物及其在酒中的形成

4.7.1　常见醇类的物理特性

常见一元醇类的物理特性见表 4-2。

表 4-2　常见一元醇类的物理特性

名称	FEMA 号	相对密度	溶解性	气味
甲醇	2417	0.792	溶于水,溶于乙醇等有机溶剂	香气清爽,酒精味
乙醇	2419	0.789	溶于水	具有酒精特有的清香,味辣
丙醇	2928	0.804	溶于水,溶于乙醇等有机溶剂	香气清爽,酒精味
2-丙醇	2926	0.785~0.786	溶于水,溶于乙醇等有机溶剂	醇香,成熟果香
1-丁醇	2178	0.809~0.810	溶于水(7.9%),溶于乙醇等有机溶剂	酒精味
异丁醇	2179	0.810	溶于水(10.0%),溶于乙醇等有机溶剂	杂醇油,酒精味
3-甲基丁醇	2057	0.812~0.813	微溶于水,溶于乙醇等有机溶剂	苦杏仁味
己醇	2567	0.818~0.819	微溶于水(0.6%),溶于乙醇等有机溶剂	青草气息
庚醇	2548	0.820~0.824	微溶于水(0.2%),溶于乙醇等有机溶剂	水果香,青草香气
辛醇	2800	0.822~0.830	微溶于水(0.05%),溶于乙醇等有机溶剂	水果香,花香,柑橘香气
壬醇	2789	0.824~0.830	不溶于水,溶于乙醇等有机溶剂	花香,柑橘香气,脂肪臭
癸醇	2365	0.826~0.831	不溶于水和甘油,溶于乙醇等有机溶剂	橙花香,淡油脂味
正十二醇	2617	0.830~0.836	不溶于水,溶于乙醇等有机溶剂	脂肪味,低浓度时有幽雅花香

常见饱和脂肪醇的物理特性见表 4-3。

表 4-3　常见饱和脂肪醇的物理特性

名称	FEMA 号	相对密度	溶解性	气味
顺-3-己烯醇(叶醇)	2563	1.939～1.443	微溶于水,溶于乙醇等有机溶剂	刚割过的青草气味
反-3-己烯醇	4356	0.817	微溶于水,溶于乙醇、丙二醇、乙醚,能与油类混合	松树、树脂、青草气味
反-2-壬烯醇	3213	0.840	溶于水	土腥味
1-辛烯-3-醇(蘑菇醇)	2850	0.836～0.848	不溶于水,溶于乙醇等有机溶剂	蘑菇、清漆和土腥气(葡萄汁异香)
3-甲基-2-丁烯-1-醇	3647	0.824	不溶于水,溶于醇、乙醚等有机溶剂	中草药香、水果香和清香(白酒)
反-2-顺-6-壬二烯醇(紫罗兰叶醇)	2780	0.875	难溶于水,溶于乙醇、丙二醇等有机溶剂	黄瓜清香(紫罗兰和黄瓜)

4.7.2　高级醇的形成途径

在酒类发酵过程中,醇类化合物的生成与酵母具有密切关系。酵母发酵糖产生酒精,同时相应地产生大量的醇类。酵母可以产生两种醇脱氢酶(alcohol dehydrogenase,ADH),分别由 ADH1 和 ADH2 编码。由 ADH1 编码的酶(Adh1p)能将糖的降解产物醛转化为醇,而由 ADH2 编码的酶(Adh2p)能催化该反应的逆反应。与 Adh1p 不同,Adh2p 仅在糖浓度下降时才产生。

甘油的形成途径:在糖酵解过程中,由磷酸二羟丙酮产生 3-磷酸甘油,该反应由 3-磷酸甘油脱氢酶(GPD)催化。接着在 3-磷酸甘油酶(CPP)作用下,3-磷酸甘油通过脱磷酸作用生成甘油。GPD 的两个同工酶分别由 GPD1 和 GPD2 基因编码,这两个基因已经在酿酒酵母中被描述。CPP 的同工酶由 CPP1 和 CPP2 两个基因编码。酵母发酵产生甘油受多因素的影响,影响较大的因素有菌种、温度、搅拌和氮的组成。

第5章

白酒微量成分及其作用

白酒香味成分复杂，种类繁多、含量微少，而且各种微量香味成分之间通过相互复合、平衡和缓冲作用，构成了不同香型白酒的典型风格。这些典型风格取决于香味成分及其量比关系。在白酒香味成分中，起主导作用的称为主体香味成分。研究表明，特征性成分都与不同香型白酒的风格特征有相关性和特异性，为区分香型和确立新香型提供了科学的依据。决定白酒风格的是诸多香味成分的综合反映。

白酒的主要成分是乙醇和水，占总量的98%以上。但决定白酒香型、风味、质量的却是许多呈香呈味的有机化合物，微量香气成分占总量的2%左右。通过色谱质谱联用、色谱与红外光谱联用等先进分析方法，根据各有关科学研究单位报道的研究结果，至2019年在各种香型白酒中已发现的有机化合物总数为2020种。2019年在湖北宜昌召开的多菌种纯种微生物应用技术论坛上，孙宝国院士对白酒中风味成分分析研究进行了总结，1990～2017年，白酒中发现的有机化合物达1874种（图5-1）；2017～2019年，白酒中新发现146种有机化合物，累计达到2020种（图5-2）。

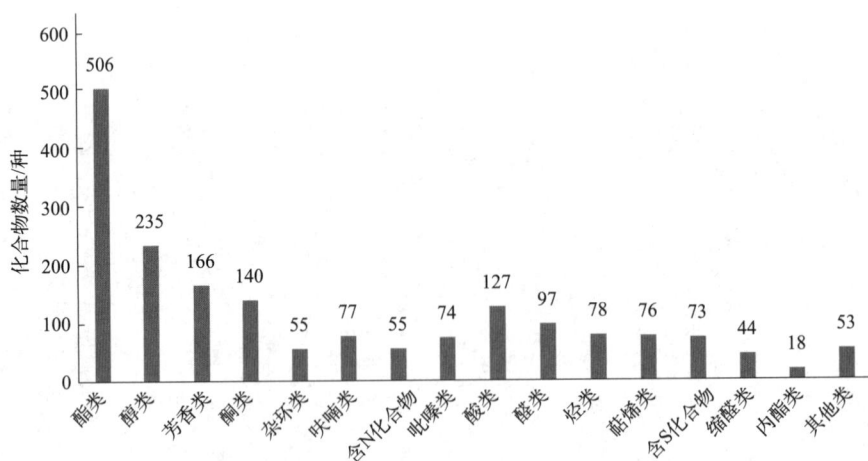

图 5-1　1990～2017 年白酒中发现的有机化合物

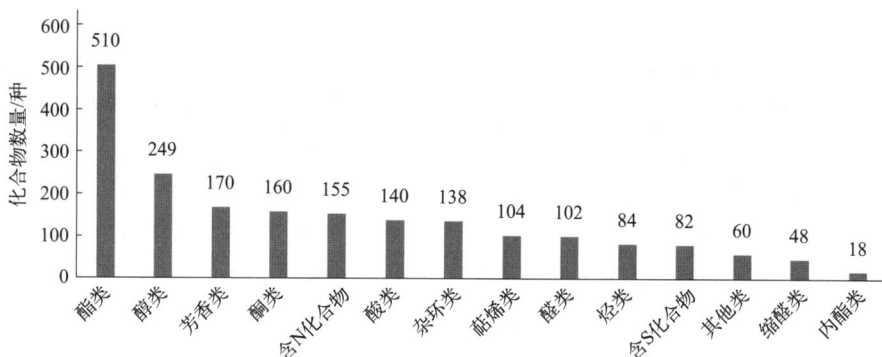

图 5-2　2017～2019 年白酒中发现的有机化合物

5.1　白酒微量成分与质量的关系

味觉是不能相互交换与传达的，所以酒与其他食品一样，难以有定量的判断标准。尽管对酒的评语很多，但在用语上，不论古典的、传统的还是现代的，都难以进行完全恰当的描述。

在白酒的味觉、嗅觉研究中，"阈"意味着刺激的划分点或是临界值的概念。阈值是心理学和生理学上的术语，是获得感觉上的不同而必须越过的最小刺激值。阈值一般可以用浓度加以表征。酒中各种物质的香和味通常使用阈值这样的术语。对于香气，就是嗅阈值；对于味，就是味阈值。阈值是检查食品中众多香味单位成分的呈香呈味的最低浓度，阈值越低的成分，其呈香呈味的作用越大。影响阈值浓度变化的因素很多，温度的变化对各种味觉有着不同的影响。试验证明，刺激味觉的温度在 10～40℃ 之间，其中以 30℃ 最敏感，低于此温度或高于此温度，各种味觉均会减弱。

酒中各种香味物质，并不一定受含量所支配，若含量虽多但阈值高，则其香味成分并不一定处于支配地位。若含量甚微，但阈值却很低时，反而会呈现强烈的香味。但也与含量及其适宜范围有关，若超过了适宜的浓度，则呈香度反而会下降。香味成分是由许多单体成分，即呈香呈味、助香等成分组合而成的。单体成分在不同浓度、温度下，其香味也不尽相同。如为两种以上香味的复合体，那就更加复杂了。

5.1.1　白酒微量成分

通过色谱质谱联用、色谱与红外光谱联用等先进分析方法，根据各有关科学研究单位报道的研究结果，在各种香型白酒中至今已发现的香气成分总数达 300 多种。

5.1.1.1　醇类

醇类有 37 种：甲醇、乙醇、正丙醇、异丙醇、异丁醇、仲丁醇、正丁醇、异戊醇、正戊醇、叔丁醇、第二异戊醇、仲戊醇、第三戊醇、第二戊醇、己醇、异己醇、正庚醇、辛醇、仲辛醇、异辛醇、癸醇、壬醇、十一醇、十二醇、丙烯醇、2,3-丁二醇（左旋）、2,3-丁二醇（内消旋）、苯乙醇、月桂醇、肉豆蔻醇、2-戊醇、1,2-丙二醇、丙三醇、丁四醇、戊五醇、环己六醇、甘露醇。

5.1.1.2 酯类

酯是具有芳香性气味的挥发性化合物，是曲酒的主要呈香呈味成分，对各种白酒的典型性起着关键作用或决定作用。已检出的酯类有 100 种：己酸甲酯、丁二酸单甲酯、水杨酸甲酯、甲酸乙酯、乙酸乙酯、丙酸乙酯、异丁酸乙酯、正丁酸乙酯、异戊酸乙酯、正戊酸乙酯、2-甲基丁酸乙酯、庚酸甲酯、己烯酸乙酯、正己酸乙酯、异己酸乙酯、2-甲基戊酸乙酯、庚酸乙酯、2,4-二甲基戊酸乙酯、正辛酸乙酯、异庚酸乙酯、正壬酸乙酯、正癸酸乙酯、十一酸乙酯、月桂酸乙酯、十三酸乙酯、肉豆蔻酸乙酯、正十五酸乙酯、异十五酸乙酯、十五单烯酸乙酯、正十六酸乙酯、异十六酸乙酯、十六单烯酸乙酯、十六二烯酸乙酯、正十七酸乙酯等。

5.1.1.3 酸类

酸类有 42 种：甲酸、乙酸、丙酸、异丁酸、丁酸、2-甲基丁酸、异戊酸、戊酸、异己酸、己酸、庚酸、辛酸、异辛酸、壬酸、癸酸、月桂酸、十三酸、肉豆蔻酸、十五酸、棕榈酸、棕榈油酸、硬脂酸、油酸、亚油酸、苯甲酸、苯乙酸、苯丙酸、乳酸、丙二酸、丁二酸、庚二酸、辛二酸、壬二酸、琥珀酸、柠檬酸、2-酮丁酸、2-酮戊酸、2-羟基异己酸、异癸酸、十六碳酸、糠酸等。

5.1.1.4 氨基酸类

氨基酸类有 15 种：甘氨酸、丙氨酸、酪氨酸、丝氨酸、天冬氨酸、赖氨酸、苏氨酸、缬氨酸、亮氨酸、异亮氨酸、精氨酸、组氨酸、羟丁氨酸、甲硫氨酸、谷氨酸。

5.1.1.5 羰基化合物

羰基化合物有 30 种：甲醛、乙醛、正丙醛、2-羟基丙醛、异丁醛、正丁醛、2-羟基丁醛、异戊醛、正戊醛、正己醛、正庚醛、壬醛、2-乙酰氧基丙醛、糠醛、苯甲醛、苯乙醛、对甲氧基苯甲醛、丙酮、2-丁酮、2-戊酮、2-己酮、2-庚酮、2-辛酮、4-甲基-4-戊烯-2-酮、4-甲基-3-戊烯-2-酮、1-环己烯基甲基酮、4-羟基-3-甲氧基苯乙酮、丁二酮等。

5.1.1.6 缩醛类

缩醛类有 40 多种：二乙氧基甲烷、1,1-二乙氧基丙烷、1,1-二乙氧基乙烷、1,1-二乙氧基异丁烷、1,2-二乙氧基乙烷、1,1-二乙氧基正丁烷、1,1-乙氧基丙氧基乙烷、1,1-二乙氧基-2-甲基丁烷、1,1-乙氧基异丁氧基乙烷、1,1-二乙氧基异戊烷、1,1-乙氧基己氧基乙烷、1,1-二乙氧基正戊烷、1,1-乙氧基异戊氧基乙烷、1,1-二乙氧基正己烷、1,1-乙氧基戊氧基乙烷、1,1-二乙氧基正庚烷、1,1-丙氧基异戊氧基乙烷、1,1-二乙氧基正辛烷、1,1-二丁氧基乙烷、1,1-二乙氧基正壬烷、1,1-乙氧基辛氧基乙烷等。

5.1.1.7 含氮化合物

含氮化合物有 38 种：吡嗪、2,3-二甲基吡嗪、2-甲基吡嗪、2,6-二甲基吡嗪、2,5-二甲基吡嗪、2-乙基-6-甲基吡嗪、2-乙基-5-甲基吡嗪、3-异丁基-5-乙基-2,6-二甲基吡嗪、2-乙基-3-甲基吡嗪、九碳烷基吡嗪衍生物、乙基吡嗪、十碳烷基吡嗪衍生物、2,6-二乙基吡嗪、3-乙基-2,5-二甲基吡嗪、吡啶、2-乙基-3,5-二甲基吡嗪、三甲基噁唑、三甲基吡嗪、噻唑、四甲基吡嗪、六碳哒嗪衍生物、2-乙烯基-5-甲基吡嗪、3-异丁基-2,5-二甲基吡嗪、苯并噻唑、3-异丁基-2,6-二甲基吡嗪、3-异丁基-5,6-二甲基吡嗪、丙酸羟胺、2-甲基-3-异丁基-6-甲基吡嗪、3-异丁基-2,5,6-三甲基吡嗪、3-异戊基-2,5-二甲基吡嗪、3-丙基-5-乙基-2,6-二甲基吡嗪、3,6-二丙基-5-甲基吡嗪等。

5.1.1.8　含硫化合物

含硫化合物有 7 种：硫化氢、硫醇、二甲基硫、3-甲硫基丙醇、二甲基二硫、3-甲硫基丙醛、二甲基三硫。

5.1.1.9　呋喃化合物

呋喃化合物有 6 种：呋喃甲醇、2-己酰基呋喃、2-乙氧基-5-甲基呋喃、2-乙基-5-甲基呋喃、2-戊基呋喃、5-甲基糠醛。

5.1.1.10　酚类化合物

酚类化合物有 13 种：4-乙基愈创木酚、2-乙基苯酚、4-甲基愈创木酚、2,4-二甲基酚、愈创木酚、异丙基苯酚、对甲酚、4-乙基苯酚、邻甲酚、苯酚、间甲酚、3-乙基苯酚、β-乙基苯酚。

5.1.1.11　醚类

醚类有 10 种：烯醚、反式己烯基异戊基醚、反式烯醚、顺式己烯基异戊基醚、顺式烯醚、含苯不饱和醚、反式戊烯基戊基醚、含苯饱和醚、顺式戊烯基戊基醚、饱和醚。

5.1.1.12　其他类

其他类有甲基萘、α-蒎烯、1,3,5-环庚三烯。

5.1.2　微量成分的生成

5.1.2.1　有机酸的生成

白酒中的各种有机酸，在发酵过程中虽是糖的不完全氧化产物，但糖并不是形成有机酸的唯一原始物质，因为其他非糖化合物也能形成有机酸。值得引起注意的是许多微生物可以利用有机酸作为碳源而将其消耗。所以发酵中有机酸既要产生又要消耗，特别是不同种类的有机酸之间在不断转化。

（1）甲酸　甲酸主要由发酵中间产物丙酮酸加一个水分子与乙酸共生。
$$CH_3COCOOH + H_2O \longrightarrow CH_3COOH + HCOOH$$

（2）乙酸　乙酸是酒精发酵中不可避免的产物，在各种白酒中都有乙酸存在，是酒中挥发酸的成分，也是丁酸、己酸及其酯类的重要前体物质。乙酸的生成主要有下述几个途径。

①　在醋酸菌的代谢中，由乙醇氧化产生乙酸。
$$CH_3CH_2OH + O_2 \longrightarrow CH_3COOH + H_2O$$

醋酸菌是氧化细菌的重要组成部分，是白酒工业的大敌。有些酵母菌也有产酸能力，凡产酯能力强的酵母菌，对乙醇的氧化能力大于酒精发酵能力的酵母菌都有产酸能力，但远不及醋酸菌。

②　发酵过程中，在酒精生成的同时，也伴随着乙酸和甘油的生成。

$$2C_6H_{12}O_6+H_2O \longrightarrow CH_3CH_2OH+CH_3COOH+2C_3H_5(OH)_3+2CO_2$$

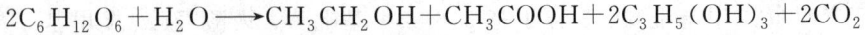

③ 糖经过发酵变成乙醛，乙醛经歧化作用，以及分子重排，就会变成乙酸。

酒精和乙酸是同时出现的，即一开始有酒精，马上就会有乙酸出现。当糖分发酵一半时，乙酸的含量最高；在发酵后期，酒精较多时，乙酸含量较少。一般来说，对酵母提供的条件越差，则产生的乙酸越多。如果在发酵过程中带进了枯草芽孢杆菌，乙酸会大量增加。

（3）乳酸 乳酸的学名为 α-羟基丙酸。进行乳酸发酵的主要微生物是细菌，其发酵类型有两种，即发酵产物中只有乳酸的同型乳酸发酵，以及发酵产物中除乳酸外，同时还有乙酸、乙醇、二氧化碳、氢气的异型乳酸发酵。这些乳酸菌利用糖经糖酵解途径生成丙酮酸，丙酮酸在乳酸脱氢酶催化下还原而生成乳酸。

$$C_6H_{12}O_6 \longrightarrow CH_3CHOHCOOH+C_2H_5OH+CO_2$$

$$3C_6H_{12}O_6+H_2O \longrightarrow 2C_6H_{14}O_6+CH_3CHOHCOOH+CH_3COOH+CO_2$$

白酒生产是开放式的，在酿造过程中将不可避免地感染大量乳酸菌，并进入窖内发酵，赋予白酒独特的风味，其发酵属于混合型（异）乳酸发酵。目前，白酒中普遍存在乳酸及其酯类过剩现象，影响了酒的质量。

（4）丁酸 丁酸又称酪酸，是由丁酸菌或异乳酸菌发酵作用生成的，其生成途径有三种。

① 丁酸菌将葡萄糖或含氮物质发酵变成丁酸。

$$C_6H_{12}O_6 \longrightarrow CH_3CH_2CH_2COOH+2H_2+2CO_2$$

② 由乙酸及乙醇经丁酸菌作用，脱一分子水而成。

$$CH_3COOH+CH_3CH_2OH \longrightarrow CH_3CH_2CH_2COOH+H_2O$$

③ 由乳酸发酵生成丁酸时，也必须有乙酸，但有的菌不需要乙酸而直接从乳酸发酵生成乙酸，再由两分子乙酸通过缩合加氢而成为丁酸。

（5）己酸 己酸菌可使乙醇和乙酸经过酪酸生成己酸，这是一个极其复杂的过程。在生物合成过程中，在无细胞酶存在下，乙醇在乙酰与乙酰磷酸存在下，与乙酸结合生成丁酸。当丁酸与磷酸共同存在，受到氧化时，反过来又生成乙酰磷酸。发酵一般是从高分子向低分子分解，而己酸发酵是以具有 2 个碳的乙醇为基质制造具有 6 个碳的己酸，它是发酵中罕见的例子。

在大曲酒发酵过程中，以淀粉质为原料，在淀粉酶的作用下先将淀粉转化成葡萄糖，再由葡萄糖发酵生成己酸、乙酸、二氧化碳并放出氢气。

$$2C_6H_{12}O_6 \longrightarrow CH_3(CH_2)_4COOH+CH_3COOH+4CO_2+4H_2$$

（6）戊酸 丙酸细菌可利用丙酮酸羧化形成草酰乙酸，后者还原成苹果酸，脱水还原成琥珀酸，再脱羧产生丙酸。接着再由梭状芽孢杆菌通过类似于丁酸、己酸的合成途径，由丙酸合成戊酸，进而还可合成庚酸等。

（7）琥珀酸 琥珀酸学名丁二酸，它是在酒精发酵过程中，由氨基酸去氨基作用而生成的。

（8）由低分子酸合成高级酸

（9）由脂肪生成脂肪酸

（10）由蛋白质变成氨基酸 发酵后残留于酒醅中的微生物尸体和原料中带来的蛋白质，通过微生物的作用，可分解成氨基酸。

5.1.2.2 酯类的生成

白酒中的酯类主要是由发酵过程中的生化反应产生的，此外也能通过化学反应而合成，即有机酸与醇相接触进行酯化作用生成酯。酯化反应速率非常缓慢，并且反应到一定程度时，即行停止。

酯在酒精发酵过程中，以副产物的形式出现。它是在酯化酶的作用下生物合成的。酯化酶为细胞内酶，它催化酵母细胞内的活性酸相对应的酰基辅酶 A 与醇结合形成酯。酵母、霉菌、细菌中都含有酯化酶。

酵母体内的乙酰辅酶 A 主要来自丙酮酸的氧化脱羧作用。酵母对乙酸乙酯的合成能力最强，故各类白酒中乙酸乙酯含量均高。

在培养基中添加丁酸、己酸，并接种啤酒酵母进行发酵，用气相色谱分析发酵液，发现有丁酸乙酯、己酸乙酯生成。

乳酸乙酯的生物合成途径与其他脂肪酸乙酯的合成类似，即乳酸在转酰基酶作用下生成乳酰辅酶 A，再在酯化酶催化下与乙醇合成乳酸乙酯。

5.1.2.3　醇类的生成

任何种类的酒，在发酵过程中，除生成较大量的乙醇外，还同时生成其他醇类。醇类主要由微生物作用于糖、果胶质、氨基酸等而产生。

（1）甲醇　甲醇的前体物质为果胶，果胶是半乳糖醛酸的缩合物。其羧基经常与甲基或钙相结合而形成酯。该酯在果胶酯酶的参与下，经加水分解作用而生成甲醇和果胶酸。

（2）乙醇　淀粉经糖化后，由于酵母的作用，经糖酵解途径，生成乙醇（即酒精）。

（3）高级醇　高级醇是一类高沸点物质，是白酒和其他饮料酒的重要香味来源。高级醇是指乙醇以外的、具有 3 个碳以上的一价醇类，这些醇类包括正丙醇、仲丁醇、戊醇、异戊醇、异丁醇等。平时所说的杂醇油就是这些高级醇组成的混合体。白酒中的杂醇油就其含量而言，以异丁醇、异戊醇为主。在酒精发酵过程中，由于原料中蛋白质分解或微生物菌体蛋白水解，而生成氨基酸，氨基酸进一步水解放出氨，脱羧基，生成相应的醇。不同种类的酵母，其高级醇产量也各不相同。

1905～1909 年，埃利希（Ehrlich）曾提出：在细菌和酵母菌的存在下，其对氨基酸进行加水分解作用的同时，脱氨基及二氧化碳，生成比氨基酸少一个碳的高级醇。

（4）多元醇　微生物在好氧条件下发酵可生成多元醇。白酒中多元醇的含量较多，这些物质是白酒甜味和醇厚感的主要来源。多元醇的甜味常随着醇羟基的增加而增加。丙三醇、丁四醇（赤藓醇）、戊五醇（阿拉伯醇）、己六醇（甘露醇）都是甜味黏稠液，己六醇是白酒多元醇中含量最多的。

① 丙三醇（甘油）　甘油是酵母在酒精发酵过程中的产物。发酵液中加入亚硫酸或碳酸钠，或添加食盐以增加渗透压，可促进酵母产生大量甘油。白酒生产中，酒精经长期发酵，积累的甘油量较多。

另外，产 2,3-丁二醇的细菌在好氧情况下，除产 2,3-丁二醇外，也产甘油。

② 甘露醇　许多霉菌能产甘露醇，所以大曲中含量较多，一般发酵食品都不同程度地含有此物。细菌中如混合型乳酸菌可使己糖产生乳酸，同时产生甘露醇。

5.1.2.4　醛酮类物质的生成

（1）乙醛　酒精发酵过程中，酵母将葡萄糖转变为丙酮酸，丙酮酸放出二氧化碳而生成乙醛，乙醛被迅速还原而成乙醇。在此期间生成的乙醛只是中间产物，极少残存于酒醅中。当酒醅中已生成大量乙醇后，乙醇可被氧化而生成乙醛。这是成品酒中乙醛的主要生成途径。乙醛的沸点低，白酒中的乙醛含量与流酒温度有关。在贮存过程中，乙醛大量挥发，酒中乙醛含量可降低。

（2）糠醛 稻壳辅料及原料皮壳中均含有多缩戊糖，其在微生物的作用下可生成糠醛。白酒中的呋喃成分主要是糠醛，此外，还有醇基糠醛（糠醇）和甲基糠醛等呋喃衍生物。在名曲酒中可能存在着以呋喃为基础的分子结构更大更复杂的物质，但现在还未知，其可能是"糟香"或"焦香"的重要来源物质。

（3）缩醛 白酒中的缩醛以乙缩醛为主，其含量几乎与乙醇相等，按酒厂中现行测定总醛的方法测出的主要物质是乙醛和部分高级醛，尚有部分没有测出。缩醛是由醇和醛缩合而成的。

（4）丙烯醛（甘油醛） 白酒无论是固态还是液态发酵，在发酵不正常时常在蒸馏操作中有刺眼的辣味，且蒸出来的新酒燥辣，这是酒中有丙烯醛的缘故，但经贮存后，辣味大为减少。因为丙烯醛的沸点只有 50℃，容易挥发，致使酒在老熟过程中辣味减轻。

酒醅中含有甘油，如感染大量杂菌，尤其当酵母与乳酸菌共存时，就会产生丙烯醛。

（5）高级醛酮 白酒中的醛酮类，即羰基化合物是重要的香味成分，但含量过多，会给白酒带来异杂味。白酒中高级醛酮是由氨基酸分解而成的。

（6）α-联酮 双乙酰、3-羟基丁酮、2,3-丁二醇等一般习惯上统称为 α-联酮，但并不十分确切，因 2,3-丁二醇系属醇类。白酒中双乙酰、2,3-丁二醇是呈甜味的物质，赋予白酒以醇厚感。从白酒的成分剖析可知，名优酒的双乙酰和 2,3-丁二醇的含量多，次酒含量少；3-羟基丁酮尚无规律可循。

白酒生产中，大多数根霉、曲霉、酵母都能产生 α-联酮。

3-羟基丁酮主要由酮酸及乙醛而来。双乙酰是由乙醛及乙酸生成的。双乙酰生成 3-羟基丁酮时还产生乙酸。

双乙酰、3-羟基丁酮、2,3-丁二醇三者之间可经氧化还原而相互转化。白酒酿造中微生物种类繁多，共同起着极其复杂的氧化还原作用。发酵过程中，一般先产生 3-羟基丁酮，随后向 2,3-丁二醇和双乙酰转化，这三种物质在窖内极不稳定，但酒醅中三者始终存在，只是在不同时期的量比关系不同。

5.1.2.5 芳香族化合物的生成

芳香族化合物是一种碳环化合物，是苯及其衍生物的总称（包括稠环烃及其衍生物）。酒中芳香族化合物主要来源于蛋白质。例如酪醇是酵母将酪氨酸加水脱氨而生成的。小麦中含有大量的阿魏酸、香草酸和香草醛。用小麦制曲时，经微生物作用可生成大量的香草酸及少量的香草醛。小麦经酵母发酵，香草酸大量增加；但曲子经酵母发酵后，香草酸有部分变成 4-乙基愈创木酚。阿魏酸经酵母及细菌作用也能生成 4-乙基愈创木酚。

据文献记载，香草醛、香草酸、阿魏酸等来源于木质素；丁香酸来自单宁。若将高粱用 60％酒精浸泡，则抽提液中含有大量酚类化合物，其中有较多的阿魏酸和丁香酸。经酵母发酵后，主要生成丁香酸、丁香醛和一些成分不明的芳香族化合物。

5.1.3 微量成分与白酒风味

酒中各类香气成分的含量多少，既受发酵条件内部的制约，同时又受外部条件的限制。内部因素如发酵温度、材料水分含量、半成品质量好坏、酒精生成量及升酸幅度等，外部因素如工人责任心、装甑操作优劣及装甑时间、流酒速度、流酒温度、环境卫生、天气情况、空气中微生物的种类和数量等，都将对各种微量成分的生成产生一定影响，进而使酒的差别较大。

5.1.3.1 酸

（1）酸与白酒的风味 白酒中的有机酸，既是香气来源又是呈味物质，非挥发性酸则呈酸味而缺乏香气。有机酸在呈味上，分子质量越大，香味越绵柔而酸感越弱。相反，分子质量小的有机酸，酸的强度大，刺激性强。总之，各种有机酸之间的酸感及强度并不一样。例如醋的酸味与泡菜中的乳酸味就大不相同。对有机酸的味觉检查结果表明，酸味最强的是富马酸，其顺序如下：富马酸＞酒石酸＞苹果酸＞乙酸＞琥珀酸＞柠檬酸＞乳酸＞抗坏血酸＞葡萄糖酸。白酒中检出呈鲜味的琥珀酸以及其他氨基酸共 8 种，因其含量甚微，不足以左右白酒风味。一般乳酸含量较多，它是代表白酒特性的酸。当前白酒普遍存在的问题，不是乳酸不足而是过剩。丁酸有汗臭味，特别是新酒臭味。己酸稍柔亦有汗臭味。辛酸以及分子质量更大的脂肪酸有汗臭味及油臭味。适量的乙酸能使白酒有爽朗感，过多则刺激性增强。这些有机酸不但其本身呈味，更重要的是它们是形成酯的前体物质，没有有机酸的存在也就没有酯了。酸的重要作用在于它在酒醅中调节酸度，并可作为发酵微生物的碳源，是白酒发酵过程中必不可少的物质。有机酸在白酒口感上也很重要，酸与酒的口味有关，酸不足则酒味短。低度白酒常因酸不足而造成酒后味短的现象。酸类沸点高，易溶于水，蒸馏时多集聚于酒尾。

在各香型白酒之间，或同一香型酒不同厂家之间，有机酸的种类及含量有很大差异。这可能也是形成不同香型和各厂自家风格的原因之一。霉菌、酵母菌、细菌在发酵过程中都有生成有机酸的能力，但霉菌生成的有机酸对白酒质量影响较小，白酒中的有机酸主要是细菌产生的，其次是酵母菌。在细菌中，产乳酸的主要是乳酸菌，其他的枯草杆菌、大肠杆菌等也有产乳酸的能力。乳酸菌中乳杆菌的能力大于乳球菌。白酒发酵初期乳球菌占优势，但随着发酵时间延长至发酵后期，便是乳杆菌占优势了，这是因为乳球菌不耐酸。乳酸有 3 个不同的旋光体，即左旋、右旋、消旋。乳杆菌以产左旋乳酸为主，产酸虽强，却不呈香气；乳球菌以产右旋乳酸为主，产酸虽弱，却有香气。

酵母菌、乳酸菌、大肠杆菌、枯草杆菌等都可不同程度地生成微量乙酸、乙醇及一定量的乳酸。如大肠杆菌对葡萄糖发酵既生成乳酸，又生成乙醇及乙酸。这种情况称为异常发酵。酵母菌能产有机酸，有人用1000 余株酵母菌进行试验，其中有 4 个属 100 余株酵母菌还能产柠檬酸。从高粱酒醅中分离出的酵母菌能产大量有机酸，其中以产乙酸能力最强。关于酵母菌产酸的具体情况见表 5-1。在蒸馏过程中，有机酸聚集于尾酒中，若想提高酒中酸量，则可添加尾酒。

表 5-1 酵母菌生成的有机酸及其阈值、呈香情况

名称	阈值/(mg/L)	呈香	名称	阈值/(mg/L)	呈香
乙酸	3.6	醋酸臭	异戊酸	—	腐败臭
丙酸	0.05	醋酸臭	正己酸	0.04	不洁臭
正丁酸	1000	腐败臭	异己酸	0.05	不洁臭
异丁酸	—	腐败臭	正辛酸	0.05	
正戊酸	0.0008	腐败臭	香兰酸	—	不洁臭

1 个酸元与 1 个醇元结合，脱水而生成酯，称为酯化。发酵时产生的酯，是经酵母菌酯

化酶与乙酰辅酶 A 共同作用所生成的。酵母菌细胞内酶与细胞外酶都有酯化能力,但真正作用还是以细胞内酶为主。

从味阈值上可以看出,乙酸的阈值比乳酸低。白酒由于酸味成分组成不同,经常出现化验结果酸度低的酒,在品尝时往往比酸度高的酒更酸。各种有机酸的阈值、呈味状况见表 5-2。

表 5-2   各种有机酸的阈值、呈味状况

名称	阈值/(mg/L)	呈香
柠檬酸	—	柔和,带有爽快的酸味
苹果酸	—	酸味中带有微苦味
乳酸	350	酸味中带有涩味
甲酸	1.0	进口有刺激性及涩味
戊酸	0.5	脂肪臭,微酸,带甜
壬酸	71.1	有轻快的脂肪气味,酸刺激感不明显
癸酸	9.4	愉快的脂肪气味,有油味,易凝固
棕榈酸	10	—
油酸	1.0	较弱的脂肪气味,有油味,易凝固
异戊酸	0.75	似戊酸气味
异丁酸	8.2	似丁酸气味
酒石酸	0.0025	—
丙酸	20.0	嗅到酸气,进口柔和,微涩
丁酸	3.4	略具奶油臭,似大曲酒味
己酸	8.6	强脂肪臭,酸味较柔和
庚酸	0.5	强脂肪臭,有酸刺激感
月桂酸	0.01	月桂油气味,爽口微甜,放置后变浑浊
乙酸	2.6	酸味中带有刺激性臭味
琥珀酸	0.0031	酸味低,有鲜味
辛酸	15	脂肪臭,微有刺激感,放置后变浑浊
葡萄糖酸	—	酸味极低,柔和爽朗

有机酸类化合物在白酒组分中除水和乙醇外,它们占其他组分总量的 $14\%\sim16\%$,是白酒中较重要的呈味物质。

白酒中有机酸的种类较多,大多是含碳链的脂肪酸化合物。根据碳链的不同,脂肪酸呈现出不同的电离强度和沸点,同时它们的水溶性也不同。这样,这些不同碳链的脂肪酸在酒体中电离出 H^+ 的强弱程度也会呈现出差异,也就是说它们在酒体中的呈香呈味作用不同。根据这些有机酸在酒体中的含量及自身的特性,可将它们分为三大部分。

① 含量较高,较易挥发的有机酸。在白酒中,除乳酸外,如乙酸、己酸和丁酸都属较易挥发的有机酸,这 4 种酸都在白酒中含量较高,是较低碳链的有机酸,它们较易电离出 H^+。

② 含量中等的有机酸。这些有机酸一般是 3 个碳、5 个碳和 7 个碳的脂肪酸。

③ 含量较少的有机酸。这部分有机酸种类较多,大部分是一类沸点较高、水溶性较差、易凝固的有机酸,一般是含 10 个或 10 个以上碳的脂肪酸,例如油酸、癸酸、亚油酸、棕榈酸、月桂酸等。

有机酸类化合物在白酒中的呈味作用似乎大于它的呈香作用。它的呈味作用主要表现在有机酸贡献 H^+ 使人感觉到酸味,并同时有酸刺激感觉。由于羧基电离出 H^+ 的强弱受到碳链负基团的性质影响,同时酸味的“副味”也受到碳链负基团的影响,因此,各种有机酸在酒体中呈现出不同的酸刺激感和不同的酸味。在白酒中含量较高的一类有机酸,它们一般易

电离出 H^+，较易溶于水，表现出较强的酸味及酸刺激感，但它们的酸味也较容易消失，这一类有机酸是酒体中酸味的主要供体。另一类含量中等的有机酸，它们有一定的电离 H^+ 的能力，虽然提供给体系的 H^+ 不多，但由于它们一般含有一定长度的碳链和各种负基团，使得体系中的酸味呈现出多样性和持久性，协调了小分子酸的刺激感，延缓了酸的持久时间。第三类有机酸是在白酒中含量较少的，以往人们对它的重视程度不够，实际上它们在白酒中的呈香呈味作用是举足轻重的。这一部分有机酸碳链较长，电离出 H^+ 的能力较小，水溶性较差，一般呈现出很弱的酸刺激感和酸味，似乎可以忽略它们的呈味作用。但是，由于这些酸具有较长的味觉持久性和柔和的口感，并且沸点较高，易凝固，黏度较大，易改变酒体的饱和蒸气压，可使体系的沸点发生变化及其他组分的酸电离常数发生变化，从而可影响体系的酸味持久性和柔和感，并可改变气味分子的挥发速度，起到调和体系口味、稳定体系香气的作用。例如，在相同浓度下，乙酸单独存在时，酸刺激感强而易消失；而有适量油酸存在时，乙酸的酸刺激感减小并较持久。

有机酸类化合物的呈香作用在白酒香气表现上不十分明显。就其单一组分而言，它主要呈现出酸刺激气味、脂肪臭和脂肪气味；有机酸和其他组分相比较沸点较高。因此，有机酸类化合物在体系中的气味表现不突出。在特殊情况下，例如，酒在酒杯中长时间敞口放置，或倒去酒杯中的酒，放置一段时间闻空杯香，能明显感觉到有机酸的气味特征。这也说明了它的呈香作用在于它的内部稳定作用。

（2）酸在白酒中的作用　白酒中的羧酸绝大部分是一元酸，除个别酸外，它们的解离常数在 10^{-5} 数量级。与白酒中的酯类、醇类、醛类等物质相比，酸的作用力最强，功能相当丰富，影响面广，不易把握。

① 消除酒的苦味　酒中有苦味是白酒的通病，酒的苦味多种多样，以口和舌的感觉而言，有前苦、中苦、后苦、舌面苦；苦的持续时间长或短；有的苦味重，有的苦味轻；有的苦中带甜，有的甜中带苦，或者是苦辣、焦苦、药味样的苦、杂苦等。

酒苦与不苦，问题在酸量的多与少；酸量不足，酒苦；酸量适度，酒不苦；酸量过大，酒有可能不苦，但将产生新的问题。这里指的酸量，是指化学分析的总酸值。不论白酒苦味物质的含量多少、组成情况和表现行为等如何，当酒的酸性强度在合理的范围之内，且各种酸的比例又在一个适当的范围内时，酒就一定不会苦。

② 酸是新酒老熟的有效催化剂　我国白酒都要求有一定的贮存时间，酱香型酒要贮存 3 年，浓香型要贮存 1 年。一般各种香型白酒都要贮存半年以上才能饮用。长期以来，对于新酒老熟问题，人们动了很多脑筋，但效果并不理想。其实白酒内的酸自身就是很好的老熟催化剂，它们量的多少和组成情况如何及酒的协调性如何，对酒加速老熟的能力不同。控制入库新酒的酸量，把握好其他一些必要的协调因素，对加速酒的老熟可起到事半功倍的效果。

③ 酸是白酒重要的味感剂　酒入口后的味感过程是一个极其复杂的过程。白酒对味觉刺激的综合反映就是口味。对口味的描述尽管多种多样，但却有共识，如讲究白酒入口后的后味、余味、回味等。白酒的所有成分都有两方面的作用，既对香也对味做出贡献。羧酸主要表现出对味的贡献，是白酒最重要的味感物质。主要表现在：增长后味、增加味道、减少或消除杂味、可出现甜味和回甜感、消除燥辣感、可适当减轻中低度酒的水味。

④ 对白酒香气有抑制和掩蔽作用　勾兑实践中，往往碰到这种情况：含酸量高的酒加到含酸量正常的酒中，对正常酒的香气有明显的压抑作用，俗称"压香"。在制作调香白酒时，其中一个重要程序是往该酒中补加酸，但若补酸过量，就会压香，就是使酒中其他成分对白酒香气的贡献在原有水平上下降了，或者说酸量过多使其他物质的放香阈值增大了。

白酒酸量不足时，普遍存在的问题是酯香突出，香气复合程度不高等，在用含酸量较高的酒去做适度调整后，酯香突出、香气复合性差等弊端可在相当大的程度上得以解决。酸在解决酒中各类物质之间的融合程度、改变香气的复合性方面，显示出它特殊的作用。

⑤ 酸控制不当将使酒质变坏　酸的控制主要包括以下 3 个方面。

第一，酸量要控制在合理范围之内。国家标准对不同香型酒的总酸含量做了明确的规定。不同的酒体，总酸量要多少才有较好或最好效果是一个不定值，要通过勾兑人员的经验和口感来决定。

第二，含量较多的几种酸的构成情况是否合理。不同香型的白酒，都有几种主要的羧酸，如浓香型白酒中的乙酸、己酸、乳酸、丁酸，若这 4 种酸的比例关系不当，其中某一种或两种酸含量很不合理，要么其含量甚少要么又太多，将给酒带来不良后果。

第三，酸量严重不足或超量太多势必影响酒质甚至改变格调。实践证明，酸量不足酒发苦，邪杂味露头，酒味不净，单调，不协调；酸量过多，酒变粗糙，放香差，闻香不正，带涩等。

⑥ 酸的恰当使用可以产生新风格　老牌国家名酒——董酒，它的特点之一是酸含量特别高，比国内其他香型白酒中的酸含量都高。董酒中的丁酸含量是其他名酒的 2～3 倍，但它与其他成分协调而具有爽口的特点，这是在特定条件下显示的结果。但若浓香型白酒中丁酸含量如此高，则必然出现丁酸臭。因此，可以说在特定的条件下，酸的恰当使用可以产生新的酒体和风格。

（3）酸的化学作用　白酒中的几大类物质中，酸的作用力最强，在协调和处理酒中各类物质之间的关系方面，酸的影响大，影响面也广，其主要原因如下。

① 酸对味觉有极强的作用力

第一，酸的腐蚀性。白酒中的羧酸虽然都是弱酸，但毫无例外，它们都有腐蚀性。白酒中的有机酸，如醋酸、丁酸、乳酸、己酸对人的皮肤也具有很强的腐蚀性和伤害作用，可造成化学烧伤。在低浓度的情况下，例如 0.1%，对皮肤的腐蚀作用大大降低，但并非腐蚀作用就不存在了，仅仅是这种腐蚀作用已不再构成对人体的伤害和威胁。人们喝酒精含量为52%（体积分数）的白酒，在酒量范围内可以随意饮用，但谁也不会喝浓度 52%（体积分数）的醋酸溶液，这主要是醋酸的刺激作用和腐蚀作用之故。

酸的腐蚀性主要表现在它能凝固蛋白质，能与蛋白质发生复杂的多种反应，进而改变或破坏蛋白质。酸在白酒中的浓度极低，不会对人们的口腔和舌等造成伤害，但其刺激作用仍明显可见。因此，勾兑时要恰如其分地掌握用酸，且几种主要酸的比例要协调。

第二，酸以分子和离子两种状态作用于味觉。白酒中的羧酸在乙醇、水这一混合溶剂中要发生解离，解离的结果是羧酸在白酒中存在的形式发生了变化。即它由羧酸分子、羧酸负离子和氢离子这 3 种物质构成，它们共同作用于人的味觉器官。带相反电荷的一对离子，比呈分子状态的酯、杂醇和醛类物质对味觉器官的作用力要强烈得多。

第三，酸的极性最强。将白酒中同类物质的极性大小进行比较，可得到以下顺序：羧酸＞水＞乙醇≥杂醇＞酯。

第四，酸的沸点高、热容大。把同碳原子的酸与醇的沸点（bp）、熔点（mp）做一比较，可以看出酸较相应的醇沸点高出 35℃以上（正己酸例外）。

羧酸的沸点高和热容量大，决定了其在常温下蒸气压不大，即挥发程度低，进而决定了它对白酒香气的贡献不可能太大。

第五，羧酸有较强的附着力。生活中人们有这样的感受，吃了水果后欲消除口腔内乃至牙齿的那种酸味感是比较慢的。这与羧酸有较强的附着能力有关。附着力大，意味着羧酸与口腔的味觉器官作用时间长，即刺激作用持续时间长，这是酸能增强味道的原因之一。

②酸与一些物质间的相互作用

a. 驱赶作用。新酒和贮存期短的酒，含有一些低沸点的弱酸性物质，如硫化氢和硫醇。这两种物质尤其是后者的嗅阈值极低，当其含量在 $10^{-9}\sim10^{-8}\mu g/L$ 时，现代化仪器也难以检测到，但人却能感觉到它们的存在。

当一个溶液中存在着两种不同的酸性物质时，酸性较强的物质不仅能够抑制弱酸性物质的电离，而且对弱酸性物质有一种驱赶作用。将乙酸、乳酸、丁酸和己酸与硫化氢、甲硫醇和乙硫醇的酸性强度进行比较，可发现前 4 种酸的酸性强得多，沸点又远高于甲硫醇（ $-61℃$ ）、乙硫醇（ $37℃$ ）和硫化氢（ $-60.4℃$ ）。所以有机酸量的多少和环境温度的高低，对驱赶酒中带臭味的低沸点酸性物质的影响甚大。显然，含酸量较多的白酒，在气温较高的夏季，这些臭味物质从酒中逃逸的速度更快，即臭味消失较快。

白酒中呈弱酸性的固体物质主要是酚。已检出的物质有愈创木酚、4-甲基愈创木酚、4-乙基愈创木酚等。白酒中的有机酸其酸性较酚强多个数量级。羧酸解离出的氢离子是白酒中氢离子的主要来源，它的存在对酚的解离平衡有极强的影响，可使上述平衡极度左移。也就是说，羧酸的存在使得酚类化合物在白酒中主要以酚的形式而不是以酚氧负离子的形式存在，即酚以分子状态对味做出贡献。

白酒中另一种特殊的酸性物质，就是 2,3-丁二酮（双乙酰），它的羟基是一个强吸电性基团，可使分子内相邻碳原子上的氢有微弱的酸性（诱导效应）。当两个羰基处于相连或相隔（ α 、 β ）位置时，将大大增加分子的酸性，结果使这类分子以酮式和烯醇式的互变异构体而存在。

b. 酸与碱性物质间的化学反应。白酒中含有氨基酸，氨基酸分为酸性氨基酸、中性氨基酸和碱性氨基酸。分子中氨基（—NH₂）和羧基（—COOH）数目相等，为中性氨基酸；羧基多于氨基的叫酸性氨基酸；氨基多于羧基的叫碱性氨基酸，如赖氨酸等。白酒中还存在着另外一些碱性物质，例如吡嗪的一些衍生物，如 2-羟甲基吡嗪、4-乙基吡嗪、2,6-二甲基吡嗪等，它们可以和羧酸生成盐。

c. 与悬浮物之间的作用。白酒的生产过程十分复杂，涉及许多工艺措施。在各个操作过程中都将产生一些有机的或无机的机械杂质，它们大多呈悬浮状态，而另外一些杂质则以胶体形式分散于酒液之中。羧酸能解离出带正负电荷的离子，因而对胶体的破坏作用和对机械杂质的絮凝作用较强。

③酸的催化作用

a. 催化酯化反应，即羧酸和醇反应生成酯。因为白酒中的乙醇占绝对优势，主要反应为：

$$RCOOH + C_2H_5OH \Longleftrightarrow RCOOC_2H_5 + H_2O$$

这是一个可逆反应，反应达到平衡后，正反应和逆反应的反应速率相等。这种反应在窖池中、蒸馏过程、贮存期间始终在进行。

b. 对酯交换的催化。白酒中的乙醇与其他醇相比，占绝对优势，因此，白酒中的酯 99%以上都是有机酸的乙醇酯。酯的反应活性之一是它能发生酯交换反应。乙酯要发生酯交换反应，一般来说应有必要条件，即需要比乙醇有更高沸点的醇、酸（或碱）催化。白酒能满足这个条件。白酒中有正丙醇、正丁醇、异丁醇、异戊醇等和酸存在，因此酯交换不可避免。有机酸的杂醇酯的生成量是多少并不重要，更重要的是不能否定它们的存在。

c. 对醛醇缩合反应的影响。乙醛是生成乙缩醛的前体物质。在没有酸存在的情况下，乙醛和乙醇的反应十分困难且极其缓慢，在酸的催化下，这一反应被加速。该缩合反应分步进行，中间产物是半缩醛，而且每一步反应都可逆。

5.1.3.2　醇

白酒中检出的醇类有 240 余种，醇在白酒中不但呈香（臭）呈味，有的还能增加甜感，并有助香作用，同时它又是形成酯的前体物质。但有人曾指出，酒中的高级醇，是恶醉之本。在酿造过程中酵母生成的高级醇及其他香味成分，都是酒精发酵的副产物，但不同酵母菌的生成量及其种类有很大差异。

高级醇是多种高级醇的混合体，其中检出的醇类有几十种。酒精行业称高级醇为杂醇油，白酒行业中称其为高级醇，在酒内含量过多时则呈苦涩味，或有明显的液态法白酒味。在高级醇中，异丁醇有极强的苦味，但正丁醇并不太苦，其味很淡薄。正丙醇微苦。酪醇有幽雅的香气，但味奇苦，经久不散，它是由酵母菌发酵酪氨酸而生成的。戊醇及异戊醇在高级醇中所占比例较大，其味苦涩。尽管如此，白酒中含有适量醇也是必要的，因为它是白酒香味中不可缺少的组分。采用液态法生产白酒时，产高级醇多，而采用固体法生产的白酒，酯含量多。由于两者工艺不同而使酒的风味各不相同。酵母菌生成的醇类见表 5-3。

表 5-3　酵母菌生成的醇类

名称	阈值/(mg/L)	感官特征
甲醇	100	麻醉样醚气味，刺激，灼烧感
乙醇	14000	轻快的麻醉气味，刺激，微甜
正丙醇	720	麻醉样气味，刺激，有苦味
正丁醇	5	有溶剂样气味，刺激，有苦味
仲丁醇	10	轻快的芳香气味，刺激，爽口，味短
异丁醇	7.5	微弱油臭，麻醉样气味，味刺激，苦
异戊醇	6.5	麻醉样气味，有油臭，刺激，味涩
正己醇	5.2	芳香气味，油状，黏稠感，气味持久，味微甜
庚醇	2.0	葡萄样果香气味，微甜
β-苯乙醇	7.5	甜香气，似玫瑰气味，气味持久，微甜带涩
辛醇	1.5	果实香气，带有脂肪气味，有油味
癸醇	1.0	脂肪气味，微弱芳香气味，易凝固
糠醇	0.1	油样焦烟气味，似烤香气，微苦
2,3-丁二醇	41500	气味微弱，黏稠，微甜
壬醇	1.0	果实气味，带脂肪气味，有油味
丙三醇	1.0	无气味，黏稠，浓厚感，微甜

多元醇在蒸馏酒中被检出的有甘油、2,3-丁二醇、赤藓醇、阿拉伯醇、甘露醇等。其中甘露醇的甜味最大。多元醇在酒中被称为缓冲剂或助香剂，它们在酒中各种香味成分之间起到协调的作用，可使酒增加绵甜、回味悠长、丰满醇厚之感。

醇类化合物（不包含乙醇）在白酒微量组分中占 12% 左右。醇类化合物的沸点比其他组分的沸点低，易挥发，因此它可以在挥发过程中"拖带"其他组分的分子一起挥发，起到"助香"作用。在白酒中低碳链的醇含量居多。醇类化合物随着碳链的增加，气味逐渐由麻醉样气味向果实气味和脂肪气味过渡，沸点也逐渐增高，气味也逐渐持久。在白酒中含量较多的是一些小于 6 个碳的醇，它们一般较易挥发，表现出轻快的麻醉样气味和微弱的脂肪气味或油臭。

醇类的味觉作用在白酒中相当重要，它是构成白酒相当一部分味觉的骨架。它主要表现出柔和的刺激感和微甜、浓厚的感觉，但有时也会赋予酒体一定的苦味。

在酿酒过程中，酵母菌发酵生成的香味成分，都是酵母菌发酵的副产物和其他野生酵母菌的代谢产物，这是酵母菌的共性，只是在生成量及种类上有很大差异。

酵母菌生成三个碳原子以上的高级醇主要有 3 条途径，但都是以埃利希途径为主，即酵母菌摄取氨基酸，经代谢生成比氨基酸少一个碳原子的高级醇。例如，缬氨酸生成异丁醇，亮氨酸生成异戊醇，异亮氨酸生成活性戊醇，苯丙氨酸生成 β-苯乙醇等，这都是高级醇生成的主要途径。总之，高级醇的生成与氨基酸的生物合成、代谢密切相关，即高级醇的种类及生成量，受氨基酸及其铵盐的支配。

5.1.3.3　酯类

酯类是白酒香味的重要组分，酯在白酒中，除乙醇及水外，其含量占第三位。其中乙酸乙酯、乳酸乙酯、己酸乙酯、丁酸乙酯占总酯量的 90% 左右。现在从白酒中检出的酯类已达 500 种之多。

白酒中的酯类，虽然其结合酸不同，但几乎都是乙酯，仅在浓香型白酒中检出了乙酸异戊酯。发酵期短的普通白酒，酯类中乙酸乙酯及乳酸乙酯含量最多。由于酯的种类不同、含量的差异而构成了白酒不同的香型和风格。在白酒生产过程中，酵母菌管酒精发酵作用，同时也管酯化作用，并赋予白酒香味。霉菌（曲）也有酯化能力，尤其是红曲霉酯化能力极强，但在窖内，主要靠酵母菌的酯化能力。试验证明，在酯化过程中，如果有红曲霉存在，就能有效地提高酵母菌的酯化效果。一般产膜酵母（也称产酯酵母或生香酵母）的酒精发酵力弱，而酯化能力强，主要是曲坯上和场地感染而来的野生酵母菌占绝对优势。

白酒香味成分的量比关系是影响白酒质量及风格的关键。每种香型白酒都具有其风格，决定其典型风格的就是香味成分之间含量的比例关系。不同香型的酒，其香味成分种类不同，香味成分的量比关系也不相同，几种浓香型白酒中 4 种酯间的量比关系见表 5-4。而在同一香型不同酒中，虽然其香味成分相同或近似，但其量比关系却不尽相同，这是各厂酒风格不同的主要原因。为了保持产品质量的稳定，首先要控制香味成分的量比关系。

表 5-4　几种浓香型白酒中 4 种酯间的量比关系

项目	浓香香型白酒 A	浓香香型白酒 B	浓香香型白酒 C	浓香香型白酒 D
己酸乙酯/(g/L)	2.20	1.84	1.65	2.01
丁酸乙酯/(g/L)	0.15	0.14	0.17	0.20
乙酸乙酯/(g/L)	0.81	0.80	2.28	0.94
乳酸乙酯/(g/L)	2.21	1.87	1.88	1.42
总酯/(g/L)	3.65	3.24	4.60	3.39
己酸乙酯∶总酯	0.60	0.57	0.36	0.59
丁酸乙酯∶己酸乙酯	0.07	0.08	0.10	0.10
乳酸乙酯∶己酸乙酯	1.00	1.02	1.39	0.71
乙酸乙酯∶己酸乙酯	0.36	0.43	1.38	0.47

注：1. 己酸乙酯与总酯的量比关系：若"己酸乙酯∶总酯"值大，则表现酒质好，浓香风格突出。

2. 丁酸乙酯与己酸乙酯的量比关系："丁酸乙酯∶己酸乙酯"在 0.1 以下较为适宜，即丁酸乙酯含量宜为己酸乙酯含量的 10% 下。丁酸乙酯含量如果过高，酒容易出现泥臭味，是造成尾味不净的主要原因。

3. 乳酸乙酯与己酸乙酯的量比关系："乳酸乙酯∶己酸乙酯"低者较适宜。如果比值较大，容易造成香味失调，影响己酸乙酯放香，并出现老白干味。

4. 乙酸乙酯与己酸乙酯的量比关系："乙酸乙酯∶己酸乙酯"不宜过大，否则突出了乙酸乙酯的香气，造成喧宾夺主，非常影响浓香型的典型风格，出现清香型酒味。但乙酸乙酯的最大特点是，在贮存过程中容易挥发并发生逆反应，会大量减少。

酵母菌与霉菌在一起，对于产酯可起到协同作用。麸曲酒厂用酒精酵母生产乙醇，因酒精酵母产酯能力低，所以另外添加产酯酵母（生香酵母），借以增加白酒香味。大曲中富集大量野生酵母，其中多数为产酯酵母，可使发酵过程中生成大量酯类，从而可形成幽雅细腻的白酒风味。各种酯的香气见表5-5。

表 5-5　各种酯的香气

名称	阈值/(μg/L)	感官特征
甲酸乙酯	150	近似乙酸乙酯的香气，有较稀薄的水果香
乙酸乙酯	17.00	苹果香气，味刺激，带涩，味短
乙酸异戊酯	0.23	似梨、苹果样香气，味微甜、带涩
丁酸乙酯	0.15	脂肪臭气味明显，菠萝香，味涩，爽口
丙酸乙酯	4.00	微带脂肪臭，有果香气，味略涩
戊酸乙酯	5.37	较明显脂肪臭，有果香气味，味浓厚，刺舌
己酸乙酯	0.076	菠萝样果香气味，味甜爽口，带刺激涩感
辛酸乙酯	0.24	水果样气味，明显脂肪臭
癸酸乙酯	1.10	明显的脂肪臭味，微弱的果香气味
月桂酸乙酯	0.10	明显的脂肪气味，微弱的果香气味，不易溶于水，有油味
异戊酸乙酯	1.0	苹果香，味微甜，带涩
棕榈酸乙酯	14	白色结晶，微有油味，脂肪气味不明显
油酸乙酯	1.0	水果香（红玉苹果香）
丁二酸二乙酯	2.0	微弱的果香气味，味微甜、带涩、苦
苯乙酸乙酯	1.0	微弱果香，带药草气味
庚酸乙酯	0.4	水果香，带有脂肪臭
乳酸乙酯	14	淡时呈幽雅的黄酒香气，过浓时有青草味

在白酒的香气特征中，绝大部分是以突出酯类香气为主的，就酯类单体组分来讲，根据形成酯的那种酸的碳原子数的多少，酯类呈现出不同强弱的气味。含1~2个碳的酸形成的酯，香气以果香气味为主，易挥发，香气持续时间短；含3~5个碳的酸形成的酯，有脂肪臭气味，带有果香气味；含6~12个碳的酸形成的酯，果香气味浓厚，香气有一定的持久性；含13个碳的酸形成的酯，果香气味很弱，呈现出一定的脂肪气味和油味，它们沸点高，凝固点低，很难溶于水，气味持久而难消失。酯在呈香呈味上，通常是分子量小而沸点低的酯，具有独特而浓郁的芳香；分子量大沸点高的酯类，香味虽不强烈，但香气极为幽雅而绵长。所以大分子酯类更备受人们青睐。

在酒体中，酯类化合物与其他组分相比较绝对含量较高，而且酯类化合物大都属于较易挥发和气味较强的化合物，表现出较强的气味特征。一些含量较高的酯类，其浓度及气味强度占有绝对的主导作用，因此可使整个酒体的香气呈现出以酯类香气为主的气味特征，并表现出某些酯原有的感官气味特征。例如，清香型白酒中的乙酸乙酯和浓香型白酒中的己酸乙酯，它们在酒体中占有主导作用，使这两类白酒的香气呈现出以乙酸乙酯和己酸乙酯为主的香气特征。而含量中等的一些酯类，由于它们的气味特征有类似其他酯类的气味特征，因此，它们可以对酯类的主体香味进行"修饰""补充"，使整个酯类香气更丰满、浓厚。含量较少或甚微的一类酯大多是一些长碳链酸形成的酯，它们的沸点较高，果香气味较弱，气味特征不明显，在酒体中很难明显突出它的原有气味特征，但它们的存在可以使体系的饱和蒸气压降低，延缓其他组分的挥发速度，起到使香气持久和稳定的作用，这也就是酯类化合物的呈香作用。

酯类化合物的呈味作用会因为它的呈香作用非常突出和重要而被忽略。实际上，由于酯类化合物在酒体中的绝对浓度与其他组分相比高出许多，而且它的感觉阈值较低，其呈味作用也是相当重要的。在白酒中，酯类化合物在其特定浓度下一般表现为微甜、带涩，并带有一定的刺激感，有些酯类还表现出一定的苦味。例如，己酸乙酯在浓香型白酒中含量一般为 150～200mg/100mL，可呈现出甜味和一定的刺激感，若含量降低，则甜味也会随之降低。乳酸乙酯则表现为微涩带苦，当酒中乳酸乙酯含量过多时，则会使酒体发涩带苦，并由于乳酸乙酯沸点较高，可使其他组分挥发速度降低，若含量超过一定范围时，酒体会呈现出香气不突出的缺陷。再例如，油酸乙酯及月桂酸乙酯，它们在酒体中含量甚微，但它们的感觉阈值也较小，它们属高沸点酯，当在白酒中有一定的含量范围时，它们可以改变体系其他组分的挥发速度，起到持久、稳定香气的作用，并不呈现出它们原有的气味特征；当它们的含量超过一定的限度时，虽然体系的香气持久了，但它们各自原有的气味特征也会表现出来，使酒体带有明显的脂肪气味和油味，损害酒体的品质。

5.1.3.4　羰基化合物

目前白酒中检出的醛类达 100 多种。其中乙缩醛几乎占总醛量的 50%。这些醛类化合物中，有的辛辣，有的呈臭味，也有的带水果香但甜中有涩。浓香型白酒中的醛类含量一般为 52～122mg/100mL。酱香型及浓香型白酒中含有较多的乙缩醛。然而某清香型白酒及某凤香型白酒的乙缩醛含量极低。根据测定结果，乙醛与乙缩醛两者相互消长，乙醛渐消，乙缩醛渐长，这也是长期贮存后，白酒绵柔的重要因素之一。

白酒中已检出的酮类约 160 种。其中 3-羟基丁酮及二丁酮含量较多。这些酮类有愉快的香味并有类似蜂蜜的甜香味。醛、酮类的香气见表 5-6。

表 5-6　醛、酮类的香气

名称	阈值/(mg/L)	感官特征
甲醛	0.05	刺激性臭
乙醛	1.2	绿叶及青草气味，有刺激性气味，味微甜，带涩
正丁醛	0.028	绿叶气味，微带弱果香气味，味略涩，带苦
异丁醛	1.0	微带坚果气味，味刺激
异戊醛	0.1	具有微弱果香、坚果气味，味刺激
己醛	0.3	果香气味，味苦，不易溶于水
庚醛	0.05	果香气味，味苦，不易溶于水
丙烯醛	0.3	刺激性气味强烈，有烧灼感
苯甲醛	1.0	有苦扁桃油、杏仁香气，加入合成酒类可以提高其质量
酚醛	—	有较强的玫瑰香气
糠醛	5.8	浓时冲辣，味焦、苦涩；极薄时稍有桂皮油香气
丙酮	200	溶剂气味，带弱果香，微甜，带刺激感
丁酮	80	带果香，味刺激，带甜
双乙酰	0.02	浓时呈酸馊味、细菌臭、甜臭，稀薄时有奶油香
3-羟基丁酮	0.03	不明，有文献记载可使酒增加燥辣味
乙缩醛	50～100	青草气味，带果香，味微甜

低分子醛类有强烈的刺激臭，乙醛有黄豆臭，乙醇微甜，但两者相遇则呈燥辣味，新酒燥辣味便与此有关。乙缩醛在名酒中含量比普通白酒高，并在贮存中不断增长，推论其可能与老熟有关。据文献报道，戊醛呈焦香味，遇硫化氢时则焦香味更浓。酮类的香气较醛类绵柔、细腻，其阈值也低，它不但是主要香气成分，也是香气的散发者。丙烯醛又名毒瓦斯，它有催泪的刺激性和强烈的苦辣味。糠醛易使酒色变黄，呈焦苦味及涩味。3-羟基丁酮在酒内呈燥辣味，并使酒味粗糙。双乙酰是非蒸馏酒的大敌，却是蒸馏酒的香味成分，白酒含量

多少适宜，目前尚无标准。

羰基化合物在白酒组分中占 6%～8%。低碳链的羰基化合物沸点极低，极易挥发。随着碳原子的增加，它们的沸点逐渐增高，并在水中的溶解度下降。羰基化合物具有较强的刺激性气味，随着碳链的增加，它的气味逐渐由刺激性气味向青草气味、果实气味、坚果气味及脂肪气味过渡。白酒中含量较高的羰基化合物主要是一些低碳链醛、酮类化合物。在白酒的香气成分中，这些低碳链醛、酮类化合物与其他组分相比较，绝对含量不占优势，同时这些物质的感官气味表现出较弱的芳香气味。因此，在整体香气中，低碳链醛、酮原始的气味特征不十分突出。但这些化合物沸点低，易挥发，它们可以"提扬"其他香气分子挥发，尤其是在酒体入口时，很易挥发。所以，这些化合物实际起到了"提扬"香气和"提扬"入口"喷香"的作用。

酒中的羰基化合物具有较强的刺激性口味。在味觉上，它赋予酒体较强的刺激感，也就是人们常说的"酒劲大"的原因。这也说明酒中的羰基化合物的呈味作用主要是赋予口味以刺激性和辣感。

醛类物质与白酒的香气和口味有着密切的关系。乙醛和乙缩醛的主要功能表现为对白酒香气的平衡和协调作用，而且作用强，影响大。乙醛和乙缩醛是白酒必不可少的重要组成成分，它们含量的多少以及它们之间的比例关系，直接影响白酒香气的风格水平和质量水平。

乙醛是醛类物质，其功能基是醛基。二乙醇缩乙醛（简称乙缩醛）不是醛，是二醚，分子内含两个醚键。乙缩醛是一种特殊的醚，它的两个醚键与同一个碳原子相连接，是胞二醚。乙醛和乙缩醛不是同一类化合物，在特定环境条件下，它们互相联系又可以互相转换。基于后一种原因，白酒行业往往将乙缩醛也划归为"醛类"，但在科学概念上不可将此二者混为一谈。

把乙缩醛作为醛类化合物，它与乙醛的总量占白酒中总醛含量的 98% 以上，所以它们是白酒中最重要的醛类化合物。

乙醛的作用主要有：

① 水合作用　乙醛是羰基化合物，羰基是极性基团，由于极性基团的存在，乙醛易溶于水。乙醛与乙醇互溶主要是物理性的，与水互溶则是反应性溶解，即乙醛自发地与水发生水合反应，生成水合乙醛。此反应是一个平衡反应，在醋酸催化下，反应速率加快。白酒中乙醛有两种存在形式，即以乙醛分子及水合乙醛的形式对酒的香气做出贡献。

② 携带作用　乙醛由于跟水有良好的亲和性，具有较低的沸点和较大的蒸气分压，而有较强的携带作用。携带作用即酒中的乙醛等在向外挥发的同时，能够把一些香味成分从溶液中带出，从而造成某种特定气氛。要有携带作用，必须具备两个条件：本身要有较大的蒸气分压；与所携带的物质之间在液相、气相均要有好的相容性。乙醛就是这样一种物质。乙醛与酒中的醇、酯、水，不论与该酒液或是与该酒液相平衡的气相中的各组分物质之间，都有很好的相容性。相容性好才能给人的嗅觉以复合型的感知。刚打开酒瓶时的香气四溢（喷香）与乙醛的携带作用有关。

③ 阈值的降低作用　在勾兑调味实践中，调酒师有一个共同的经验：当使用乙醛含量高的酒作组合或"调味"酒时，将使组合酒的闻香明显变强，即乙醛对放香强度有放大和促进作用，这就是乙醛对各种物质阈值的影响。阈值不是一个固定值，在不同的环境条件下有着不同的值。乙醛的存在，对白酒中那些可挥发性物质的阈值有明显的降低作用，不仅对原来已有相当放香强度的物质的阈值有一定的降低作用，而且对那些不太感知得到的物质的阈值也有降低作用，即乙醛可提高嗅觉感知的整体效果，使白酒的香气变大。

④ 掩蔽作用　蒸馏酒或者不同形式的固液结合白酒，在进行色谱骨架成分调整时，最难以解决的问题之一是闻香和气味的分离感突出（即明显地感觉到外加香），这将大大影响这类酒的质量。即使是完全用发酵原酒，甚至用"双轮底酒"加浆降度后，有时也会出现闻香和气味分离感，这时并不存在"外加香"的问题。产生上述现象的原因极其复杂，其原因可能有两个：一是骨架成分的合理性；二是没有处理好四大酸、乙醛和乙缩醛的关系。四大酸主要表现为对味的协调功能，乙醛、乙缩醛主要表现为对香的协调功能。酸压香增味，乙醛、乙缩醛增香压味。只要处理好这两类物质间的平衡关系，使其综合行为表现为对香和味都做出适当的贡献，就不会显现出有外加香味物质的感觉，不论是全发酵酒、调香白酒或中低度酒。这就是说，乙醛、乙缩醛和四大酸含量的合理配置可大大提高白酒中各种成分的相容性，掩盖白酒某些成分过分突出的弊端，从这个角度讲它们有掩蔽作用。

⑤ 乙醛的聚合　在酸催化下，或者在微量氧气存在下，乙醛自身能发生聚合反应，主要生成三聚乙醛。三聚乙醛是一种不溶于水的化合物，沸点为 128℃，是一种可散发出愉快香味的挥发性物质。三聚乙醛在酸的作用下，又可解聚，再生成乙醛。

5.1.3.5　吡嗪类

吡嗪的中文别名是对二氮杂苯。白酒中的含氮化合物形成的焦香占有重要地位，是酱香型、芝麻香型白酒中重要的香气成分之一，是人们喜爱的焙炒香气。焦香在食品中还有防腐作用，所以被广泛用于食品防腐。焦香在白酒中有不同程度的存在，酱香型及麸曲白酒中焦香较浓，芝麻香型白酒的焦香基本上已成为它的主体香气。

产生焦香的成分主要是吡嗪类化合物，它是糖类与蛋白质、氨基酸在加热过程中形成的产物，是通过氨基酸的降解反应和美拉德反应产生的。从白酒中已经鉴别出的吡嗪类化合物有几十种，但绝对含量很少。它们一般都具有极低的香气感觉。

目前白酒中检出的含氮化合物有 155 种，其中吡嗪化合物定量的有 21 种。日本已经从食品中检出 70 种吡嗪。多数白酒中所含的吡嗪类化合物，以四甲基吡嗪和三甲基吡嗪含量最高。有些白酒则以 2,6-二甲基吡嗪居多。如以同碳数烷基取代吡嗪总量计，酒样中的二碳、三碳烷基取代吡嗪的总量都比较接近。分析结果表明，吡嗪的生成与酒醅发酵及制曲温度高低有关，更受反复加热蒸馏的影响。

焦香除糠醛、麦芽酚等，在酱油中呈焦香的化合物还有 β-羧基安息香酸、δ-酮戊酸，它们也是重要的焦香成分。

5.1.3.6　其他香味物质

白酒中还有许多香味成分，例如已检出的芳香族成分就有 26 种。4-乙基愈创木酚、苯甲醛、香兰素、丁香醛等都是白酒特别是酱香型白酒的重要香味成分，但味微苦。酪醇呈香好，但味奇苦，它是曲子微生物菌体中酪氨酸被酵母菌发酵形成的。β-苯乙醇在白酒中含量甚多，单体呈蔷薇香气，但在白酒中与多种香味成分混在一起，蔷薇香气并不突出。

此外还有许多呋喃化合物，这些成分的含量虽小，但阈值却很低，故有极强的香味。而且，又都是高沸点物质，可能在后味延长上起重要作用。呋喃甲醛在稀薄情况下，稍有桂皮油的香气；浓时冲辣，味焦苦涩，在酱香型白酒中含量突出，是酱香型白酒的特征香气之一。呋喃甲醛也极易氧化而变成黄色，这是酱香型白酒颜色微黄的根本原因。其他如香草酸、香草酸乙酯、异麦芽酚等也都是上佳的香味成分。

在白酒中检出含硫化物有 82 种，一般含硫化合物的阈值很低，很微量的存在就能察觉它们的气味。它们的气味非常典型，一般表现为异臭和令人不愉快的气味，且持久难消。

5.2　白酒中的呈味物质及相互作用

5.2.1　白酒中的主要呈味物质

在酿酒工业中常用酸味、甜味、咸味、苦味、辣味、鲜味、涩味等来说明不同的现象，并找出影响质量的因素。为了准确地进行判断，先要熟悉不同的单一香味成分的特征，然后在检查白酒的风味时，才能在复杂成分混合的情况下，正确加以辨认。

我国自古以来把味道分为五味，即酸、甜、苦、辣、咸。但研究结果表明辣不属于味感，它并不是由味觉神经传达的，而是由刺激性产生的。日本原先也是这五味，现在则以鲜味代替了辣味。印度为咸、酸、甜、苦、辣、淡、涩、无味，共八味。欧美为咸、酸、甜、苦、碱、金属味，共六味。但一般科学分类仍为咸、酸、甜、苦四种基本味觉。味觉的感受也同样是因地因人而异，好恶不同。

（1）酸味物质　酒中的酸味物质均属有机酸（人为加入的除外），例如白酒中的乙酸、乳酸、丁酸、己酸及其他高级脂肪酸等。无论是无机酸、有机酸及酸性盐的味，都是氢离子起作用。有机酸在呈味上，分子质量越大，香味越绵柔而酸感越弱。相反，分子质量小的有机酸，酸的强度大，刺激性强。入口后感觉的酸味，由于唾液的稀释、酸的缓冲性和酸味的持续性，其呈味时间的长短及实际上食品的味与生成的味等均有差别。在相同 pH 的情况下，酸味强度的顺序如下：富马酸＞酒石酸＞苹果酸＞乙酸＞琥珀酸＞柠檬酸＞乳酸＞抗坏血酸＞葡萄糖酸。

酸味在很低浓度时就能感觉出来，多数的酸味物质在 $1 \times 10^{-3} \mu g/L$ 浓度时就能感到酸味。白酒中含有挥发酸（如甲酸、乙酸、丙酸、丁酸、己酸等）及弱挥发酸（如乳酸），分子质量越小的挥发酸刺激性越强，它们是构成白酒味的重要物质。有机酸在白酒口感上也很重要，酸与酒的口味有关，酸不足则酒味短。有人曾试验用离子交换树脂去酸，去酸后的白酒后味短而寡淡。

各种酸有不同的固有的味，例如，柠檬酸有爽快味，琥珀酸有鲜味，醋酸具有愉快的酸味，乳酸有生涩味。酸味为饮料酒必要的成分，能给予爽快的感觉，但酸味物质含量过多或过少均不适宜，酒中酸味物质含量适中可使酒体浓厚、丰满。

（2）甜味物质　甜味物质种类甚多，所有具有甜味感的物质都由一个负电性的原子（如氧、氨等）、发甜味团和助甜味团构成（如甘油，发甜味团为 $CH_2OH-CHOH-$，助甜味团为 CH_2OH-）。酒常带有甜味，主要受酒精本身—OH 的影响。在一个氢氧基的场合，分子乙醇溶液就有甜味。醇类随着羟基数量的增加，其甜味也增加，其甜味强弱顺序如下：乙醇＜乙二醇＜丙三醇＜丁四醇＜戊五醇＜己六醇。

多元醇不但产生甜味，还能给酒带来丰富的醇厚感，使白酒口味软绵。除醇类外，丁二酮具有蜂蜜样浓甜香味，醋酸和双乙酰都能赋予酒的浓厚感。酒中还含有多种氨基酸，氨基酸中也有多种具有甜味，D-氨基酸中多数是甜的，如 D-色氨酸的甜度是蔗糖的 35 倍；而 L-氨基酸中，苦的占多数，但 L-丙氨酸、L-脯氨酸却是甜的。

（3）咸味物质　具有咸味的全部都是盐类，但盐类并不等于食盐。盐类中有甜味也有苦味，而食盐以外的盐类大部分有一些咸味。白酒中很少有咸味，若出现此现象可能是加浆水硬度过大。如果加浆水中含无机盐类较多，则白酒带异杂味，不爽口，而且会产生大量沉淀，必须考虑除去。

(4) 苦味物质 苦味物质的阈值较低，在口味上灵敏度较高，而且持续时间长，经久不散，但常因人而异。酒中的苦味物质是酒精发酵时酵母代谢的产物，如酪氨酸生成酪醇，色氨酸生成色醇，特别是酪醇在 0.5×10^{-4} mg/L 时就有苦味。

制曲时经高温，其味甚苦，这与酵母产生的苦味道理差不多。我国白酒生产的经验，制曲时霉菌孢子较多、酿酒时加曲量过多或发酵温度过高等，都会给成品酒带来苦味。此外，高级醇中的正丙醇、正丁醇、异丁醇、异戊醇和 β-苯乙醇等均有苦涩味。

苦味物质中，常含有苦味肽，苦味肽中的疏水性氨基酸主要有脯氨酸、缬氨酸、亮氨酸、异亮氨酸、苯丙氨酸等，这些物质大多呈现苦味。苦味物质的阈值是比较低的，而且持续性强，不易消失，所以常常使人饮之不快。在酒的加浆用水中，含有碱土金属的盐类，或硫酸根的盐类，它们中的大多数都是苦味物质。一般说来，盐的阳离子和阴离子的原子量越大，越有增加苦味的倾向。

(5) 辣味物质 辣味不属于味觉，是刺激鼻腔和口腔黏膜的一种痛觉。酒的辣味，是由于灼痛刺激作用于痛觉神经纤维所致的。在有机化合物中，凡分子式具有—CHO（如丙烯醛、乙醛）、—CO—（丙酮）、—CH＝CH—（如阿魏酸）、—S—［如 C_2H_5SH（乙硫醇）］等基团的化合物都有辣味。白酒中的辣味，主要来自醛类、杂醇油、硫醇，还有阿魏酸。

(6) 涩味物质 涩味是通过麻痹味觉神经而产生的，它可凝固神经蛋白质，使舌头黏膜的蛋白质凝固，而产生收敛性作用，使味觉感到涩味，使口腔里、舌面上和上腭有不滑润感。果酒中的涩味物质主要是单宁。白酒中的涩味物质主要有醛类、酸类（乳酸和木质素分解的酸类化合物）及其酯类等——阿魏酸、丁香酸、丁香醛、糠醛等，以及杂醇油等，其中尤以异丁醇和异戊醇的涩味最重。白酒中的辣味和涩味物质是不可避免的，关键是要使某些物质不能太多，并要与其他微量成分比例协调。通过贮存、勾兑、调味掩盖，可使辣味和涩味感觉减少。

(7) 咸、甜、酸、苦诸味的相互关系 咸味由于添加蔗糖而减少，在 1‰～2‰食盐浓度下，添加 7～10 倍量的蔗糖，咸味大部分消失。甜味由于添加少量的食盐而增大。咸味可因添加极少量的醋酸而增强，但添加大量醋酸时咸味减少。在酸中添加少量食盐，可使酸味增强。苦味可因添加少量食盐而减少，添加食糖也可减少苦味。总之，咸、甜、酸、苦诸味能相互衬托而又相互抑制。

对于白酒的呈味成分目前研究得还很不够，因为比研究呈香成分难度更大。根据国外的一些研究资料一般推论白酒中的甜味可能和—OH 有关，涩味与多酚类有关，酸味与酸的浓度及种类有关。

5.2.2 呈味物质的相互作用

白酒中的呈味物质有酸味、甜味、苦味、辣味、涩味、咸味等物质，这些物质在酒中呈味作用的强弱与其相互作用有关。味觉变化是随着味觉物质和总量变化的不同而起变化的，为了保证酒的质量与风格，使产品保持各自的特色，必须掌握好味觉物质的相互作用和酒中香味物质的特征及变化规律。作为单体味来说甜是甜的，苦是苦的，但是当两种味混合在一起时，味就可能发生变化，或者它的呈味强度发生了变化。既可能加强，也可能削弱。

(1) 协同作用 在某一种味中添加另一种味，加强了原有的呈味强度，这在食品品尝中，称为味的协同作用，也称相乘作用。

在甜味溶液中添加少许食盐，会使甜味明显增加。如在 15％～25％蔗糖溶液中添加 0.15％食盐时，蔗糖溶液则呈最甜状态。有趣的是，如果添加 0.5％的食盐时，反而不及不添加食盐的糖液甜。这说明协同作用在呈味物质之间，存在着一定的量比关系——平衡关系。

在苦味溶液中添加酸，可使苦味更苦。植物果实及种子在未成熟期又酸又苦，这是植物为了繁殖后代而自我保护的有力武器。苦味成分还有较强的杀菌能力。

不论在人的味感上或呈味物质在味蕾细胞膜吸着面上或在膜电位测定上都表明，在谷氨酸钠中添加肌苷酸钠或鸟苷酸，都能起到增强鲜味的协同作用，致使鲜味大幅度提高。谷氨酸钠与肌苷酸钠混合时，鲜味显著增强，1∶1 时增加 7.5 倍，10∶1 时增加 5 倍，添加 1％时鲜味也翻了一番，这表明味觉神经在生理上，起到协同作用。两者相混合不但可增强鲜味感、持续感，并对遮盖苦味也有明显效果。

（2）拮抗作用　在呈味物质中添加另一种呈味物质，使原有物质的呈味强度下降，这在食品品尝中称为拮抗作用，也称相杀作用。

在咸味溶液中添加酸味物质，可使咸味强度减少。在 1％～2％食盐溶液中添加 0.05％醋酸或在 10％～20％食盐溶液中添加 0.3％的食醋，则咸味大幅度下降。在日常生活中，饺子咸了就蘸醋吃，这就是用醋解咸的实际应用。在五种味中，甜味的拮抗作用最多，它对酸味、苦味、咸味都有缓解作用。例如，吃柠檬、柚子、菠萝等酸味大的水果时，加入糖则酸味大减；咖啡甚苦，在溶液中加入糖则苦味明显下降，并可赋予咖啡舒适感；在咸味中添加糖，则咸味亦随之下降。在 1％～2％的食盐溶液中添加 7％～10％蔗糖时，可使咸味完全消失；但在 20％的食盐溶液中，不论添加多少蔗糖，咸味也不会消失。糖在食品中不但会使酸味、苦味、咸味下降，并且可赋予食品浓郁感和后味长的特点。

咸味对苦味也有相杀作用，能降低苦味的强度。例如，除去酱油中的盐后，再分离出呈鲜味的谷氨酸钠，酱油便出现苦味，这证明咸味对苦味有拮抗作用。

在 0.03％的咖啡碱溶液（呈苦味的最低浓度）中，添加 0.8％的食盐，苦味反而稍感加强；如果添加 1％以上，则咸味加强。0.05％咖啡碱溶液的苦味相当于熬茶程度。如果增加食盐添加量，则苦味明显减少，过多时则成咸味了。

（3）复合生香　两种以上呈香物质相混合时，能使单体的呈香呈味特性发生很大的变化，其变化有正面效应，也有负面效应。

乙醇微甜，乙醛则带有黄豆臭，浓时为青草臭，并有涩味。两者相混，则呈现新酒刺激性极强的辛辣味，从而改变了酒应有的甜味感及其特有的香味。

香兰醛是食品中最常用的食品香料，除香气外，还有耐高温的优点。香兰醛呈饼干香味，苯乙醇则带有蔷薇花的香味，两者按合理比例相混合时，既不呈饼干味，也不呈蔷薇花香，而是呈现白兰地所特有的香味。

（4）助香作用　新产的酒和勾兑的配制酒，香味之间很不协调，就像新组成的足球队，队员之间配合很不默契，要磨合。此时，就需要醛香调味酒中多量的乙缩醛等助香成分来助香了。助香成分就像黏合剂，它可将各种香味成分联合成一个整体，以突出产品的独特风格。

在酒中起助香作用的化合物，其本身往往并不是很香，或者是弱香，或者是无味甚至是臭的，但它却是酒里不可缺少的角色。

5.3　白酒中风味物质的来源及杂味的形成

5.3.1　白酒中风味物质的来源

白酒的主要成分是乙醇和水，两者占总质量的 98% 左右，白酒中香味成分仅占 2% 左右，这仅占 2% 左右的微量成分却决定着白酒的香、味、风格、特征及香型。香味成分又可分为芳香成分和风味物质。各成分之间存在相互关系，综合平衡、浑然一体，最后形成产品的风格。

浓香型大曲酒是以大曲为糖化发酵剂，经固态发酵生产的白酒。浓香型大曲酒的香和味一定要协调，以给人自然感，使香气芳香悦人，酒体醇厚，入口甘美，各味协调，自然幽雅。优质浓香型大曲酒必须窖香、曲香、糟香、陈味相互融合成为一体。粮食香对酒体有一定影响，特别是用 5 种粮食酿酒时，粮食香的作用更为明显，组成这些香和味的物质非常复杂且含量甚微。

从研究角度而言，白酒的全部组成成分多为 4 种类型，主要是水、乙醇、色谱骨架成分、含量低于 1mg/100mL 的微量成分。后两种成分不是单一的一类物质，而是一些非常复杂的有机化合物，也有的将后两种成分统称为微量成分。但不论从何种角度讲，人们都十分重视微量成分对酒的质量和风格的重要影响，都有意识有目的地加以研究和认识，并将研究结果应用于白酒的酿造、勾兑和质量检测中。微量成分的检测、研究和应用是我国白酒行业取得重要技术进步的主要方面之一，对白酒行业的发展起到了积极的作用。

（1）生产工艺　不同的生产工艺（包括发酵周期、堆积、回酒、双轮底等）产生不同的香味物质。酱香型白酒工艺、浓香型白酒工艺、清香型白酒工艺、米香型白酒工艺和豉香型白酒工艺等，所产的白酒其香味物质是有较大差异的。不同的生产工艺产出不同香型、不同风格、不同特征、不同类型的白酒，这是传统白酒工艺的特点。所以改进生产工艺，提高生产工艺的科学性，是调整白酒中香味成分的量比关系、提高产品质量的重要措施。

（2）原料和辅料　不同的原料经过发酵后，所生成的香味物质不一样，所以说白酒的质量与原辅料的品种及质量有着密切的关系。高粱生成醇香和具有醇厚香味的微量成分，高粱的质量好、颗粒饱满、水分少、支链淀粉含量高、磷含量高、单宁含量适宜，产酒质量好；相反，则产酒质量差。糯米、硬米（大米）生成醇甜、绵柔香味的微量成分。小麦（大麦、荞麦）生成酒味陈香和香味长的微量成分。玉米生成香味糙、所谓酒劲大的微量成分，这是由于其生成的高级醇类多。辅料以稻壳为最好，其他辅料均会给酒带来糠味等异杂味，所以强调辅料必须用稻壳，而且要求新鲜、杂物少、水分少、瓣粒大，用前还需进行清蒸处理，以确保白酒质量和产量。

（3）发酵设备　不同的发酵设备，包括地窖、地缸、石窖、砖窖、木桶等，对微生物的生长、繁殖、吸附，以及代谢产物的种类积累、储藏、交换等，对所产酒的质量，都有很重要的影响；发酵设备的材质、所含微量元素对所产酒的质量也有很大的影响。所以浓香型白酒采用地窖发酵才能生产出浓香型白酒，产酒的质量与窖池的质量关系非常密切。流传的"千年窖、万年糟产出质量好的浓香型白酒"的说法是很有科学道理的。

清香型白酒发酵用瓷质地缸，酱香型白酒发酵用条石地窖等，不同材质的发酵设备，产出不同香型或风格的白酒，这是被白酒界公认了的事实。对发酵设备的研究及所得成果，对提高白酒质量起了重大作用。

（4）糖化发酵剂　糖化发酵剂对白酒香、味成分的形成影响极大，对产酒率影响也大，什么样的糖化发酵剂产出什么样的酒。糖化发酵剂的原料、所含微生物、酯化酶、细菌，以及糖化发酵剂的制作工艺等，都会影响白酒的生产。质量高的糖化发酵剂（曲药或大曲）生产出的白酒产量高（原料出酒率高）、质量好，所以有用糖化发酵剂的名称来确认酒名的，如用大曲（麦制大块曲）发酵生产的酒叫大曲酒（包括茅台、五粮液、泸州大曲、汾酒等）；用小曲药（用米糠作原料）生产出来的白酒叫小曲酒；用麸曲（用麸皮作原料制的曲叫麸曲）作糖化发酵剂生产的白酒叫麸曲酒。为了节约粮食，用麸皮代替小麦制的大曲，所产的白酒有麸曲酱香、麸曲浓香、麸曲清香等类型。糖化发酵剂的原料，做大曲一般采用纯小麦，也有用大麦、小麦制大曲的，还有用小麦、大麦、豌豆制曲的，但主要原料是小麦。用大米作原料制的曲叫米曲；用米糠（或碎米）为原料制的曲，因体积小，呈椭圆形，叫小曲。还有在糖化发酵剂（或曲）的制作中加入中药材的，这种曲叫药曲，例如董酒使用的糖化发酵剂就是在制作中加了中药材。各种不同原料制的曲，所产酒的香味成分是有很大差异的，特征、风格也不一样，如麸曲制的白酒就不如麦曲制的白酒质量好。制糖化发酵剂的工艺也在很大程度上影响着曲的质量和所产酒的质量。高温制曲（制曲时发酵温度在 $55\sim65℃$ 之间），曲块香气好，干脆、轻，所产酒香浓有陈味；中温制曲（制曲时发酵温度控制在 $50℃$ 左右），曲块有香气，菌丝分布均匀，断面菌丝整齐，所产酒清香、醇和、干净；低温制曲（制曲时发酵温度控制在 $40℃$ 左右），曲块无香气，菌丝健壮整齐，所产酒香味差，但出酒率高。制曲工艺、水分、温度、湿度、原料粉碎度都与微生物生存的种类、代谢产物的多少、香与味前体物质的形成等，关系密切。由于制曲工艺的不同，因而产生的微量成分含量不同，酒的香型、风格、特征也不同。

（5）工具、器具　白酒生产过程中所使用的工具、器具的材质对酒体香、味成分的形成有影响。传统工艺方法生产白酒，使用的工具、器具的材质大致包括天锅、底锅、爬梳等用的铁；甑桶、甑桥、云盘、木锨等所用的木材，如楠木、柏木、樟木、柞木、橡木等；甑、挑端，所用的是楠竹、斑竹、水竹等；冷却场地使用的是石板、青砖（红砖）、黄泥等；冷却器用的材质是不锈钢、铜、锡、铝等。其中使用量最大的是木材和竹类。这些木材、竹类经过不断地磨损、浸泡、蒸煮等逐渐进入糟醅中，同粮糟一起发酵，可产生特殊的很微量的香、味成分，并可通过蒸馏进入成品酒中，使白酒的香味成分更加丰满、完美。如木材中含有很多香味成分物质或前体物质，经过酸、醇的浸渍和不同微生物的发酵，可生成很多很好很有作用的香味成分，这些成分是优质白酒不可少的，其也可能是白酒中酚类化合物的主要来源。另外，还有铁、石、泥等与产品中的微量成分来源也有一定关系。

（6）白酒的贮存　贮存时间、贮存容器材质、贮存条件和方法都将影响白酒的质量。贮存时间越长，酒质越好，这是长期实践经验的总结，并被白酒界人士所公认。从时间上来看，酱香型白酒和清香型白酒贮存期在 3 年以上，浓香型白酒在 1 年以上。是不是贮存期越长越好？有没有极限？目前尚无定论。但无疑，贮存期越长的白酒越是难得，是很起作用的调味酒。贮存的目的是促进酒中微量成分的物理变化和化学反应，从而产生新的微量成分，所以说，贮存是白酒中微量成分来源和变化的一个重要因素。这些成分可使酒体醇厚、绵柔、细腻，浓香型白酒产生陈味或酱味，酱香型白酒则产生很幽雅的果酸味，这段时间称为白酒老熟期。

贮存容器的材料，有瓦坛、陶缸、藤条、猪血、石灰等，这些材料用于制酒海、涂料酒池（大容器酒池）、不锈钢罐等。实践证明，最好的是瓦坛或陶罐，但容量太小。上述几种容器现在都在使用，因各有优缺点，各厂家常根据不同的要求、不同的酒质而采用不同的容器。瓦坛和陶缸及酒海用来贮存调味酒或特殊香味酒；不锈钢桶、酒池用来贮存好的组合酒（或成品酒）。好材料容器能给酒带来有益的微量成分，并促进酒中微量成分的变化，从而增加酒中有益成分含量。如瓦坛、陶缸中的微量金属元素、微孔，酒海中的藤条、猪血，石灰的浸出液等都能起到这种作用。

贮存条件和方法也能促进酒中微量成分的生成。贮存在地下室或防空洞、天然岩洞，可使酒缓慢地向有益的方向变化，酒的损耗小；贮存在室内，酒质变化较快，但损耗较大；贮存在露天环境，因自然温度影响大，温差大，酒质变化快或老熟快，但损耗也大，安全性差，各有利弊。在加速酒老熟的方法上，有的在贮藏的大容器（酒池、大酒桶）中加入少许瓦片、陶片，以加速酒的老熟。也有的采取在使用贮存酒时，有意不用完，留 0.5%～1% 老酒，再装入新酒，按此方法循环进行。就像生产工艺的续糟发酵，称万年糟，所以这种贮存方法称为留酒贮存，这种酒叫百年老酒，进而就形成了万年糟、千年窖、百年酒的框架。实践证明，加入瓦片、陶片、留少许老酒的方法，对加快酒的老熟，提高酒的质量是很有效果的，也是增加酒中微量成分来源的一种措施，现已普遍被采用。其他还有采用 γ 射线、磁场、超声波等物理催陈技术的，但效果均不理想。

（7）蒸馏方法及提取效率　蒸馏是提取发酵糟（醅）中乙醇和微量成分的主要手段。在发酵过程中，既生成了大量的有益成分，同时也会生成少量的有害成分。在蒸馏时，应采取措施，尽可能地提取有益成分，增加有益成分含量，这是蒸馏的主要目的。

在蒸馏过程中，由于温度的升高，在高温的作用下（100℃左右），糟醅中的酸、醇加强其酯化反应，会生成部分酯类物质，其他微量成分也会发生反应和变化，而生成更多的微量成分。蛋白质会分解成各种氨基酸，麦皮上的糖苷前体、高粱皮上的单宁会分解转化成酚类化合物，这些成分将随着酒蒸气进入酒中，使酒中微量香味成分更为丰富。有人认为白酒中的氨基酸主要来源于蒸馏。所以在蒸馏时强调中火上甑，控制时间在 40min 左右为宜，缓火蒸馏，流酒速度为 3kg/min 左右，所产酒有益成分最多，质量产量均好，否则不但会影响产酒质量，且产量也不好。

分段摘酒（或量质摘酒），有利于获取不同微量成分含量的基酒。酒头（刚开始流出来的酒）一般取 1kg 左右，酒头中低沸点的醇溶性香味物质特别多，也有较多的低沸点的醛类、烯类。质好的酒头经过 1 年以上的贮存或采取其他措施，可使低沸点的烯类和醛类挥发或转化，其他香味成分也会发生变化，就可以作为调味酒使用；质差的酒头回底锅进行串蒸处理。一段酒（或前端酒）酒精含量在 70% 左右，二段酒（或后段酒）酒精含量在 55% 左右，尾酒酒精含量在 10%～30% 之间。一段酒醇溶性香味成分更多，己酸乙酯含量高，乳酸乙酯含量低，酒香、醇正、干净。二段酒水溶性微量成分高，醇溶性物质减少，乳酸乙酯含量高，香淡味涩。尾酒主要含高沸点水溶性物质较多，好的尾酒经过贮存或采取措施处理后，可作为调味酒，可调出绵甜、后味绵长的酒，但多了会压前香；差的尾酒回底锅进行串香处理，尾酒在调配调香白酒上效果很好，可提高调香白酒的糟香味和自然感，已被普遍采用。一、二段酒应根据不同的酒质和市场需要，按不同比例搭配，组合不同的组合酒。

串香（糟）蒸馏有利于提取更多的有益香味成分。实践证明，经过正常的蒸馏提香后，酒醅（糟）中的香味物质，大部分没有提取出来，有 50% 以上残留在酒醅中，作为再发酵的底物，对下批产酒质量有很大作用。但是残留量过多，尤其是酸度过大，将会影响下批酒的产量和质量。根据不同的糟醅，应采取不同的串香（糟）措施，以更多、更有效地提取糟醅中的香味物质，这是提高酒质、降低成本的科学方法。

由于双轮底糟醅香味物质丰富，若每甑加入 50%～100%（按照双轮底糟醅产酒量）的低档白酒进行串蒸，所产酒的质量和香味成分的含量都优于不加串香的原酒，这也是被实践所验证而被公认的，串香后的底糟酸度明显下降，有利于下批发酵，取得了一举两得的良好效果。

（8）加浆用水　市售酒酒精含量普遍下降，加浆用水增加，水已经占了白酒组分的一半以上，加浆用水是微量金属元素的主要来源，所以加浆用水的质量显得越来越重要。各厂家都在对加浆用水进行研究和试验，认为用矿泉水加浆较为理想，可增添酒中的有益成分。最近又出现了一些水处理设备，即把一般饮用水经处理后再作加浆水，并出现了用纯净水作加浆用水的趋势，以使酒体更加干净、醇甜。总之，加浆用水是一个值得研究的课题。

用添加的办法，可弥补酒中有益微量成分的不足，通过缺啥补啥，来调整酒中有益微量成分的量比关系，可提高酒的质量，增强酒的风格和典型性。

（9）发酵母糟　酿酒中最常用的辅料是稻壳或甩（丢）槽。稻壳是一种多孔隙物质，在窖池发酵过程中充当着微生物的有效载体，或者说是微生物生长、发育的固定床，起着控制空气量的作用。稻壳对窖池的正常发酵有很重要的作用，蒸酒时还起塔板的作用。各个厂家在制定生产操作规程时，对粮食与稻壳的比例等有严格的规定。稻壳要做专门处理——清蒸稻壳。为保证蒸透稻壳，各个厂家还对清蒸稻壳的时间做了明确规定。稻壳蒸得好与不好，对酒香的影响甚大，蒸得不好，酒会出现糠味（一种气味的称呼），糠味绝不能简单地解释为稻壳含较多的多缩戊糖产生较多的糠醛所致。与粮食香气成分一样，稻壳香气成分也会或多或少地进入白酒之中。粮食在窖池内发酵是一个极为复杂过程，根本原因在于固态发酵是异常复杂的体系，进行了异常复杂的多种反应。即粮食原料和辅料中的各种物质，配糟中的各种代谢产物及相关成分，大曲内的各种呈味成分、微生物、酶类混杂在一起。糟醅除异常复杂的反应体系外，还存在着非厌氧微生物（梭状芽孢杆菌、各种异氧菌、多种甲烷菌）、好氧性微生物、野生酵母复杂的代谢（生命过程）活动，酶化学反应，复杂的其他生物化学反应，多种多样的有机化学反应等。糟醅中的原料、辅料与发酵微生物的代谢产物构成了糟香的物质基础。由上述可知，发酵结束后的酒糟是一个极为复杂的混合物。即从某个角度可以认为，糟香来自糟醅的自然发酵。白酒下一个工艺过程就是蒸（馏）酒。蒸馏过程一旦开始，由于温度的升高，微生物和酶已不能存活。蒸酒就是使高度复杂的体系变为相对简单的另一个复杂体系的过程。通过蒸馏可把酒糟中的固液相分离，馏出的（液相）是酒，甑中余下的固相主要是糟。酒糟中的各种复杂成分，由于蒸气压及其他物理化学性质不同，或多或少地与水和乙醇一起被蒸馏出来，成为酒的骨架成分和微量成分。正是由于酒糟中发酵产物的高度复杂性及物理性质上的差异，蒸出的各个馏分（分级接酒）的微量成分、其他成分含量和组成情况也不相同。蒸酒时，亦有操作上的差异，可导致酒的微量成分不同。人们常说，刚蒸出的酒有糟香，说明蒸出的酒中不可避免地含有固体糟中的一些微量成分。

（10）浓香的发酵窖池　酒厂里的窖池实际上可以看作是一个大的反应器。它既是微生物的生长地，又是各种物质的化学反应器。在这个容器中进行着异常复杂的各式各样的反应，生成各种各样的物质。可以说，一个窖池就是一个微生物世界；同一个车间的相邻两个窖池，前一次发酵生产过程和后一次发酵生产过程是两个不可能相同的过程。反映在产品质量和风格上，它们的一致性、稳定性是有限的，窖池的窖壁和窖底是以泥为基础的，窖泥微生物固定繁殖在窖泥中，窖池的窖泥表面与里层微生物形成一个梯度分布状态，表层微生物多于里层微生物，而且厌氧芽孢菌、兼性菌分布都不相同。因此，越老的窖池窖泥越好，生产的优质酒越多（俗话说，老窖出好酒）。窖池的上、中、下部微生物分布也有区别。特别是甲烷菌、乙酸菌、丁酸菌、丙酸菌等。厌氧细菌、己酸菌、酵母菌、乳酸菌等这些复杂的微生物体系在生长过程中有上千种酶进行着上千种生物化学反应，所以，其代谢产物异常复杂且非常微量。窖池中糟醅与窖泥接触的部分，即窖壁、窖底的糟醅蒸出的酒质量优于其余部分的酒，其原因就是微量成分种类多，含量高。老窖池发酵蒸出的酒优于新窖池发酵蒸出的酒，优点主要是窖香浓郁、突出而且己酸乙酯含量高，与其他的酯比例协调。虽然己酸乙酯是浓香型酒的主体香，但己酸乙酯不等于窖香，单独的己酸乙酯只是一种酯香，而不是窖香，但窖香也不是窖泥的味道，老窖泥有一定的香味，多了则是一种窖泥味或窖泥臭，新窖泥则完全是一种泥臭。因此，在发酵的过程中，糟醅应该尽可能地与窖泥接触，蒸酒时又要尽量避免带入窖泥和窖皮泥，以免给酒带入窖泥味或泥腥味。窖香是窖泥微生物产生的复杂的代谢产物，经蒸馏过程提取浓缩带入浓香型酒中，是其所特有的呈香呈味物质的综合表现，色谱骨架成分中的酸、酯、醇、醛等是其主要物质基础，特别是主体香己酸乙酯不可缺少，但除色谱能测定的骨架成分之外，还有些复杂的微量成分仍是构成窖香必不可少的重要物质，这些物质协同作用而产生窖香。

（11）浓香型曲酒的陈味　陈味是我国浓香型曲酒的常用（在多数场合下是专用）术语，它不是指白酒的口味和味感，而是对曲酒所持的一种特有香气而言的。从工艺上看，陈味的来源与生产工艺过程中多种因素有关。从质量上看，适当的陈味可使香气细腻，酒体丰满，受到消费者的喜爱，这是浓香型大曲酒的特点之一。但是，制曲温度不宜过高，贮存时间不宜过长，陈味不宜过重，如果过重，也会在不同程度上影响酒的质量。陈味与酱味不同，笼统地把陈味说成酱味，尚缺乏科学实验依据。一般地说，陈味应是一种有别于窖香的香气，它是比窖香香气更好、档次（或香气境界）更高的一种特有香气，往往出现在贮存期较长的白酒中。

5.3.2　白酒中的杂味物质及形成

提高白酒质量的措施，就是"去杂增香"。在生产实践中，经常遇到的是去杂要比增香困难得多。白酒品评人员应具备鉴别白酒中杂味的特征与来源的能力。

香味与杂味之间并没有明显界限，某些单体成分原本是呈香的，但因其过浓，使组分间失去平衡，以致香味也变成了杂味；也有些本应属于杂味，但在微量情况下，可能还是不可缺少的成分。要防止邪杂味突出，除加强生产管理外，在勾调时还应注意如何利用协同作用与拮抗作用，以掩盖杂味，使酒味纯净。

一般沸点低的杂味物质多聚集于酒头，因其多为挥发性物质，如乙醛、硫化氢、硫醇、丙烯醛等。另有一部分高沸点物质则聚积于酒尾，如乳酸、高级醇等。用蒸馏的方法可以除去一大部分杂味成分，提倡"掐头去尾"的蒸馏摘酒方法就是这个道理。酒头和酒尾中含有大量香味成分，可以分别贮存，并作为白酒勾调的材料。

若白酒中杂味过分突出，想依靠长期贮存来消除或用好酒掩盖是相当困难的。低沸点成分在贮存过程中，可由挥发而减少或消除；高沸点物质有的可被分解或酯化，但有些稳定的成分，如不成熟窖泥带来的臭窖泥味等，在贮存过程中很难除去。

（1）糠味　糠味是白酒杂味中最常见的影响白酒质量的杂味。在糠味中，又经常夹带着尘土味或霉味，给人以粗糙不快的感觉，并因其可造成尾味不净、后味中糠味突出的缺陷。

糠味主要来源于稻糠，酿酒时切忌用糠过多，既影响质量，又增加成本，还会降低酒糟作为饲料的价值。为了有效地清除糠味，应在糠中洒水润料，使杂味随水蒸气而排出，同时可更有效地杀死杂菌。酒糟中的稻壳应尽可能回收利用，以使酒中糠味降低。

（2）臭味　白酒中常含有呈臭味成分，新酒的臭味主要来源于丁酸及丁酸乙酯等高级脂肪酸酯，还有醛类和硫化物，这些臭味物质在新酒中是不可避免的。蒸馏时采取提高流酒温度的方法，可以排出大部分臭味。在贮存过程中，少量的臭味成分也可以逐渐消失，但高沸点臭味成分（糠臭、糠醛臭、窖泥臭）却难以消除。

挥发性硫化物呈现较重的臭味，其中硫化氢（60℃）为臭鸡蛋、臭豆腐的臭味；乙硫醚（91℃）是盐酸水解化学酱油时，产生的似海带的焦臭味；乙硫醇（36℃）是日光照射啤酒的日光臭或乳臭；丙烯醛则有刺激催泪的作用，还具有脂肪蜡烛燃烧不完全时冒出的臭气；而硫醇有韭菜、卷心菜、葱类的腐败臭。

在浓香型白酒中，最常见的是窖泥臭，有时窖泥臭味并不突出，但却在后味中显露出来。窖泥臭主要是由培养窖泥的营养成分比例不合理、窖泥发酵不成熟、酒醅酸度过大、出窖时混入窖泥等因素所造成的。

窖泥及酒醅发酵过程中会生成硫化物等臭味物质，其前体物质主要来自蛋白质中的含硫氨基酸，其中半胱氨酸产硫化氢能力最为显著。梭状芽孢杆菌、芽孢杆菌、大肠杆菌、变形杆菌、枯草杆菌及酵母菌能水解半胱氨酸，并生成丙酮酸、氨及硫化氢。

在众多微生物中，生成硫化物能力最强的是梭状芽孢杆菌。窖泥中添加豆饼粉和曲粉，氮源极为丰富，所以在窖泥培养过程中，必然会产生硫化物，其中以硫化氢为主。发酵过程中，在温度高、糖浓度大、酸度大的情况下硫化物生成量加大。酵母菌体自溶以后，其蛋白质也是生成含硫化合物的前体物质。

（3）油臭　在形成乙酯的脂肪酸中，棕榈酸为饱和脂肪酸，油酸及亚油酸为不饱和脂肪酸。亚油酸乙酯极为活泼而不稳定，它是引起白酒浑浊、产生油臭的主要物质。

白酒在贮存过程中出现的油臭味主要成分是白酒中的亚油酸乙酯被氧化分解而生成的壬二酸半乙醛乙酯（SAEA）。壬二酸半乙醛乙酯在常温下是无色液体，熔点为 3℃，凝固点为 -10℃。

谷物中的脂肪在其自身或微生物（特别是霉菌）中的脂肪酶的作用下，生成甲基酮，这种成分也可造成脂肪的油臭。在长时间缓慢作用下，脂肪酸经酯化反应生成酯，又进一步氧化分解，便出现了油脂酸败的气味。含脂肪多的原料（如碎米、米糠、玉米）若不脱胚芽，在高温多湿情况下贮存，容易出现这种现象。这些物质被蒸入酒中，将会出现油臭、苦味及霉味。

酒精浓度越低，越容易产生油臭。酒精浓度在 30% 以上时，随酒精浓度增加，油臭物质的溶解度增大。油臭是脂肪被空气氧化造成的，因此，贮酒液面越大，产油臭物质越多。所以，贮存酒时，应尽量减少液面与空气相接触。日光照射能够促进壬二酸半乙醛乙酯的生成，所以，酒库应避免日光直射。

（4）苦味　一般情况下，酒中苦味常伴有涩味。白酒中苦味有的是由原料带来的，如发芽马铃薯中的龙葵碱、高粱及橡子中的单宁及其衍生物等。使用霉烂原辅料，则出现苦涩味，并带有油臭。五碳糖过多时，生成焦苦味的糠醛。蛋白质过多时，产生大量高级醇（杂醇油），其中丁醇、戊醇等皆呈苦味。用曲量过大或蛋白质过多时，大量酪氨酸发酵生成酪醇，酪醇的特点是香而奇苦，这就是"曲大酒苦"的症结所在。

白酒是开放式发酵生产的，如果侵入大量杂菌，造成发酵异常，也是苦味物质形成的原因之一。在生产过程中应加强卫生管理，防止杂菌侵袭。

（5）霉味　霉味是酒中常见的杂味。霉味多是由原料及辅料的霉变、窖池"漏气"及霉菌丛生所造成的。酒中有霉味和苦涩味会严重影响白酒质量。夏季停产过久，易发生此类现象。

酒库潮湿、通风不良，库内存满霉菌，白酒会出现霉味。

（6）腥味　白酒中有腥味会使人极为厌恶。出现腥味多是由白酒接触铁锈造成的。接触铁锈，会使酒色发黄，酒体浑浊沉淀，并出现鱼腥味。贮酒铁罐涂料破损时，或管路、阀门为铁制时最容易出现此现象。用血料、石灰涂酒篓、酒箱、酒海，长期存酒，血料中的铁溶于酒内，也可导致酒色发黄，并带有血腥味，还容易引起酒体浑浊沉淀。用河水及池塘水酿酒，因其中有水草，也会出现鱼腥味。

（7）尘土味　尘土味主要是辅料不洁，其中夹杂大量尘土、草芥造成的。若工艺上清蒸不善，尘土味未被蒸出，蒸馏时则可蒸入酒内。此外，白酒对周边气味有极强的吸附力，若酒库卫生管理不善，容器上布满灰尘，尘土味将会被吸入酒内。酒中的尘土味在贮存过程中，会逐渐减少，但很难完全消失。

（8）橡胶味　橡胶味是令人难以忍受的杂味。一般是用于输送白酒的橡胶管和瓶盖内的橡胶垫的橡胶味被酒溶出所致的。酒内一旦溶入橡胶味，很难清除。因此，在整个白酒生产及包装过程中，切勿与橡胶接触。

第6章

白酒风味成分与香型风格的关系

白酒是地域资源产业，其产品质量与风格不仅与生产工艺、发酵设施等因素有关，而且受地域环境的影响也非常大，温度、湿度、土壤、水分、气候、太阳照射等因素不同，其形成的微生物体系也有很大的差别，所以对白酒风格的形成也具有较大的影响。

6.1 浓香型白酒风味成分对风格的影响

浓香型白酒以泸州老窖特曲、五粮液、洋河大曲、古井贡酒、宋河粮液等酒为代表，以浓香甘爽为特点，采用以高粱为主的多种原料、陈年老窖（也有人工培养的老窖）、混蒸续渣工艺酿造。它是我国白酒中产量最大、覆盖面最广的一类白酒。虽同为浓香型白酒，但是由于受环境、气候、工艺的影响，四川一带生产的浓香型白酒香气浓郁，以香为主，即川派。苏、鲁、豫、皖一带生产的浓香型白酒绵柔淡雅，以味为主，即黄淮派。

浓香型白酒中所含的各类酯、酸、醇、醛等微量成分间的量比关系对酒质影响极大。所含微量成分总量（以酒精含量 60% 计）约为 9g/L，其中总酯含量最高，约 5.5g/L，占微量成分的 60% 左右，种类也多，是众多微量芳香成分中含量最高、数量最多、影响最大的一类芳香成分，是形成酒体浓郁香气的主要成分。其中己酸乙酯占绝对优势，为总酯含量的 40% 左右，其典型香气被专家们定为具有浓郁的以己酸乙酯为主体的复合香气。此外，总酸含量约为 1.5g/L，约占 16%；总醇 1.0g/L 左右，约占 11%；总醛 1.2g/L 左右，约占 13%。微量成分含量高，酒质好，每下降 1g/L，就下降一个等级。质量差的酒，微量成分的总量也低。

6.1.1 酯类成分

酯类是中国白酒中呈现香味的主要物质，酯类含量高则酒的香味好，酯类含量低则酒的香味差。浓香型白酒的香味成分以酯类成分占绝对优势，无论在数量上还是在含量上都居首位。酯类成分约占香味成分总量的 60%，其中己酸乙酯是其主体香气成分，在所有的微量成分中它的含量最高。

在质量好的浓香型白酒中各种酯的含量依次为：己酸乙酯＞乳酸乙酯＞乙酸乙酯＞丁酸乙酯；在质量差的浓香型白酒中各种酯的含量依次为：乳酸乙酯＞己酸乙酯＞乙酸乙酯＞丁酸乙酯，或乙酸乙酯＞乳酸乙酯＞己酸乙酯＞丁酸乙酯。把己酸乙酯的含量排列到第 2 位、第 3 位均不会是好的浓香型白酒。但乳酸乙酯和乙酸乙酯这个 2、3 位的位置可以交换，不会影响酒质，甚至在某一方面会更好一些。如某浓香型白酒，它的四大酯的含量就是：己酸乙酯＞乙酸乙酯＞乳酸乙酯＞丁酸乙酯；有时另一种浓香型白酒也是这种排列，而且它们的乳酸乙酯和乙酸乙酯都比其他浓香型白酒的含量要少得多。一般认为，乳酸乙酯和乙酸乙酯不能超过己酸乙酯，前两种酯之和等于或略大于己酸乙酯则是好酒。

甲酸乙酯、丙酸乙酯、戊酸乙酯在酒中的作用是很显著的，它们可以增强香气，协调味觉，应在酒中保持一定的含量，不可忽视。棕榈酸乙酯、亚油酸乙酯和油酸乙酯则应适当减少，它们没有香气，呈味也不如酸类，同时又是酒产生浑浊的主要原因；实践证明，适当减少这些酯类，而增补适量酸类，酒质没有发生变化，反而可使酒味更加清洌、爽快。辛酸乙酯和庚酸乙酯也可减少，它们可使酒产生新酒味和辛辣味，并有压香的作用，所以量不能多，只能少。

在增加单体酯的同时，应增加相对应的酸含量，以避免酯高、酸低，造成酯的水解，使酒发生多味的变化（香味不协调），尤其是在酒精含量低时更应注意这个变化。加入少量的奇碳酯和相应的酸，可增加酒的幽雅感。

总酯含量高，酒质好，每下降1g/L酒就下降一个等级。微量成分总量与总酯含量的关系是：质量好的酒总酯约占微量成分的60%，每下降5%，就降低一个等级，质量差的酒总酯含量均较低。浓香型酒中的酯及其含量见表6-1。

表6-1 浓香型酒中的酯及其含量

名称	含量/(mg/L)	名称	含量/(mg/L)
甲酸乙酯	14.3	月桂酸乙酯	0.4
乙酸乙酯	1714.6	肉豆蔻酸乙酯	0.7
丙酸乙酯	22.5	棕榈酸乙酯	39.8
丁酸乙酯	147.9	亚油酸乙酯	19.5
乳酸乙酯	1410.4	丁二酸二乙酯	11.8
戊酸乙酯	152.7	辛酸乙酯	2.2
己酸乙酯	1849.9	苯乙酸乙酯	1.3
庚酸乙酯	44.2	癸酸乙酯	1.3
乙酸丁酯	1.3	油酸乙酯	24.5
乙酸异戊酯	7.5	硬脂酸乙酯	0.6
己酸丁酯	7.2	总酯	5475.8
壬酸乙酯	1.2		

从表6-1中可以看出，己酸乙酯绝对含量最高，是除乙醇和水之外含量最高的成分。它不仅绝对含量高，而且阈值较低，香气阈值为0.76mg/L，它在味觉上还带甜味、爽口感。因此，己酸乙酯的高含量、低阈值，决定了这类香型白酒的主要风味特征。在一定比例浓度下，己酸乙酯含量的高低，标志着这类香型白酒品质的优劣。除己酸乙酯外，在浓香型白酒酯类组分中含量较高的还有乳酸乙酯、乙酸乙酯、丁酸乙酯，它们与己酸乙酯一起被称为浓香型酒的"四大酯类"。值得注意的是，浓香型白酒的香气是以酯类香气为主的，尤其突出己酸乙酯的气味特征。因此，酒体中其他酯类与己酸乙酯的比例关系将会影响这类香型白酒的典型香气风格，特别是与乳酸乙酯、乙酸乙酯、丁酸乙酯的比例，从某种意义上讲，将决定其香气的品质。白酒中主要酯类的感官特征见表6-2。

表 6-2　白酒中主要酯类的感官特征

名称	沸点/℃	感官特征	名称	沸点/℃	感官特征
甲酸乙酯	54.3	桃样果香,有涩感	乳酸乙酯	154	青草香
乙酸乙酯	77	苹果样香气,清香	乙酸正丁酯	142	香蕉、苹果样香气
丙酸乙酯	99	菠萝香,味微涩	乙酸异戊酯	244	似玫瑰香
丁酸乙酯	120	似菠萝果香,爽口	癸酸乙酯	113	苹果样香气
戊酸乙酯	145	似菠萝香	异丁酸乙酯	269	月桂香
己酸乙酯	167	特有果香,窖香	月桂酸乙酯	191	无明显感觉
庚酸乙酯	187	似苹果香	辛酸乙酯	206	似果香

6.1.2　醇类成分

醇类对人体有一定的不良影响,比较而言,乙醇(酒精)对人体的影响是最小的,其他醇类都大于乙醇,尤其是甲醇,超标就会造成人体中毒。所以要严格控制卫生指标,在不影响酒质的前提下,尽量设法降低酒中醇类物质的含量。在调香白酒的生产中,甲醇含量已经下降至国家规定标准值的近 1/30,有的酒几乎测不出甲醇。

无论质量好的酒还是质量差的酒,其总醇(不包括乙醇,余同)含量均在 1.0g/L 左右。微量成分总量与总醇含量的关系是:总醇在 12％以内的,酒的质量好,在 15％以上的酒质量较差。与总酸比,总醇为其 20％左右,酒质好,而在 25％以上的酒质差。浓香型酒中的醇及其含量见表 6-3。

表 6-3　浓香型酒中的醇及其含量

名称	含量/(mg/L)	名称	含量/(mg/L)
正丙醇	173.0	己醇	161.9
2,3-丁二醇	17.9	仲丁醇	100.3
异丁醇	130.2	正戊醇	2.1
正丁醇	67.8	β-苯乙醇	7.1
异戊醇	370.5	总醇	1030.8

醇类化合物是浓香型白酒中又一呈味物质,它的总含量仅次于有机酸含量。醇类突出的特点是沸点低、易挥发、口味刺激,有些醇带苦味。一定含量的醇能促进酯类香气的挥发。若酯含量太低,则会突出醇类的刺激性气味,使浓香型白酒的香气不突出;若醇含量太高,酒体不但突出了醇的气味,而且口味上也显得刺激、辛辣、苦味明显。所以,醇类的含量应与酯含量有一个恰当的比例。一般醇与酯的比例在浓香型白酒组分中为 1∶5 左右。在醇类化合物中,各组分的含量差别较大,以异戊醇含量为最高,在 30～50mg/100mL。各个醇类组分的浓度顺序为:异戊醇＞正丙醇＞异丁醇＞仲丁醇＞正己醇＞2,3-丁二醇＞异丙醇＞正戊醇＞β-苯乙醇。其中异戊醇与异丁醇对酒体口味的影响较大,若它们的绝对含量较高,酒体口味较差。异戊醇与异丁醇的比例一般较为固定,大约在 3∶1。高碳链的醇及多元醇在浓香型白酒中含量较少,它们大多刺激性较小,较难挥发,并带有甜味,对酒体可以起到调节口味刺激性的作用,可使酒体口味变得浓厚而甜。仲丁醇、异丁醇、正丁醇口味很苦,它们绝对含量高,会影响酒体口味,使酒带有明显的苦味,这将损害浓香型白酒的典型味觉特征。白酒中主要醇类的感官特征见表 6-4。

表 6-4　白酒中主要醇类的感官特征

名称	沸点/℃	感官特征	名称	沸点/℃	感官特征
甲醇	64	有温和酒精气味	异丁醇	108	杂醇油味,味苦
正丙醇	97	似醚臭,有苦味	正戊醇	137	略有奶油味
异丙醇	82	辣味	甘油	290	味甜,有浓厚感
正丁醇	117	苦涩,稍有茉莉香	酪醇	310	有苦味

6.1.3　酸类成分

酸类物质是白酒中的呈味物质,酸类物质味绵柔尾长,但酸类物质含量高则压香;酸低则香气好。浓香型酒中的酸及其含量见表 6-5。

表 6-5　浓香型酒中的酸及其含量

名称	含量/(mg/100mL)	名称	含量/(mg/100mL)
乙酸	646.5	壬酸	0.2
丙酸	22.9	癸酸	0.6
丁酸	139.4	乳酸	369.8
异丁酸	5.0	棕榈酸	15.2
戊酸	28.8	亚油酸	7.3
异戊酸	10.4	油酸	4.7
己酸	368.1	苯甲酸	0.2
庚酸	10.5	苯乙酸	0.5
辛酸	7.2	总酸	1637.3

有机酸类化合物是浓香型白酒中重要的呈味物质,它们的绝对含量仅次于酯类含量,约为总酯含量的 1/4。经分析得出,有机酸按其浓度可分为三类。第一类为含量较多的,它们有乙酸、己酸、乳酸、丁酸 4 种。第二类为含量适中的,它们有苯甲酸、戊酸、棕榈酸、亚油酸、油酸、辛酸、异丁酸、丙酸、异戊酸、庚酸等。第三类是含量极微的有机酸,浓度一般在 1mg/100L 以下,它们有壬酸、癸酸、肉桂酸、肉豆蔻酸、十八酸等。

有机酸与酯类化合物相比较芳香气味不十分明显,但一些长碳链脂肪酸具有明显的脂肪臭和油味,若这些有机酸含量太高则会使酒体的香气带有明显的脂肪臭或油味,从而影响浓香型白酒的香气及典型风格。

在一般的浓香型白酒中,酸含量的排序依次为:乙酸>己酸>乳酸>丁酸>甲酸>戊酸>棕榈酸。较差的白酒中酸含量的排序依次为:乳酸>乙酸>己酸>丁酸>甲酸>戊酸>棕榈酸。乙酸的绝对含量应在 300mg/L 以上,且含量应为各酸之首;甲酸和戊酸是具有陈味的呈味物质,应有适当含量,在排序上戊酸可以等于或略大于甲酸;丙酸呈味也很好,应保持一定含量;辛酸、庚酸有辛味,应减少其含量。

在减少单体酸的含量时,要注意同时减少相对应的酯的含量,如减少辛酸含量,则同时应减少辛酸乙酯的含量,以避免酯大于酸,失去平衡,使酯水解成酸,造成存放期或货架期中酒味的变化。

在白酒中一般不添加柠檬酸。柠檬酸味纯净,阈值低,是较好的食品调味剂,它在酒和水中能充分溶解,可以担任其他香味物质的放香载体,但它是三元酸,在钙、镁离子存在下,会与其发生缓慢反应,生成含 4 个结晶水的柠檬酸络合钙镁离子。柠檬酸钙不溶于乙醇，微溶于水，随温度升高其溶解度降低，而形成沉淀。由于柠檬酸与钙离子反应比较缓慢，在勾调期内不会发生沉淀，往往造成货架期沉淀，对白酒质量危害较大，并易给白酒带来涩味。鉴于此，白酒调酸一般不采用加柠檬酸的做法。

使用单体乳酸一定要用优质合格产品，因乳酸之间可起加成反应，生成丙交酯，而丙交酯是一种环状物，不溶于水，难溶于乙醇，会在酒中形成絮状沉淀。

酸是新酒老熟的催化剂，它的组成情况和含量多少影响着酒的老熟能力。酸也是白酒最好的呈味剂，白酒的口味是指白酒入口后对味觉刺激的一种综合反映。酒中所有的成分，既对香又对味起作用，从口味上讲又有后味、余味、回味之分。羧酸主要是对味觉的贡献，是最重要的味感物质，它可增强酒的后味。人们饮酒时，总是希望味道丰满，有机酸能使酒变得味多，口味丰富而不单一。酸可以出现甜味和回甜感，只要酸量适度，比例协调，便可使酒出现甜味和回甜。同时酸可消除糙辣感，增强白酒的醇和感，又可减轻中、低度酒的水味。添加综合酸还可以解决酒中苦味。

酸对人体健康是很有益的，据有关资料介绍，酸可以帮助消化，解除疲劳，增强免疫功能，还具有美容、软化血管、预防高血压、解酒、减肥等功能，所以，适当提高酒中酸度是很有益的。

但酸对白酒香气有抑制和掩蔽作用。含酸量偏高的酒，对正常酒的香气有明显的抑制作用，俗称压香。也就是说，酸量过多，使得其他物质的放香阈值增大了，放香程度在原有的基础上降低了；酸量不足，普遍存在酯香突出、酯香复合程度不高等问题。酸在调整酒中各类物质之间的融合程度，改变香气的复合性方面有一定程度的强制性。分析检验说明，酸量不足，可能造成酒发苦，邪杂味露头，酒不净，单香不协调等；酸量过多，可使酒变得粗糙，放香差，闻香不正，发酸发涩等。酸在调香白酒勾调中起着非常重要的作用，因此，要不断丰富对酸的认识，提高勾调技术水平。也有人认为，异戊酸和异丁酸对白酒风味的改善有较大的作用。

增加氨基酸的含量，对提高白酒风味有很好的作用，而添加何种氨基酸，则由试验和酒体设计来确定。

质量好的酒总酸含量也高，每下降 $0.3\sim0.4g/L$，酒就降低一个等级。总酸含量低，酒质差。微量成分总量与总酸含量的关系是：质量好的酒总酸含量约占微量成分总量的 16.7%，每下降 2%，酒就降低一个等级，质量差的酒总酸含量均较低。白酒中主要酸类的感官特征见表 6-6。

表 6-6　白酒中主要酸类的感官特征

名称	沸点/℃	感官特征	名称	沸点/℃	感官特征
甲酸	100	酸,微涩	异戊酸	176	似戊酸
乙酸	118	刺激气味,爽口微甜	己酸	205	脂肪臭,曲味
丙酸	140	微酸,微涩	庚酸	223	强脂肪臭,有刺激感
丁酸	163	汗臭味	辛酸	238	与庚酸相同
异丁酸	154	似丁酸	乳酸	122	微酸,涩,有浓厚感
戊酸	186	有脂肪臭	月桂酸	225	月桂油气味,微甜爽口

6.1.4　醛类成分

醛类和醇类一样，对人体都有一定的不良影响，其中以甲醛为最甚，但是白酒中含甲醛很少，一般都在 1mg/L 以下，而且要去尽甲醛是比较容易的，调香白酒基本上不含甲醛。在醛类中，含量最多的是乙醛和乙缩醛，它们的含量分别为 400mg/L 和 500mg/L，被认为是白酒中不可缺少的。乙缩醛在酒的贮存中含量增加，被认为是形成陈味的一种物质，对白酒香味的形成有一定贡献，应有一定的含量。乙醛也一样，酒中不含乙醛就没有刺激感，平淡无味，但含量过高，则冲辣、刺舌，有新酒的感觉。这两种物质，应该在保证酒质量的前提下，尽可能地减少其含量。在调香白酒中乙醛含量已经降到了 200mg/L 左右，乙缩醛在 300mg/L 左右，且仍保持了白酒的固有风格。同样也可以用有利于人体身心健康的酮类、酚类、内酯类物质来代替这些醛类，如黄酮、愈创木酚、皂素等，选用得好，既可以提高酒的质量，又能增进白酒的保健作用。其他的醛类如丙醛、丁醛、戊醛、异戊醛等都不应该添加。糠醛含量甚微，一般在 10mg/L 以内，对香味的贡献很大，必要时可添加约 2mg/L。丁二酮、3-羟基丁酮呈味也很好，可以起到增香提爽的作用，它们的含量分别为 60mg/L 和 50mg/L 左右。当放香差，酒味不爽净时，可添加 6～8mg/L 丁二酮或 3-羟基丁酮。

醛类化合物与白酒的香气有密切的关系，对构成白酒的主要香味物质有重要作用。白酒中的醛类物质主要是乙醛和乙缩醛，它们占了总醛的 98%，它们与羧酸共同形成了白酒的协调成分。白酒中主要醛类物质的感官特征见表 6-7。酸偏重于白酒口味的平衡和协调，而乙醛和乙缩醛主要是对白酒香气进行平衡和协调，它们的作用强，影响大，是白酒中重要的组成部分。乙缩醛即二乙醇缩乙醛，在分子内含有 2 个醚键，它不是醛类，是特殊的醚，在科学概念上与乙醛不是同一类化合物，但在特定条件下，它们又互相联系且可以互相转换，它是潜在的乙醛，因此白酒行业把乙缩醛归为醛类也未尝不可。

表 6-7　白酒中主要醛类物质的感官特征

名称	沸点/℃	感官特征	名称	沸点/℃	感官特征
乙醛	21	青草气味,刺激味	乙缩醛	102	干酪味,柔和爽口
正丙醛	49	刺激味,有窒息感	丙烯醛	52	强刺激味,灼烧感
糠醛	162	脂肪臭,糠味,苦涩	2,3-丁二酮	88	发酵味

质量好的酒总醛含量在 1.2g/L 左右，超过 1.6g/L 酒质差。微量成分总量与总醛含量的关系是：总醛含量占微量成分总量 13% 的酒质好，超过 15% 的酒质差，其与微量成分总量的比值越大，酒质越差。

6.1.5　骨干成分的含量与质量的关系

浓香型白酒有广阔的市场，适合大多数消费者的口味，其产量为全国曲酒产量之冠。采用气相色谱仪对某浓香型白酒进行了多年的研究，定性定量测出该酒中 108 种芳香成分。微量芳香成分在某浓香型白酒特曲、头曲、二曲、三曲中总含量差异较大，见表 6-8。

表 6-8　某浓香型白酒中微量成分含量　　　　　　　　单位：mg/100mL

批次	特曲	头曲	二曲	三曲
第一批	855	723	732	725
第二批	963	792	625	683
第三批	890	781	742	541
平均	903	765	700	650

由表 6-8 可见，某浓香型白酒特曲、头曲、二曲、三曲微量芳香成分总量，呈现由高到低的变化规律。个别酒样因来源不同，略有差异，但其平均值变化明显。由此看出，酒质好的微量芳香成分含量高，反之酒质较差。在检测其他浓香型酒时，也普遍符合这个规律。

6.1.5.1　酯类含量与酒质的关系

酯类是浓香型白酒中重要的芳香成分，是微量成分中含量最高、数量最多、影响最大的成分，也是形成酒体浓郁香气的主要物质。

己酸乙酯是浓香型白酒的主体香，但随酒质的不同，其含量差异较大，主要浓香型白酒中己酸乙酯的含量见表 6-9。

表 6-9　浓香型白酒中己酸乙酯的含量　　　　　　　单位：mg/100mL

名称	浓香型白酒 A	浓香型白酒 B	浓香型白酒 C	浓香型白酒 D	浓香型白酒 E	浓香型白酒 F	浓香型白酒 G
己酸乙酯	221.4	215.8	235	223.2	223	172.8	221.2

浓香型全国名酒的己酸乙酯含量一般在 200mg/100mL 以上。某浓香型白特曲、头曲、二曲、三曲中的己酸乙酯含量递减，这是造成酒质差异的重要原因。以某浓香型白酒系列产品为例，特曲具有浓郁而悠长的香气，典型性强；头曲在闻香上仍保留浓香型的香气特点，但浓郁度不如特曲；二曲、三曲则明显主体香不足，在闻香上就与特曲、头曲相差较大。

（1）酯的不同量比关系对酒质的影响　用气相色谱定量某浓香型白酒中 39 种酯，各种酯的含量差别很大，为 0.01～200mg/100mL。

某浓香型白酒中主要酯的含量见表 6-10。

表 6-10　某浓香型白酒中主要酯的含量　　　　　　　单位：mg/100mL

名称	特曲	头曲	二曲	三曲
己酸乙酯	223.2	172.9	79.1	57.2
乳酸乙酯	161.6	133.1	101.5	68.8
乙酸乙酯	121.5	114.4	96.8	102.1
丁酸乙酯	21.8	15.5	8.8	5.1
戊酸乙酯	7.3	5.6	2.7	2.0
棕榈酸乙酯	6.5	5.9	4.9	5.8
亚油酸乙酯	6.3	5.9	4.8	6.1
乙酸特丁酯	7.4	3.9	2.2	2.8
油酸乙酯	5.2	4.5	3.7	4.7
辛酸乙酯	5.2	4.5	3.0	2.4
甲酸乙酯	4.3	3.6	3.1	3.4
庚酸乙酯	3.9	3.8	1.7	1.5

由表 6-10 可见，除棕榈酸乙酯、油酸乙酯、亚油酸乙酯、乙酸特丁酯、甲酸乙酯外，其他各酯在特曲、头曲、二曲、三曲中含量递减，且己酸乙酯、丁酸乙酯、戊酸乙酯、辛酸乙酯、庚酸乙酯，在各等级酒中含量的比例基本稳定。二曲和三曲，明显的微量成分比例失调，出现乳酸乙酯＞己酸乙酯＞乙酸乙酯＞丁酸乙酯的情况，以致主体香不足，显"闷味"，尾不净。因此，己酸乙酯与其他酯类恰当的比例，是浓香型曲酒酒质优劣的重要标志。

（2）己酸乙酯与总酯之比对酒质的影响　己酸乙酯含量的多寡，对浓香型白酒风格有着重要影响。己酸乙酯含量较高则酒体呈现爆辣现象，较低则主体香不突出，浓香风格不典型。表 6-11 是主要川派白酒的己酸乙酯与总酯的比例关系。有的酒即使总酯含量很高而己酸乙酯占的比例小，酒质仍然较差。

表 6-11　己酸乙酯与总酯的含量及其比值　　　　　单位：mg/100mL

名称	浓香型白酒 A	浓香型白酒 B 特曲	浓香型白酒 B 头曲	浓香型白酒 B 二曲	浓香型白酒 B 三曲
己酸乙酯	272.14	223.2	172.8	72.7	57.2
总酯	517.36	550	461	325	290
比值	1∶1.9	1∶2.46	1∶2.67	1∶4.47	1∶5.07

由表 6-11 可以看出，有的酒即使总酯含量很高而己酸乙酯占的比例小，酒质仍然较差。

（3）组成窖香的酯类对酒质的影响　感官尝评窖香突出的双轮底酒、窖香酒、泥香酒、曲香酒、陈味酒等，与一般酒比较，其主要差别是己酸乙酯、丁酸乙酯、戊酸乙酯、辛酸乙酯、庚酸乙酯含量高，是其他较好的酒的 1.5～2 倍。戊酸乙酯、辛酸乙酯、庚酸乙酯都属于味阈值低、放香快而强烈的酯类，当它们以适当的比例与己酸乙酯、丁酸乙酯共存时，明显地可使窖香更突出，酒体更浓郁。丁酸乙酯、戊酸乙酯、辛酸乙酯、庚酸乙酯在某浓香型白酒特曲、头曲、二曲、三曲中的含量明显递减，对酒的主体香起着决定性的作用。

（4）几种主要酯类对酒质的影响　乳酸乙酯在优质浓香型曲酒中的含量仅次于己酸乙酯，居第二位。乳酸乙酯香气弱，味微甜，浓度为 100～200mg/100mL 时，具有老白干气味。酒中缺少乳酸乙酯则浓厚感差，但过多则出现涩味。在某浓香型白酒特曲、头曲、二曲、三曲中的含量递减。

乙酸乙酯在浓香型曲酒微量芳香成分中占第三位，它具有水果香，带刺激性的尖酸味，略苦。乙酸乙酯在某浓香型白酒特曲、头曲、二曲、三曲中的含量变化不大，它与乳酸乙酯一样，在酒中与己酸乙酯含量在固定的比例范围内，比值偏小较好。

丁酸乙酯在含量上虽然不及己酸乙酯、乳酸乙酯和乙酸乙酯高，但在形成浓郁香气的作用上，仅次于己酸乙酯，是形成窖香的重要酯类。它在某浓香型白酒特曲、头曲、二曲、三曲中的含量呈明显下降趋势，特别是在调味酒和异杂味酒中的含量变化较大，但有一个规律，就是丁酸乙酯与己酸乙酯之比，在这些酒中都为 1∶10 左右。

此外，含量在 5mg/100mL 以上的酯，如乙酸正戊酯、戊酸乙酯、辛酸乙酯等，随着酒质的优劣，其含量也由高到低，这些酯以一定比例存在于酒中，对形成酒的浓郁、丰满的香气起着良好的作用。

6.1.5.2　醇类含量与酒质的关系

白酒中的醇类，是指除乙醇外的其他微量醇，即碳原子数除 2 以外的所有醇。

（1）醇含量对酒质的影响　醇类在某浓香型白酒特曲、头曲中的含量占芳香成分总量的 11% 左右，除酯类、酸类外，总含量居第 3 位。醇类在特曲、头曲、二曲、三曲中的含量变化情况与酯类、酸类不同，二曲、三曲酒中的醇类含量高于特曲、头曲，具体含量见表 6-12。

表 6-12　浓香型曲酒中醇类含量情况

项目	特曲	头曲	二曲	三曲
香气成分总量/(mg/100mL)	963	791.7	625.6	682.9
醇类总量/(mg/100mL)	99.3	96.3	105.9	98.7
醇类占香气成分总量的百分比/%	10.3	12.2	16.9	14.4

续表

项目	特曲	头曲	二曲	三曲
酯类总量/(mg/100mL)	589	504	311.8	272
酯醇比	6：1	5：1	3：1	3：1

二曲、三曲中醇类占芳香成分总量的比例明显增高，一般为 14％以上，有的高达 24.5％。其酯醇比，特曲、头曲为 5：1 或 6：1，二曲、三曲为 3：1 或 2：1。也就是说，质量差的酒酯低醇高，酯香味不能有效掩盖杂醇油和其他醇味，致使酒呈现各种异杂味。

（2）醇的量比关系对酒质的影响　某浓香型白酒中已定量的醇类有 26 种，各种成分含量差别很大，最高的是异戊醇，为 30～50mg/100mL，含量最低的只有 0.33mg/100mL，具体情况见表 6-13。

表 6-13　某浓香型白酒中的醇类含量　　　　　　　　　单位：mg/100mL

名称	特曲	头曲	二曲	三曲
异戊醇	31.6	31.9	47.7	50.4
正丙醇	17.5	17.4	18.5	20.4
甲醇	13.7	11.8	9.2	10.6
异丁醇	11.3	11.9	16.9	14.1
正丁醇	7.9	7.3	3.9	7.9
仲丁醇	5.9	4.2	2.5	5.2
正己醇	6.6	6.3	3.4	3.4
2,3-丁二醇	2.28	2.28	1.43	0.07
β-苯乙醇	0.33	0.32	0.33	0.38

可见，某浓香型白酒特曲、头曲、二曲、三曲酒中，醇类的含量排列顺序基本上有一定规律。异戊醇、正丙醇、异丁醇在特曲、头曲、二曲、三曲中的含量明显递增。异丁醇含量以 10～12mg/100mL 为佳，名酒含量均在这个范围，二曲、三曲中含量就升至 14～17mg/100mL。异丁醇含量多时，异戊醇也随之增加，但异戊醇与异丁醇的比值在特曲、头曲、二曲、三曲酒中，均保持在 2.6～2.9 范围内。与其他微量芳香成分比较，异戊醇、异丁醇含量的比例是很稳定的，甚至酱香型、米香型酒的变化也大致如此。这说明引起酒质变化的原因不是异戊醇和异丁醇的比值，而是它们的绝对含量，也就是说好酒中异戊醇和异丁醇含量较低，而质量差的酒这两种醇含量较高。

此外，甲醇、正丁醇、仲丁醇、正己醇、2,3-丁二醇在好酒中含量高，在质量差的酒中含量低。这几种醇都是放香和呈味较好的物质，在酒中起着重要的作用。

6.1.5.3　酸含量对酒质的影响

酸类是白酒中重要的呈味物质，其含量占浓香型曲酒微量芳香成分的第二位，占微量成分总量的 14％～16％，某浓香型白酒微量成分总量、总酸量及其比例关系见表 6-14。

表 6-14　某浓香型白酒微量成分总量、总酸量及其比例关系

项目	微量成分总量/(mg/100mL)	总酸量/(mg/100mL)	总酸量占微量成分总量的比例％
特曲	855	123	14.4
头曲	792	102	12.9
二曲	625	79	12.5
三曲	683	72	10.5

酸在某浓香型白酒中的含量规律基本上是：特曲＞头曲＞二曲＞三曲。但有时可因乙酸含量偏高致使酸总量变高。可见，酸含量的高低是酒质好坏的一个标志。在一定比例范围内，酸含量高的酒质好，反之，酒质差。在分析其他浓香型名酒时得到的也是同样的结果，而苦涩、异杂味酒，酸含量普遍较低。

用气相色谱定量某浓香型白酒中的 25 种有机酸，按含量多少可分为 3 种情况：含量在 10mg/100mL 以上的有乙酸、己酸、乳酸、丁酸 4 种；含量在 0.1～4.0mg/100mL 的有甲酸、戊酸、棕榈酸、亚油酸、油酸、辛酸、异丁酸、丙酸、异戊酸、庚酸，共 10 种；含量在 0.1mg/100mL 以下的有壬酸、十八酸、癸酸、肉桂酸、肉豆蔻酸、异丁烯二酸等 11 种。某浓香型白酒中的酸含量见表 6-15。

表 6-15　某浓香型白酒中的酸含量　　　　　　单位：mg/100mL

名称	特曲	头曲	二曲	三曲
总酸	146.6	114.0	83.4	72.7
乙酸	45.1	41.0	39.3	33.9
己酸	36.1	27.5	18.2	16.7
乳酸	33.2	22.6	17.2	8.7
丁酸	12.9	12.2	9.7	7.3
甲酸	3.2	2.7	0.5	1.1
戊酸	1.61	2.51	1.10	0.91
棕榈酸	1.68	1.08	1.39	0.81
亚油酸	1.54	0.70	0.98	0.60
油酸	1.31	0.75	0.96	0.54
辛酸	0.59	0.58	0.32	0.32
异丁酸	0.70	0.68	0.51	0.68

由表 6-15 可见，主要酸在优质浓香型曲酒中的含量排列顺序为：乙酸＞己酸＞乳酸＞丁酸＞甲酸＞戊酸＞棕榈酸＞亚油酸＞油酸＞辛酸＞异丁酸。结合感官品评发现，己酸含量高的酒质好。特曲、头曲、二曲、三曲中己酸含量显著递减。酸类的香气不如酯类浓郁，5 碳以下的低级脂肪酸都具有刺激性气味，浓时酸味刺鼻，多数具有辣味，稀释后有爽快感、细腻感。5 碳以上的酸刺激性逐渐减少，而香气逐渐增加。高沸点的有机酸多数具有独特的香味，如肉桂酸有似奶油香味，肉豆蔻酸、棕榈酸有柔和的果香，亚油酸有浓脂肪香、爽快感。曲酒中的有机酸与相应的酯互相衬托、协调，使酒体柔和、丰满、回味好。综上所述，酒质优劣与总酸含量密切相关。

6.1.5.4　醛类成分与酒质的关系

某浓香型白酒二曲、三曲中总醛和乙缩醛含量，都远远超过特曲、头曲。乙醛和乙缩醛是醛类物质中含量最高的成分，是浓香型曲酒中的重要醛类。乙醛具有刺激性，是酒中辛辣之源，含量不宜过高，优质酒中乙醛含量都不高。乙缩醛有强烈的刺激性，涩口糙辣，但适量的乙缩醛可使酒爽口，是呈香呈味的芳香成分。某浓香型白酒中羰基化合物含量见表 6-16。

表 6-16　某浓香型白酒中羰基化合物含量　　　　　单位：mg/100mL

名称	特曲	头曲	二曲	三曲
乙缩醛	52.6	41.5	72.9	129.6
乙醛	33.6	26.0	46.2	88.7
双乙酰	8.7	4.7	6.3	5.8
醋𪚥	9.2	16.3	12.0	12.5
异戊醛	5.9	5.0	3.3	3.9
丙醛	2.4	2.5	1.0	1.3
异丁醛	1.5	1.5	0.80	0.8
糠醛	1.4	0.7	0.50	0.4
正丁醛	0.57	0.58	0.50	0.12
丙酮	0.39	0.54	0.17	0.28
丁酮	0.16	0.15	0.08	0.14
丙烯醛	0.21	0.36	0.37	0.41

　　四川大学陈益钊教授根据微量成分的某一部分在酒中的地位和主导作用，把占白酒 1%～2% 的那些成分分成以下三个部分：色谱骨架成分；协调成分；复杂成分。陈教授指出，中国白酒是复杂体系，这 1%～2% 的成分是这一复杂体系物质品种数占绝对优势的部分。

　　白酒中的任何成分都同时具有两个方面的作用：一是对香气的贡献，二是对味的贡献。任意一种物质对香气和味的贡献各不相同。有的对香贡献大，对味贡献小，有的则刚好相反。白酒中所有成分对香贡献的总和就是白酒的香，所有成分对味贡献的总和就是白酒的味。香和味贡献的总和并非各个成分各自香和味贡献的简单叠加。所以，对任意一种商品性白酒，在生产过程中必须解决好以下四方面的问题：香的协调、味的协调、香和味的协调、风格（典型性）。

　　香和味的协调主要包括两个方面的内容：一是主导着香型的那些骨架成分的构成是否合理，骨架成分的构成是否符合实际情况，是否符合香和味的客观规律；二是在骨架成分的构成符合常理的状态下，是哪些物质起着综合、平衡和协调的作用。陈益钊教授经过多年的研究，发现浓香型白酒的乙醛、乙缩醛和乙酸、乳酸、己酸、丁酸这 6 种物质是协调成分。乙醛和乙缩醛的主要作用是对香气有较强的协调功能；乙酸、乳酸、己酸、丁酸主要表现为对味极强的协调功能。但必须强调一个前提条件：乙醛和乙缩醛之间的比例必须协调，4 种酸之间的比例关系必须协调，这 6 种物质必须与其他成分比例关系协调。

6.2　清香型白酒香味成分及其作用

　　清香型白酒以清亮透明、清香纯正、香气清雅、绵甜爽净的特点和自然淳朴的风格立足于市场。如果把中国的白酒比作少女，那么，浓香型白酒浓妆艳丽，引人注目；酱香型白酒略施粉黛，楚楚动人；清香型白酒则纯清秀丽，秀外慧中。国家标准对清香型白酒的定义是：以粮食等为主要原料，经糖化、发酵、蒸馏、贮存、勾兑而酿制成的，具有乙酸乙酯为主体的复合香气的蒸馏酒。感官技术要求是：无色、清亮透明，清香纯正，具有乙酸乙酯为主体的清雅、协调的复合香气，口感柔和，绵甜爽净、和谐，余味悠长，具有本品突出的风格。

　　清香型白酒的工艺特点是："清蒸清烧，净器发酵，低温制曲，卫生要好"。清香型白酒在生产中着重突出"清"与"净"。原辅料清蒸，蒸馏时不混料，卫生条件好，发酵窖池用地缸、瓷砖、水泥池。采用此工艺所酿出的酒香气纯正，无其他杂香，是一种单纯的以乙酸乙酯为主的香气，口味特别干净，无任何邪杂味，尾净香长。

清香型白酒所含微量成分种类和总量都低于酱香型白酒和浓香型白酒，略高于米香型白酒。其中乙酸乙酯含量明显高于其他几种香型酒，绝对含量范围为 1800～3100mg/L，乙酸乙酯是清香型白酒的主体香气成分，占总酯含量的 55% 以上。己酸乙酯和丁酸乙酯在清香型白酒中是杂味物质，正己醇、正丁醇含量都很低，几乎检测不出。这些成分的含量若高于所要求的范围，酒就会出现异香，失去清香型白酒一清到底的风格，将被列为等外品。清香型白酒中乙缩醛含量范围在 240～680mg/L，乙缩醛含量高时，说明酒贮存时间长，随着贮存时间的增加，醛类物质大部分转化，以乙缩醛的形式存在于酒中，使其闻香与口味得到改善。乳酸乙酯含量较高，其含量范围在 890～2600mg/L，可以使酒的后味不淡。

6.2.1　酯类成分

清香型白酒酯类成分含量见表 6-17。在酯类化合物中，乙酸乙酯含量最高，乳酸乙酯的含量仅次于乙酸乙酯，这是清香型白酒香味组分的一个特征。乙酸乙酯和乳酸乙酯的绝对含量及两者的比例关系，对清香型白酒的质量和风格特征有很大影响。一般乙酸乙酯与乳酸乙酯的含量比例为 1:(0.6～0.8)，若乳酸乙酯含量超过这个比例，将会影响清香型白酒的风味特征。此外，丁二酸二乙酯也是清香型白酒酯类组分中较重要的成分，由于它的香气阈值很低，虽然在酒中含量很少，但它与 β-苯乙醇组分相互作用，可赋予清香型白酒香气特殊的风格。乙酸乙酯与乳酸乙酯的量比关系有不同的平衡点，通过严格科学的品评可以找到这些平衡点的狭小范围。但要使清香型白酒具有复合协调的清香，还必须有各种微量的酯类。某清香型白酒酒中还含有浓香型白酒中常见的一些酯类，包括己酸乙酯、丁酸乙酯、戊酸乙酯、丙酸乙酯，其他的酯类有乙酸异戊酯、辛酸乙酯、甲酸异戊酯、乳酸异戊酯、癸酸乙酯；与酒类降度浑浊有关的酯类，有正十六酸乙酯、硬脂酸乙酯、油酸乙酯、亚油酸乙酯，某清香型白酒酒中还含有一些单体酯香类似葡萄香气的酯类，如丁二酸二乙酯（琥珀酸二乙酯）、丁二酸异丁酯。

表 6-17　清香型白酒酯类成分含量　　　　　　　　单位：mg/100mL

名称	含量	名称	含量
甲酸乙酯	0.27	苯乙酸乙酯	0.12
乙酸乙酯	232.67	癸酸乙酯	0.28
丙酸乙酯	0.38	乙酸异戊酯	0.71
丁酸乙酯	0.21	肉豆蔻酸乙酯	0.62
乳酸乙酯	109.01	棕榈酸乙酯	4.27
戊酸乙酯	0.86	亚油酸乙酯	1.97
己酸乙酯	0.71	油酸乙酯	1.00
庚酸乙酯	0.44	硬脂酸乙酯	0.06
丁二酸二乙酯	1.31	总酯	354.67
辛酸乙酯	0.78		

6.2.2　醇类成分

醇类化合物是清香型白酒很重要的呈味物质。醇类物质在各组分中所占的比例较高，与浓香型白酒组分构成相比较这又是它的一个特点。在醇类物质中，异戊醇、正丙醇和异丁醇的含量较高。从绝对含量上看，这些醇与浓香型白酒相应的醇含量相比，并没有特别之处。清香型白酒醇类成分含量见表 6-18。

表 6-18　清香型白酒醇类成分含量　　　　单位：mg/100mL

名称	含量	名称	含量
正丙醇	16.7	己醇	0.73
异丁醇	13.2	β-苯乙醇	2.01
正戊醇	0.8	2,3-丁二醇	0.8
异戊醇	30.3	总醇	66.88
仲丁醇	2.0		

清香型白酒中总醇所占的比例远远高于浓香型白酒中总醇的比例，其中正丙醇与异丁醇尤为突出。清香型白酒的口味特点是入口微甜，刺激性较强，带有一定的爽口苦味，这个味觉特征很大程度上与醇类物质的含量及比例有直接关系。

6.2.3　酸类成分

清香型白酒中的有机酸以乙酸与乳酸含量最高。它们含量的总和占总酸含量的 90% 以上，其余酸类含量较少。其中，乙酸与乳酸含量相对稍多一些，庚酸与己酸含量甚微。乙酸与乳酸是清香型白酒酸组分的主体，乙酸与乳酸含量的比值大约为 1:0.8。清香型白酒总酸含量一般在 300~1200mg/mL。

某清香型白酒中检测出多种浓香型白酒所含的酸类及其他酸类，如丙酸、丁酸、戊酸、己酸、庚酸、辛酸、壬酸、癸酸等羧酸，以及异丁酸、2-甲基丁酸、丁二酸、苯甲酸、苯乙酸、苯丙酸等，上述微量的酸使此酒的清香更加纯正，口味更加自然协调，余味更为爽净。清香型白酒酸类成分含量见表 6-19。

表 6-19　清香型白酒酸类成分含量　　　　单位：mg/100mL

名称	含量	名称	含量
乙酸	31.45	月桂酸	0.02
甲酸	1.80	肉豆蔻酸	0.01
丙酸	1.05	棕榈酸	0.48
丁酸	0.90	乳酸	28.45
戊酸	0.20	油酸	0.07
己酸	0.30	亚油酸	0.04
庚酸	0.60	总酸	65.48
丁二酸	0.11		

6.2.4　醛类成分

清香型白酒中，醛类含量不多，乙缩醛具有干爽的口感特征，它与正丙醇共同构成了清香型白酒爽口带苦味的味觉特征。因此，在勾调清香型白酒时，要特别注意醇类物质与乙缩醛对口味的作用。清香型白酒醛类成分含量见表 6-20。

表 6-20　清香型白酒醛类成分含量　　　　　　　　　　单位：mg/L

名称	含量	名称	含量
乙醛	140.0	双乙酰	8.0
异戊醛	17.0	丁醛	1.0
乙缩醛	244.4	醋嗡	10.8
异丁醛	2.6	总量	423.8

6.2.5　骨干成分的含量与酒质的关系

清香型白酒在酿造发酵过程中，除生成大量的乙醇外，同时还生成少量的酸、酯、醇、醛、酚类物质，这些微量成分对清香型白酒的典型风格起着决定性的作用，左右着产品的质量。

6.2.5.1　酸类化合物与酒质的关系

酸在酒中起到呈香、助香、减少刺激和缓冲平衡的作用。酸类化合物是在发酵过程中产生的，在微生物的作用和媒介下，较低级的酸可以逐步转化为较高级的酸，促使蛋白质、脂肪分解为氨基酸和脂肪酸，同时酸还是形成各种酯类的前体物质。

清香型白酒中各种有机酸与其他呈香呈味的微量成分共同组成了清香型白酒特有的典型风格。在生产实践中对总酸含量的控制是稳定产品质量的重要一环。清香型白酒中酸类物质含量高，会使酒味粗糙，出现邪杂味，从而降低酒的质量；含量过低时，则酒味寡淡，香气弱，后味短，使产品失去应有的风格。在各种香型白酒中，乙酸含量以清香型白酒为最高。

6.2.5.2　酯类化合物与酒质的关系

酯类化合物是酸与醇作用，在分子间脱去水分子而生成的，也有的是由微生物在酶的作用和催化下生成的。酯类化合物是在固态发酵法生产白酒中非常重要的产物，也是形成各香型白酒香气的主体物质。在清香型白酒中主要以乙酸乙酯和乳酸乙酯为主体，二者之和约占酒中总酯含量的 85%，这也是清香型白酒区别于其他各香型白酒的主要特点，其以乙酸乙酯为主体香气的典型框架，突出了清香型白酒的风格。乳酸乙酯在所有各香型白酒中的含量相差并不悬殊，充其量各香型含量的区间值相差一般都不超过 2 倍。乳酸乙酯具有香不露头、浑厚淡雅和不挥发的特征，能与多种成分发生亲和作用，可与乙酸乙酯组合形成清香型酒的特殊香味。适量的乳酸乙酯会使酒的口味有醇厚带甜的感觉，对保持酒体的完整性作用很大。若其含量低，则会使酒失去自己的风味，使酒味淡薄，酒体不完整；含量过高时，则酒味苦涩，邪杂味较重，口感发闷不爽，主体香不突出。在清香型白酒中乙酸乙酯含量要大于乳酸乙酯的含量，所以，在酿造清香型白酒的整体工作中，要特别注意关键组分和微量组分间的协调与平衡。

6.2.5.3　醇类化合物与酒质的关系

在这里只对除乙醇以外的一部分醇类进行探讨。白酒在发酵过程中，除生成大量乙醇外，在微生物作用于糖、果胶质、氨基酸等情况下均会产生醇类，一部分酸也可以还原为相应的醇类化合物。醇类化合物在酒中占有较重要的地位，是白酒中醇甜和助香的主要成分，有的醇还具有特殊的香味，醇与酸经酯化还可生成各种酯类，从而使白酒形成不同的风格。

清香型白酒中的醇类以乙醇为主，此外还含有甲醇、正丙醇、仲丁醇、异丁醇、异戊醇等，酒中含有少量的醇类化合物，特别是高级醇和多元醇会赋予酒特殊的香味。这里的高级醇主要是指异丁醇和异戊醇，它们不溶于水，溶于乙醇，在酒度低时，析出浮于酒液表面，呈油状，俗称杂醇油，多存在于酒尾中。这些高级醇适量时可以增加清香型白酒的后味，使之持续时间长，并起到衬托酯香的作用，使酒体和香气更趋于完美。但是在高级醇中除异戊醇有些微涩外，其余的高级醇都是苦的，有的苦味甚至还很长很重。因而其含量必须控制在一定的范围之内，否则含量过少或没有时，将会使酒失去传统的风格，使酒味变得淡薄；过多时，则会导致苦、涩、辣味增大，而且易上头、易醉，严重地影响产品质量。在清香型白酒中如果高级醇含量高于酯类，则会出现杂醇油的苦涩味，反之酒的味道就趋于缓和，苦涩味相应减少。酒中的高级醇主要以异丁醇和异戊醇为主，其含量的多少一般来说前者小于后者时，酒质要好些，所以在清香型白酒勾兑与调味中，要严格控制酒尾的添加量，以不失其独特的风格。

在清香型白酒中，其他类的化合物含量甚微，故在气味特征上表现不十分突出。

6.3　酱香型白酒香味成分及其作用

酱香型白酒也称为茅香型白酒，以茅台酒为代表，其以幽雅细腻的香气、空杯留香持久、回味悠长的风味特征而明显地区别于其他酒类。酱香型白酒发酵工艺最为复杂，所用的大曲多为超高温酒曲。典型的酱香型白酒的风味特征是：无色或微黄，透明，无沉淀及悬浮物，闻香有幽雅的酱香气味，入口醇甜、绵柔，具有较明显的酸味，口味细腻。

酱香型白酒中微量芳香成分种类最多，微量成分总含量略高于浓香型白酒，其酸类、醛类、醇类含量都高于浓香型白酒，仅酯类偏低。微量成分的总量约为 11g/L，其中酯类约 4g/L，约占微量成分总量的 36%；酸类约 3g/L，约占 27%；醇类约 1.6g/L，约占 15%；醛类约 2.4g/L，约占 22%；另外，氨基酸、酚类化合物以及吡嗪、吡啶等的含量均比其他香型白酒的高，如三甲基吡嗪高达 5mg/kg，四甲基吡嗪在 3mg/kg 以上，为各香型之首。

酱香型白酒的香味成分非常复杂。基于酱香型白酒由酱香、醇甜、窖底香三种典型体所组成，认为酱香型白酒的特征性成分有以下几种：呋喃化合物，如糠醛含量较高（达 260mg/L）；芳香族化合物，有苯甲醇、4-乙基愈创木酚、酪醇等，其中苯甲醇含量为 5.6mg/L，高于其他香型白酒；吡嗪类化合物，以四甲基吡嗪为主，最高含量在 3000～5000mg/L，远远高于浓香型和清香型白酒。

酱香型白酒最突出的特点是总酸含量高。酸在酒中既有呈香又有呈味的功效，同时又能起到调味解暴的作用，还是生成酯类的前体物质。且挥发酸是构成酒的后味的重要物质之一；乳酸、琥珀酸等非挥发酸能增加酒的醇厚感，只要比例适当，饮后就会感到清爽利口及醇和绵柔。若酸含量少，则酒寡淡，后味短，一般情况下有机酸种类多、含量高的酒其口感较好，风味较优，若酸含量过高则使酒味粗糙，缺乏回甜感。

在各种名优白酒中，香味最多、影响最大的就是酯类，它们对于形成各种白酒的典型性或综合特征起着关键性作用。酱香型酒的酯类除己酸乙酯外含量均较高。醇类在白酒中占有重要地位，是醇甜和助香的主要物质。少量的高级醇赋予白酒特殊香气，并起到衬托酯香的作用，可使香气更圆满。无论是哪种香气物质并不是在酒中含量越多越好，各种香气成分必须有适当的比例，才能使酒体协调。各类香型的名优酒酸酯之间，各类酯及酸醇、酯醇之间都有恰当的比例，所以才具有各类酒的典型性。

6.3.1　酱香型白酒的香味成分

（1）酯类　酱香型白酒中己酸乙酯含量并不高，一般在 40～50mg/100mL。酱香型白酒的酯类化合物组分很多，含量最高的酯类化合物是乙酸乙酯和乳酸乙酯。己酸乙酯在众多种类的酯类化合物中并没有突出它自身的气味特征。同时，酯类化合物与其他香气组分相比较，在酱香型白酒的香气呈现中表现也不十分突出。酱香型白酒酯类化合物含量见表 6-21。

表 6-21　酱香型白酒酯类化合物含量　　　　　　　　　单位：mg/L

名称	含量	名称	含量
甲酸乙酯	172.0	肉豆蔻酸乙酯	0.9
乙酸乙酯	1470.0	棕榈酸乙酯	27.0
丙酸乙酯	557.0	油酸乙酯	10.5
丁酸乙酯	261.0	乳酸乙酯	1378.0
戊酸乙酯	42.0	丁二酸二乙酯	5.4
己酸乙酯	424.0	苯乙酸乙酯	0.75
辛酸乙酯	12.0	庚酸乙酯	5.0
壬酸乙酯	5.7	乙酸异戊酯	6.0
癸酸乙酯	3.0	总酯	4380.9
月桂酸乙酯	0.6		

（2）酸类　从表 6-22 可以看出，酱香型白酒的有机酸总量很高，明显高于浓香型和清香型白酒。在有机酸组分中，乙酸含量多，乳酸含量也较多，它们各自的绝对含量是各类香型白酒相应组分含量之冠。同时，有机酸的种类也很多。在品尝酱香型白酒时，能明显感觉到酸味，这与它的总酸含量高，尤其是乙酸与乳酸的绝对含量高有直接的关系。

表 6-22　酱香型白酒有机酸类化合物含量　　　　　　　单位：mg/L

名称	含量	名称	含量
乙酸	1442.0	肉豆蔻酸	0.7
丙酸	171.1	十五酸	0.5
丁酸	100.6	棕榈酸	19.0
异丁酸	22.8	硬脂酸	0.3
戊酸	29.1	油酸	5.6
异戊酸	23.4	乳酸	1057.0
己酸	115.2	亚油酸	10.8
异己酸	1.2	月桂酸	3.2
庚酸	4.7	苯甲酸	2.0
辛酸	3.5	苯乙酸	2.7
壬酸	0.3	苯丙酸	0.4
癸酸	0.5	总酸	3016.5

（3）醇类　酱香型白酒中总醇含量较高，酱香型白酒醇类化合物含量见表 6-23。在醇类化合物中，尤以正丙醇含量最高，这与酱香型白酒的爽口感有很大的关系。同时，醇类含量高还可以起到对其他香气组分"助香"和"提扬"的作用。

表 6-23　酱香型白酒醇类化合物含量　　　　　　　单位：mg/L

名称	含量	名称	含量
正丙醇	1440.0	2,3-丁二醇	151.0
仲丁醇	141.0	正己醇	27.0
异丁醇	178.0	庚醇	101.0
正丁醇	113.0	辛醇	56.0
异戊醇	460.0	第二戊醇	12.4
正戊醇	7.0	第三戊醇	15.0
β-苯乙醇	17.0	总醇	2706.0

（4）羰基类化合物　酱香型白酒的醛、酮类化合物总量含量都很高，见表 6-24。特别是糠醛的含量，与其他各类香型白酒含量相比是最多的；还有异戊醛、丁二酮和醋鎓也是含量最多的。这些化合物的气味特征中多少有一些焦香与烟香的特征，这与酱香型白酒香气中的某些气味有相似之处。

表 6-24　酱香型白酒羰基类化合物含量　　　　　　　单位：mg/L

名称	含量	名称	含量
乙醛	550.0	苯甲醛	5.6
乙缩醛	12114.0	异戊醛	98.0
糠醛	294.0	异丁醛	11.0
双乙酰	230.0	总量	2808.5
醋鎓	405.9		

（5）高沸点化合物　酱香型白酒富含高沸点化合物，是各香型白酒相应组分之冠。这些高沸点化合物包括高沸点的有机酸、有机醇、有机酯和氨基酸。这些高沸点化合物主要是由酱香型白酒的高温制曲、高温堆积和高温接酒等特殊酿酒工艺带来的。这些高沸点化合物的存在，明显地改变了香气的挥发速度和口味的刺激程度。酱香型白酒富含有机酸及有机醇，其中乙酸、乳酸和正丙醇含量很高，这些小分子酸及醇一般具有较强的酸刺激感和醇刺激感，而在酱香型白酒中，并没有体现出这样的尖酸口味和醇刺激性，能感觉到的是柔和的酸细腻感和醇甜感，这与高沸点化合物对口味的调节作用有很大的关系。在酱香型白酒的香气中，它的香气挥发并不是很飘逸和强烈，它表现得幽雅而持久，特别是在它的空杯留香中，可长时间地保持原有的香气特征，而不是一段时间后就改变了原有香气，就好像有物质将香气"固定"了一样。这种特性也与高沸点化合物的存在有直接关系。前面已经讲述，高沸点化合物能改变体系的饱和蒸气压，延缓香气分子的挥发。因此，酱香型白酒富含高沸点化合物这一组分特点，是决定酱香型白酒某些风味特征的重要的因素。

6.3.2　酱香气味的特征性化合物

关于酱香气味的特征性化合物来源的说法主要有以下几种。

6.3.2.1　4-乙基愈创木酚

虽然醇、酯、酸和羰基类化物的组分特点在一定程度上构成了酱香型白酒的某些风味特征，但似乎与它的酱香气味还没有直接的联系。因为，无论是酸、醇、酯和一些羰基类化合物（现已检出的）的单体气味特征，还是它们相互之间的复合气味都很难找出与酱香气味特征相似的地方，它们的气味特征相差较远。是否在酱香型白酒中还存在着一些其他组分，而这些组分的气味特征可能较接近酱香的气味特征？针对这些问题，研究人员从研究酱油香气的特征组分中得到了某些启示。虽然酱油的"酱气味"和酱香型白酒的酱香气味有区别，但它们是否也有某种联系呢？通过研究酱油的香味组分发现，它的特征性化合物主要是 4-乙基愈创木酚（简称 4-EG）、麦芽酚、苯乙醇、3-甲硫基丙醇等化合物。研究中指出，4-EG 主要由小麦在发酵过程中经酵母代谢作用所形成。4-EG 的气味特征被描述为：似酱气味和熏香气味。根据酱油香味组分的分析结果，研究工作者继而在酱香型白酒中同样也检出了 4-EG 的存在，并根据 4-EG 的气味特征提出了 4-EG 为酱香型白酒主体香气成分的说法。但随着在浓香型白酒及其他香型白酒中相继检出 4-EG 的存在，且发现它在含量上与酱香型白酒差别不大，上述提法似乎显得证据不足。

6.3.2.2　吡嗪类化合物

食品在热加工过程中，由于游离氨基酸或二肽、还原糖以及甘油三羧酸酯或它们的衍生物的存在，会发生非酶褐变反应，即美拉德反应，它会赋予食品特殊风味。这些风味的特征组分大都来源于美拉德反应的产物或中间体。它们多数是一些杂环类化合物，具有焙烤香气的气味特征。

酱香型白酒的生产工艺有高温制曲、高温堆积和高温接酒等操作过程，原料及发酵酒醅都经过了高温过程。因此，人们联想到酱香型白酒的酱香气味是否与食品的加热香气有关，随即展开了对酱香型白酒中杂环类化合物组分的分析研究。通过研究分析发现，杂环类化合物确实在酱香型白酒中含量很多，而且种类也很多，其中尤以吡嗪类化合物含量居多。通过对其他各类香型白酒中杂环类化合物的对比分析发现，酱香型白酒中的杂环类化合物无论是在种类上还是在数量上，都居各香型白酒之首。在吡嗪类化合物中，四甲基吡嗪含量最多。四甲基吡嗪及其同系物是在 1879 年，首次由国外研究者从甜菜糖蜜中分离得到的。后来在大豆发酵制品中也发现了它的存在。四甲基吡嗪具有一种特殊的大豆发酵香气，很容易使人联想到像酱油和豆酱的发酵香气特征。因此，有人提出了吡嗪类化合物是酱香型白酒的酱香气味主体香物质。他们认为酱香气味主要来源于吡嗪类化合物的气味特征。

6.3.2.3　呋喃类和吡喃类化合物及其衍生物学说

在研究酱香型白酒高温过程产生加热香气的同时，人们也注意到了高温过程还可以产生一些呋喃类化合物，它主要是氨基糖反应的产物。在对酱油香气组分分析中，人们也发现羟基呋喃酮（HEMF）也是酱油香气的一个特征性组分。因此，人们又联想到酱香型白酒的酱香气味是否与此类化合物有内在的联系。由于分析技术等方面的局限，对酱香型白酒组分中呋喃类化合物的分析还不是很深入，但从目前已经分析出的一些呋喃类化合物的结果上看，这类化合物确实在酱香型白酒中占很重要的地位。糠醛，又称呋喃甲醛，它在酱香型白酒中的含量较高，是各类香型白酒中相应组分含量最多的。酱香型白酒的糠醛含量是浓香型白酒的 10 倍以上。

　　3-羟基丁酮是呋喃的衍生物，它在酱香型白酒中的含量也是较多的，是浓香型白酒含量的 10 倍以上。呋喃类化合物气味阈值较低，较少的含量即能呈现出它的气味特征。这类化合物不是十分稳定，较易氧化或分解，它们一般都有颜色，常常呈现出油状的黄棕色。通过酒在贮存过程中颜色及风味的变化，也可以推测出一些呋喃类化合物的作用关系。酱香型白酒的贮存期是各香型白酒中最长的，一般在 3 年左右。贮存期越长，酱香气味越明显，酒体的颜色也逐渐变黄。成品酱香型白酒大多带有微黄颜色。研究表明，一些具有 5 环或 6 环呋喃结构的前体物质，在贮酒过程中，或氧化、还原，或分解，形成了各类具有呋喃部分分子结构的化合物，使酒体产生了一定的焦香、煳香或类似酱香气味的特征，这与呋喃类化合物的存在有着密切的因果关系。这种在贮酒过程中的风味变化，不但在酱香型白酒中存在，清香型白酒中同样也有类似现象。因此，有人认为，白酒的陈酿、老熟是由于具有呋喃结构的化合物氧化还原或分解所致的，陈香气味是这些化合物的代表气味特征。从以上的推测，结合实际的酿酒经验及现有的分析结果可以初步看出，呋喃类、吡喃类及其衍生物与酱香气味和陈酒香气有着某种内在的联系。

6.3.2.4　酚类、吡嗪类、呋喃类高沸点酸和酯类共同组成酱香复合气味学说

　　这种说法是概括了上述 3 种学说而提出的一种复合香气学说。该学说提出：酱香型白酒的酱香气味并不是某一单体组分所体现的，而是几类化合物共同作用的结果。在酱香气味中，体现出了焦香、煳香和酱香的气味特征，这与 4-EG、吡嗪类化合物和呋喃类化合物的气味特征有某些相似之处，但酱香型白酒中的酱香气味与焦香、煳香和酱味是有区别的，这种复合酱香气味很可能是这几类化合物以某种形式组合而形成的。同时，酱香型白酒特有的空杯留香主要是由高沸点酸类物质决定的。

　　这一学说包括的范围较广，也没有足够的证据来说明几种类型化合物之间的作用关系，但高沸点化合物对空杯留香的作用无疑是肯定存在的。

　　总之，对酱香型白酒的香味组分的研究还未彻底弄清楚，还有许多未知的成分及问题等待进一步解决，相信随着技术的发展，彻底摸清酱香型白酒的组分特点一定会实现。

6.4　兼香型白酒香味成分及其作用

　　所谓兼香，这里特指同时具有浓香型和酱香型白酒的风味特点，而且将这两类香型白酒的风格特征协调统一到一类白酒中并体现出来。所以，兼香型白酒之所以称为兼香，一方面是它兼顾了酱香型和浓香型白酒的风味；另一方面是它协调统一，自成一类。

　　兼香型白酒中的特征性成分有：庚酸、庚酸乙酯、2-辛酮、乙酸异戊酯、乙酸-2-二甲基丁酯、异丁酸和丁酸。

　　兼香型白酒，在标志浓香型和酱香型白酒特征的一些化合物组分含量上恰恰落在了浓香型和酱香型白酒之间，较好地体现了它浓、酱兼而有之的特点，浓香型、酱香型和兼香型白酒香味组分对比见表 6-25。然而，它的某些组分含量并不是完全都介于浓、酱之间，有些组分比较特殊，它的含量高出了浓香型与酱香型白酒相应组分许多倍，这表明兼香型白酒具有除了浓、酱以外的个性特征。

表 6-25　浓香型、酱香型和兼香型白酒香味组分对比　　　　单位：mg/100mL

名称	浓香型白酒	酱香型白酒	兼香型白酒
己酸乙酯	214.0	26.5	91.3
己酸	47.0	19.1	31.1
乙酸酯	26.6	0.38	0.69
糠醛	4.0	26.0	15.2
β-苯乙醇	0.19	2.3	1.3
苯甲醛	0.10	0.56	0.34
丙酸乙酯	1.54	6.27	4.67
异丁酸乙酯	0.44	1.81	0.72
2,3-丁二醇	0.74	3.39	1.07
正丙醇	21.4	77.0	69.2
异丁醇	11.4	22.3	16.0
异戊酸	1.1	2.5	2.3
异戊醇：活性戊醇	0.49～0.57	0.36～0.39	0.43～0.47

在兼香型白酒中，庚酸的含量较高，它是酱香型白酒的 11 倍以上，是浓香型白酒的 7 倍左右，与此相应的庚酸乙酯含量也较高，2-辛酮的含量高出浓香型和酱香型白酒许多倍。过去认为乙酸异戊酯在酱香型白酒中含量较多，丁酸在浓香型白酒中含量最多，异丁酸则与酱香型白酒有缘，但从兼香型白酒的香味组分上看，这几个组分的含量均要比浓香型和酱香型白酒高很多。兼香型白酒虽然在一些组分上有突出的含量，但这些组分与它的酯类组分的绝对含量相比低得多。它们在白酒香气中能否突出其"个性"，从感官上看还不能达到，但至少这些突出含量的组分是兼香型白酒的一个组分特点，某兼香型白酒突出的组分含量见表 6-26。

表 6-26　某兼香型白酒突出的组分含量　　　　单位：mg/100mL

名称	浓香型白酒	酱香型白酒	某兼香型白酒
庚酸	0.38	0.63	4.49
庚酸乙酯	0.89	5.32	19.27
2-辛酮	0.024	0.011	0.129
乙酸异戊酯	0.182	0.237	0.673
乙酸-2-甲基丁酯	0.044	0.038	0.193
异丁酸	1.9	0.81	2.45
丁酸	13.37	13.2	19.31

兼香型白酒微量香味成分含量及控制范围见表 6-27。

表 6-27　兼香型白酒微量香味成分含量及控制范围　　　　单位：mg/L

名称	含量	控制范围	名称	含量	控制范围
乙酸乙酯	1011.57	900～1200	丁酸	133.75	100～150
仲丁醇	43.77	30～60	辛酸乙酯	5.05	3～7
正丙醇	657.00	500～900	乙缩醛	154.13	150～280
异丁醇	54.88	40～60	醋鎓	106.98	90～120
乙醛	191.07	150～250	乳酸乙酯	736.55	600～800
正丁醇	50.94	30～70	乙酸	552.07	450～600
2-甲基-1-丁醇	35.80	25～45	糠醛	73.72	60～90
异戊醇	146.85	120～160	己酸	263.66	200～300
丁酸乙酯	156.64	120～180	戊酸乙酯	65.1	50～90
己酸乙酯	1541.12	1200～1800	庚酸乙酯	13.16	10～28
庚酸	2.17	2～5			

6.5　芝麻香型酒中呈香呈味物质的比例与酒质的关系

酸味物质起呈香和呈味的作用，也是味的协调成分。芝麻香型白酒主要几种酸的含量是乙酸＞己酸＞庚酸＝丁酸（1∶0.16∶0.1∶0.1）；纯正清爽型的芝麻酒己酸和丁酸含量低，己酸和丁酸含量高则酒质偏浓，而丁酸含量大于庚酸。

酯类物质主要是乳酸乙酯、乙酸乙酯、己酸乙酯、庚酸乙酯和丁酸乙酯。乳酸乙酯主要作用是呈味；乙酸乙酯、己酸乙酯、丁酸乙酯主要作用是呈香，也有呈味作用。己酸乙酯、丁酸乙酯在芝麻香型白酒中对香气起压制作用，乳酸乙酯＞乙酸乙酯＞己酸乙酯时，香气较突出，酒体醇厚丰满；当乙酸乙酯＞己酸乙酯＞乳酸乙酯时酒体清爽醇甜，丰满度、醇厚度差。四大酯，当乙酸乙酯＞乳酸乙酯＞己酸乙酯＞丁酸乙酯时，酒质较清爽，丰满程度差。总酯含量低时酒也较清爽，但欠丰富。但乳酸乙酯和乳酸过高时则后味欠爽净，易出现涩感。乙酸乙酯含量过大，乳酸乙酯含量过小时，则入口刺辣欠绵柔；己酸乙酯含量过大时（大于100mg/L），浓香露头，压制芝麻香浮香，口味较绵甜，同时也压制焦煳味。

醇类物质也是呈香呈味物质，重要的醇类主要有甲醇、高级醇和多元醇，高级醇中正丙醇含量最高，含量过高会有苦感；多元醇呈甜味，在芝麻香型白酒中起缓冲和平衡作用。

吡嗪化合物和呋喃化合物对芝麻香型酒的酒质尤其重要，因为焦煳香味、酱香味、陈香味等香味的形成多是来源于这两种物质。

6.6　豉香型酒微量香味物质含量与酒质的关系

豉香型白酒的香味成分包括 β-苯乙醇、庚二酸二乙酯、辛二酸二乙酯、壬二酸二乙酯、苯甲醇、3-甲硫基-1-丙醇，它们都有一定的含量范围。其中醇类是豉香型白酒生产中大酒饼的特定氨基酸经过发酵过程复杂的微生物作用而形成的，而二元酸的酯类是斋酒在浸肉过程随着脂肪的氧化降解形成的二元酸与醇类结合所生成的，它们都与豉香型白酒特殊的生产工艺密切相关，是形成豉香型白酒典型风格的关键所在。

6.6.1　香味物质中的醇类

豉香型白酒属于半固态发酵的低度白酒，这特殊的发酵工艺决定了豉香型白酒的酸、酯含量相比于固态发酵法的浓香型、清香型白酒要低，但其高级醇的含量多，其绝对含量占香气成分之首，成为基础香的主要组成成分。其中总醇占总微量成分的35%～45%，这一点与米香型白酒极为相似，这说明豉香型白酒的基础香与米香型白酒有一定的内在联系。但在醇类成分含量中，豉香型白酒又区别于米香型白酒，其一是 β-苯乙醇含量高，其平均值为米香型白酒的2倍左右，居我国白酒之首；其二是含有一定量的甘油，而其他名优白酒中甘油含量甚少。豉香型白酒与其他名优白酒的 β-苯乙醇含量对照见表6-28。

表 6-28　豉香型白酒与其他名优白酒的 β-苯乙醇含量对照　　　　单位：mg/L

组分	酱香型白酒	浓香型白酒	清香型白酒	米香型白酒	凤香型白酒	豉香型白酒
β-苯乙醇 含量	21.8～22.7 (22.3)	1.9～11.5 (3.7)	4.6～9.2 (6.4)	31.5～43.6 (37.3)	9.9	20.0～127.5 (66.0)

注：括号中的数值为平均值。

β-苯乙醇是带有似玫瑰蜜香的香味物质，当其香味阈值达到 25mg/L 时，就微带甜味，这对保持豉香型白酒独特的风味具有不可缺少的作用。

苯甲醇呈杏仁味，它与 β-苯乙醇的玫瑰蜜香互相衬托，这一对芳香醇物质对保持豉香型白酒的独特风格具有不可取代的特殊作用。豉香型白酒苯甲醇含量范围及与其他香型白酒的对照见表 6-29。

表 6-29　豉香型白酒与其他香型白酒的苯甲醇含量　　　　　单位：mg/L

组分	酱香型白酒	浓香型白酒	清香型白酒	米香型白酒	豉香型白酒
苯甲醇	0.5～0.7	未检出	0.1～0.3	0.1～0.7	1.0～4.8

3-甲硫基-1-丙醇是由大曲酒饼中黄豆所含有的丰富的蛋氨酸经过制大曲酒饼和发酵过程复杂的微生物作用而形成的，它的阈值很低，在浓度很低时就具有强烈的肉或肉汤样的香气和味道。有人做了初步的添加试验，取一定量加入酒中，经过品尝发现，其豉香比对照样明显加强。同时对定量分析的数据进行统计，得到它的含量范围及与其他香型白酒的对照，其结果见表 6-30。

表 6-30　豉香型白酒与部分名优白酒中 3-甲硫基-1-丙醇的含量　　　单位：mg/L

组分	酱香型白酒	浓香型白酒	清香型白酒	米香型白酒	芝麻香型白酒	豉香型白酒
3-甲硫基-1-丙醇	未检出	未检出	未检出	0.3～0.5	0.7	0.2～2.0

6.6.2　香味物质中的酯类

豉香型白酒作为半固体发酵法白酒，由于其发酵时间短，因而所形成的酯类无论从品种到含量上相对于固态发酵法白酒都显得少。而豉香型白酒酯类中占主要比例的是乳酸乙酯和乙酸乙酯，二者占了总含量的 95% 以上，其中乳酸乙酯的含量高于乙酸乙酯，这一特点与米香型白酒相似，但豉香型白酒乳酸乙酯与乙酸乙酯的量比关系又与其他香型白酒有区别，从分析的数据来看乳酸乙酯与乙酸乙酯相比，浓香型为 1.1～2.5 倍，酱香型为 0.5～4.2 倍，清香型为 0.5～0.7 倍，米香型为 4～6.3 倍，而豉香型为 0.6～3.4 倍，这又是豉香型白酒的特征之一。豉香型白酒与部分名优白酒乳酸乙酯和乙酸乙酯含量范围比较见表 6-31。

表 6-31　豉香型白酒与部分名优白酒乳酸乙酯和乙酸乙酯含量范围比较　单位：mg/L

组分	酱香型白酒	浓香型白酒	清香型白酒	米香型白酒	豉香型白酒
乳酸乙酯	953.3～1302	750.7～1803.0	995.0～1290.3	837.4～2003.7	48.8～1564.0
乙酸乙酯	228.1～2437.5	295.8～1589.2	1397.3～2337.5	211.1～318.5	86.1～456.3

6.7　馥郁香型白酒的呈香呈味物质的比例关系

馥郁香型白酒是适应消费者需求的一种创新香型白酒，目前与浓、酱、清等几大基本香型相比，其市场占有率相对较低。

6.7.1　某馥郁香型白酒中己酸乙酯和乙酸乙酯含量突出

某馥郁香型白酒中总酯含量较高，己酸乙酯和乙酸乙酯含量相对较突出，二者含量相当接近，基本呈平行的量比关系（一般是乙酸乙酯略高于己酸乙酯），其比例为己酸乙酯：乙酸乙酯＝1.00：1.14。乳酸乙酯含量一般在 53～72mg/100mL，丁酸乙酯为 16～29mg/100mL。四大酯的比例关系为己酸乙酯：乙酸乙酯：乳酸乙酯：丁酸乙酯＝1.00：1.14：0.57：0.19。某馥郁香型白酒丁酸乙酯含量较高，一般浓香型白酒中己酸乙酯：丁酸乙酯为 10：1，但用于对比分析的另外两种酒均接近 20：1，说明丁酸乙酯含量明显下降。而某馥郁香型白酒中己酸乙酯：丁酸乙酯为（5～8）：1。己酸乙酯是浓香型白酒的主体香气成分，在各种酯类中占有绝对优势，占总酯的 40％左右，四大酯类的含量为己酸乙酯＞乳酸乙酯＞乙酸乙酯＞丁酸乙酯，而某馥郁香型白酒是乙酸乙酯＞己酸乙酯＞乳酸乙酯＞丁酸乙酯，两者截然不同。乙酸乙酯是清香型白酒的主体香，其含量要明显高于其他香型酒，绝对含量在 180～310mg/100mL 范围，占总酯的 55％以上。但清香型白酒中己酸乙酯、丁酸乙酯的含量都很少。

某馥郁香型白酒中己酸乙酯和乙酸乙酯在酯类物质中的突出地位和特殊的平行量比关系，在中国现有的各大香型白酒中是绝无仅有的；四大乙酯的含量及量比与浓、清、四川小曲酒有很大差别，说明某馥郁香型白酒用小曲工艺而非清香小曲酒，用大曲工艺而又不同于浓香大曲酒，形成了自己的独特风格。某馥郁香型白酒主要酯类含量及量比关系见表 6-32，某馥郁香型白酒与其他香型白酒中主要酯类分析对比见表 6-33。

表 6-32　某馥郁香型白酒主要酯类含量及量比关系（以己酸乙酯为基准）

单位：mg/100mL

酯类	一般范围	量比关系
乙酸乙酯	95～174	1.14
己酸乙酯	87～140	1.00
乳酸乙酯	53～72	0.57
丁酸乙酯	16～29	0.19
甲酸乙酯	2～6	0.03
庚酸乙酯	1.4～2.3	0.02
辛酸乙酯	0.8～1.9	0.01

表 6-33　某馥郁香型白酒与其他香型白酒中主要酯类分析结果

单位：mg/100mL

品种	己酸乙酯	乙酸乙酯	丁酸乙酯	辛酸乙酯	总计
某浓香型白酒	172.9	114.4	15.5	133.1	440.7
某清香型白酒 A	2.2	305.9	—	261.6	569.7
某清香型白酒 B	15	36.8	1.8	10.3	63.9
某馥郁香型白酒	107.3	122.3	20.5	61.5	312.9

6.7.2　某馥郁香型白酒有机酸含量高

有机酸是白酒中重要的呈味物质，且起到协调香味的作用，它与其他香味组分共同组成白酒特有的芳香，一般来说，有机酸含量较高者，其风味较好。某馥郁香型白酒中主要有机酸的含量及量比关系见表 6-34，某馥郁香型白酒与其他香型白酒的酸类分析对比表 6-35。

表 6-34　某馥郁香型白酒中主要有机酸的含量及量比关系（以己酸为基准）

单位：mg/100mL

酸类	含量范围	量比	酸类	含量范围	量比
乙酸	70～120	1.83	己酸	41～65	1.00
乳酸	31～46	0.80	丁酸	11.4～17.4	0.29
丙酸	3.4～5.8	0.08	异戊酸	1.2～2.1	0.04
异丁酸	1.0～1.5	0.02	庚酸	0.7～1.0	0.02
辛酸	0.4～0.8	0.01			

表 6-35　某馥郁香型白酒与其他香型白酒的酸类分析结果　单位：mg/100mL

酸类	某浓香型白酒	某清香型白酒 A	某清香型白酒 B	某馥郁香型白酒
乙酸	41	94.5	36.1	91.9
己酸	27.5	0.2	0.78	50.2
乳酸	22.6	28.4	5.29	40.1
丁酸	12.2	0.9	6.82	14.7
甲酸	2.7	1.8	1.08	—
丙酸	—	0.6	—	3.96
异戊酸	—	—	—	1.75
异丁酸	0.68	—	—	1.22
庚酸	—	—	—	0.86
辛酸	0.58	—	—	0.6
总计	107.26	126.4	50.07	205.29

表 6-34、表 6-35 数据表明，某馥郁香型白酒有机酸含量较高，总量达到 200mg/100mL 以上，除低于酱香型白酒外，远高于浓香型白酒、清香型白酒。其中己酸和乙酸占总酸量的 70%，乳酸占 19%，丁酸为 7%。几大酸类物质的比例关系虽与浓香型白酒大致相同，都是乙酸＞己酸＞乳酸＞丁酸，但乙酸和己酸的绝对含量是浓香型白酒的 2 倍以上，而清香型白酒中，有机酸种类单一，与某馥郁香型白酒丰富的有机酸组成相比更有明显的差别。

6.7.3　某馥郁香型白酒中高级醇含量适中

某馥郁香型白酒中高级醇（异戊醇、正丙醇、正丁醇、异丁醇）含量适中，总量一般在 110～140mg/100mL，高于浓香型、大曲清香型白酒，低于小曲清香型白酒，某馥郁香型白酒与其他香型白酒中高级醇的分析结果见表 6-36。某馥郁香型白酒中含量最高的是异戊醇，在 38mg/100mL 左右，其次是正丙醇，达 30mg/100mL，某馥郁香型白酒中主要高级醇的含量及量比关系见表 6-37。正丁醇和异丁醇的含量分别为 13.7mg/100mL 和 17.9mg/100mL。四种醇的比例为异戊醇：正丙醇：异丁醇：正丁醇为 1.00：0.79：0.47：0.36。高级醇是白酒中不可或缺的风味物质，其中异戊醇有一种独特的香气，和其他成分之间可能存在协同效果，起到衬托白酒香气的作用。正丙醇有着良好的呈香感，虽然醇类的香味阈值较高，在与大量酯类共存的情况下，它难以左右白酒香气，但正丙醇良好的呈香感，其清雅的香气与酯香复合，可很好地衬托出某馥郁香型白酒馥郁幽雅的风格特征。正己醇是一种甜味物质，某馥郁香型白酒口感绵甜与其较高的正己醇含量有关。

表 6-36　某馥郁香型白酒与其他香型白酒中高级醇的分析结果　单位：mg/100mL

醇类	某浓香型白酒	某大曲清香型白酒 A	某小曲清香型白酒 B	某馥郁香型白酒
异戊醇	31.9	54.6	117.81	38.0
正丙醇	17.4	9.5	31.24	30.0
异丁醇	11.9	11.6	45.09	17.9
正丁醇	7.3	1.1	3.45	13.7
仲丁醇	4.2	3.3	9.17	7.4
正己醇	6.3	—	—	4.4
正戊醇	1.5	—	—	1.3
总计	80.5	80.1	206.76	112.7

表 6-37　某馥郁香型白酒中主要高级醇的含量及量比关系（以异戊醇为基准）

单位：mg/100mL

醇类	含量范围	量比	醇类	含量范围	量比
异戊醇	34～44	1.00	正丙醇	26～48	0.79
异丁醇	17～20	0.47	正丁醇	10～18	0.36
仲丁醇	6～10	0.19	正己醇	3.6～5.7	0.12
正戊醇	1.0～1.4	0.03			

6.7.4　某馥郁香型白酒乙缩醛含量较高

某馥郁香型白酒中羰基类化合物含量较高，总量达 76.8mg/100mL 左右。其中乙醛和乙缩醛含量占总醛含量的 88%，乙醛∶乙缩醛＝1.00∶1.21。某馥郁香型白酒中醛类含量及量比关系见表 6-38，某馥郁香型白酒与其他香型酒中的醛类分析见表 6-39。其总量与浓香型白酒相近，高于清香型白酒。乙醛和乙缩醛是白酒中必不可少的重要组成成分，它们的主要功能表现为对白酒香气的平衡和协调作用。其含量多少及其量比关系为何，将对白酒的香型特征和产品质量产生重大影响。因此，白酒中含有较高的醛类物质被视为是名优白酒的重要特征。

表 6-38　某馥郁香型白酒中醛类含量及量比关系（以乙醛为基准）

单位：mg/100mL

项目	乙缩醛	乙醛	糠醛	总计
含量范围	21～77	19～62	1.3～4.8	41～144
量比关系	1.21	1.00	0.09	

表 6-39　某馥郁香型白酒与其他香型酒中的醛类分析　单位：mg/100mL

品种	乙缩醛	乙醛	糠醛	总计
某浓香型白酒	41.5	26.0	0.7	68.2
某清香型白酒 A	51.4	14.0	0.4	65.8
某清香型白酒 B	9.87	12.8	1.49	24.2
某馥郁香型白酒	37.3	30.8	2.8	70.9

6.7.5　某馥郁香型白酒存在四甲基吡嗪等含氮化合物

20 世纪 90 年代中期中国食品发酵工业研究院在分析某馥郁香型白酒过程中，发现在乳酸乙酯与辛酸乙酯之间有明显的四甲基吡嗪谱峰特征。在系统性分析过程中，该峰也长期存在。吡嗪类含氮化合物的存在对某馥郁香型白酒的风格有着怎样的影响？是否与某馥郁香型白酒中的酱（陈）香有关？尚待进一步研究。

通过对某馥郁香型白酒中主要特征香味物质的分析，确定其总酸：总酯：总醇：总醛为1：1.58：0.72：0.36，与其他香型酒种相比有着明显的不同，某馥郁香型白酒与其他香型酒中的酸、酯、醇、醛总体比较见表6-40。某馥郁香型白酒正是以相对突出的乙酸乙酯、己酸乙酯含量及近乎平行的量比关系、较高的有机酸含量、乙缩醛含量和适量的高级醇等特点构成了协调而独特的香味，形成了别具一格的风格特征。

表6-40 某馥郁香型白酒与其他香型酒中的酸、酯、醇、醛总体概况

单位：mg/100mL

品种	总酸	总酯	总醇	总醛	酸：酯：醇：醛
某浓香型白酒	102.0	461.0	93.4	99.0	1：4.52：0.92：0.97
某清香型白酒 A	124.0	570.0	80.0	65.8	1：4.60：0.65：0.53
某清香型白酒 B	50.07	63.9	206.76	24.14	1：1.28：4.13：0.48
某馥郁香型白酒	209.2	330.4	150.08	75.04	1：1.58：0.72：0.36

6.8 小曲白酒中的微量成分含量与酒质的关系

6.8.1 酸类

小曲白酒含酸分布与其他类型白酒有显著的不同，其发酵期虽短，但含酸总量一般在0.5～0.8g/L，高的能到1.0g/L，各类酸的含量比较多，除乙酸、乳酸外，有丙酸、异丁酸、丁酸、戊酸、异戊酸、己酸等，有的还有少量庚酸，其构成可与大曲酒相比，与麸曲清香型白酒相似，但含量比较高，米香型白酒酸类少，乳酸高。小曲白酒中丙酸、戊酸、庚酸的产生可能与菌种有关，丁酸、己酸与建窖材质和窖泥有关。小曲白酒具有较多的低碳酸，特别是丙酸和戊酸含量较多，是区别于其他酒种的重要特点，也是构成该酒香味特色的重要因素。

6.8.2 高级醇类

小曲白酒中主要的几种高级醇都有，且含量高，尤其是异戊醇含量在1～1.3g/L，正丙醇和异丁醇在0.28～0.5g/L之间，高级醇总量在2g/L左右，与米香型和大曲、麸曲清香型酒相比，还含有较多的仲丁醇和正丁醇。小曲白酒中的高级醇含量除比大曲清香型白酒、麸曲清香型白酒等含量高外，比米香型白酒也略高些。高级醇一方面是构成小曲白酒风味的主要成分，另一方面如失去控制，将对其风格产生不利影响。

6.8.3 酯类

小曲白酒中酯含量一般在0.5～1.0g/L，主要为乙酸乙酯及乳酸乙酯，特别是乳酸乙酯含量较低，这点与米香型白酒有显著不同，但与麸曲清香型白酒是一致的，不同的是小曲白酒含有少量丁酸乙酯（10～20mg/L），戊酸乙酯和己酸乙酯量虽少但阈值低，对口感影响大。小曲白酒中各类酸虽然比较全，但相应生成的酯却不多。这是因为该酒发酵期短，来不及酯化形成酯，或是因为酯化方面的酶较少。依据酯的组成和放香情况，小曲白酒只能形成淡雅方面的香型白酒。

6.8.4　醛类

小曲白酒中乙醛和乙缩醛的含量比米香型白酒高，比麸曲清香型白酒略高，这也是小曲白酒固态发酵的特点。个别小曲白酒还含有一定的糠醛，这对小曲白酒的呈香呈味、协调和平衡酒体的醇和感以及风味的形成起重要作用。

6.8.5　高沸点物质

小曲白酒中 2,3-丁二醇比三花酒要高些，苯乙酸乙酯的含量比其他酒种多，β-苯乙醇含量较高，接近三花酒。这些芳香成分阈值低，对酒的风格形成起着微妙的作用。十六酸乙酯、油酸乙酯和亚油酸乙酯含量与米香型白酒差不多，但比清香型、浓香型、酱香型等大曲酒含量要低。总体来说，与其他酒种一样，有同样多的微量成分。

6.9　特型酒的香味物质及量比关系

特型酒富含奇数碳脂肪酸乙酯（包括丙酸乙酯、戊酸乙酯、庚酸乙酯与壬酸乙酯），其量为各类白酒之冠。

特型酒含有多量正丙醇，它的含量与丙酸乙酯及丙酸之间具有极好的相关性。某特型酒的高级醇含量在 300mg/100mL，在各类香型白酒中名列前茅；正丙醇含量高达 $100\sim250$mg/100mL，这有别于其他名优白酒以异戊醇含量为高的特点。

高级脂肪酸乙酯的含量超过其他白酒近一倍，相应的脂肪酸含量也较高。

辨别酒质优劣的标志，一要看主体香的绝对含量，二要看它与助香成分的比例关系，只有各种微量香味物质的比例协调，才能形成优美完整的酒体。当然，白酒的风味组成因素颇为复杂，至今还有许多成分未被发现，有待于今后进一步深入研究和探讨。总之，白酒香味成分的量比关系是影响白酒质量和风格的关键。

6.10　白酒中极微量香味物质与酒质的关系

6.10.1　影响白酒成分复杂度的因素

在对国家名优酒进行广泛色谱分析的基础上，提出了许多模仿国家名优酒风格的组成成分设计方案及数学模型。不论配方设计何等优良，计量如何准确，这么多年来的实践证明，以食用酒精为基酒，把 20 种左右的色谱骨架成分都用上，也不可能做出像样的白酒，多是香精酒，连曲酒的一点风格也没有，这种酒的档次低。事实说明要使白酒形成风格，质量上档次，仅仅有那些含量较多的骨架成分是不行的，还必须有其他成分。显然，非色谱骨架成分对白酒的质量档次起重要的作用，有时甚至是关键性的作用。由此，有必要对色谱骨架成分以外的那些成分给予一个恰当的名称，即"微量成分和极微量成分"，并把含量小于 2mg/100mL 的所有成分都归于微量成分之列。

如前所述，白酒是一个复杂体系，成分十分复杂。要想把各个成分之间的相互作用、各个成分在特定环境条件下的表现行为以及其对味觉和嗅觉的作用情况说清楚很难办到，也不可能。因此，只能对某些条件加以限定，用近似的方法，或许能够找到一些共同点。

白酒成分的复杂性可以用复杂度，即微量成分复杂程度来表述。白酒都是复杂体系，在成分都复杂的前提下来比较，有的相对复杂一些，即复杂度高；有的微量成分相对少一点，即复杂度相对低一些。复杂度的高低是相对而言的。对同一个生产厂家，复杂度的相对大小表现为：

① 发酵期长的酒＞发酵期短的酒。"双轮底""三轮底"或者"四轮底"酒的复杂度较一般酒高。

② 同一种酒，贮存时间越长，复杂度越高；贮藏期短，则复杂度相对低一些。

③ "调味"酒的复杂度高于一般酒。

④ 蒸馏白酒的复杂度远远高于液态配制酒。

⑤ 优质曲药酿制的酒，复杂度高于用一般曲药酿制的酒。

⑥ 温暖季节较之于寒冷季节所产酒的复杂度要高。

⑦ 生产工艺相同的两个厂，一个地处我国南方，一个在北方，南方厂较北方厂生产的白酒复杂度高。

⑧ 浓香型白酒较清香型白酒的复杂度高。

现有两个酒样，一个是任意的一种白酒产品，记为 A 样；另一个是相同酒度的分析纯酒精。取一小杯或者 1mL（或者一小滴）A 样中的酒加到装酒精的那个瓶子里，摇匀，记为 B 样。这时，凡是 A 样中的所有成分，B 样里也有，或者说 B 样中有 A 样酒中的全部成分，A 样或 B 样的骨架成分、微量成分，从品种上都一应俱全。但是 B 样绝不是 A 样。根本原因在于 B 样酒中所含 A 样的那些成分没有达到足够的浓度。成分相同，浓度不一定相同，这就是强度的问题。

液态法白酒（配制酒）的香味、风味和整体质量水平远不如普通固态法白酒，原因何在？原因不在色谱骨架成分上，而在于配制酒缺乏某些微量成分或者说没有固态法白酒所拥有的微量成分。串蒸的多种生产工艺和方法，主要目的是从酒糟中获取微量成分。串蒸酒有糟香，配制酒没有或只有一点点糟香。糟香就是微量成分的综合反映。配制酒没有或仅有少量的微量成分，因此没有糟香。

串蒸配制酒的质量和风格水平明显高于液态法配制白酒，根本原因在于串蒸配制酒有着种类丰富的微量成分。由此可见，微量成分对酒质量等级水平十分重要。微量成分的综合含量值达到或高于某一界限值时，不仅可使酒的质量大幅度提高（有时是质的飞跃），而且可使酒的风格和典型性稳定下来。

由于酒是一个复杂体系，每一批酒的微量成分又存在多种不可知的差异，因此极微量成分的综合含量值是一个变量，量度是不可测定的。决定质量发生变化的极微量成分浓度的最低值（界限浓度）亦不可测定，因为酒体不同，界限浓度不同。一般来讲，极微量成分的浓度也有一些规律可循，对于同一个酒厂，调味酒＞名酒＞成品酒＞组合酒＞低档酒。

6.10.2 极微量成分在酒中的地位和作用

极微量成分是酒类产品的主要组成部分之一。不能认为骨架成分比极微量成分更重要，也不能说极微量成分比骨架成分更重要，应该说骨架成分和极微量成分都重要。在勾兑调味时，在一些情况下，骨架成分的合理性影响极微量成分的表现行为；在另外一些情况下，极微量成分的综合行为影响骨架成分的协调关系。单独强调某一类成分的重要性都是片面和不正确的。

6.10.2.1 极微量成分是影响酒质量的重要因素

在骨架成分大体相同的情况下，串蒸酒的质量优于配制酒、固液结合的酒，如浓香型曲酒糟串蒸后加曲酒（调整好骨架成分）等，质量明显优于单一的串蒸酒（亦调整好骨架成分），而曲酒优于前两种酒。名优酒的质量明显地高于一般酒（前者微量成分的复杂程度大，浓度高，典型性强），起作用的是微量成分。各个酒厂在生产中，会遇到这样的问题：骨架成分的组成属正常范围，理化检验的各项指标亦无异常，但却是劣质酒，甚至无法勾兑。这就是某些不正常性极微量成分含量造成的问题，或者说某些极微量成分是白酒中不应该有的。某些成分含量很小，极难检测，这样的微量成分却可使酒质变坏。微量成分可使酒质变好，也可使酒质变差甚至变坏。假设微量成分都属于正常成分（符合一般实际情况），骨架成分在恰当的比例范围内，微量成分便决定了酒的质量等级，从这个意义上讲，把微量成分看作是白酒质量的等级要素，一点也不过分。

6.10.2.2 极微量成分对酒的风格产生直接影响

总结起来，大致有以下几点：对同一香型、同一个厂家的酒，骨架成分组成相近似，风格相同，酒的度数相同。对香型相同的不同厂家，酒度相同，可能出现骨架成分组成相近的酒，但风格各不相同，如泸州老窖特曲与全兴大曲等。这些不同的风格（典型性），只能归结于极微量成分的组成差异及某些微量成分的浓度和微量成分的典型性不同。如果从强调微量成分的作用以引起人们更多的注意这一角度出发，可以讲，极微量成分的风格和典型性决定着酒的风格（酒格）和典型性。

6.10.2.3 微量成分对风格水平的稳定程度有重要作用

所谓酒风格水平的稳定程度，系指各个批次的酒在感官指标（品评）上的个性和一致性差异程度。其差异越小，风格水平的稳定性就越高，即只有风格水平稳定程度高的产品，才会使消费者通过感官品评真伪时，误差大为减少。极微量成分中的物质品种数（复杂程度大小）和组成情况，极微量成分总量的多少（浓度），影响典型性的某些微量成分的集约情况，以及各个物质之间的相互关系等，这些都将影响产品风格水平的稳定性、一致性和连续性。

综上所述，白酒中的极微量成分，虽然在酒中所占比例甚少，但其在白酒中的地位和作用是不可忽视的。

6.11 白酒微量成分的物理性质与含量

白酒中的成分主要有醇、醛、酸、酯等几大类，从含量多少可分为色谱骨架成分和微量复杂成分，从起的作用上可分为风味成分和协调成分。近几年来，我国酿酒业界的科技工作者利用气相色谱法对占白酒总质量 $1\%\sim2\%$ 的微量成分进行了认真、广泛而深入的研究，做了大量较为深入的分离、鉴别（定性或定量）工作，并以这些数据为基础，找出了影响白酒质量的一些基本原因，依托色谱数据进行色谱骨架成分组合（包括微机组合）也取得了进步。由于各种成分的沸点不同、在不同溶剂中的溶解度不同，所以在酒中的不同馏分的含量差别很大。不同馏分白酒主要风味成分的分析结果见表 6-41～表 6-45。

表 6-41　不同馏分酸的分析结果　　　　　单位：mg/100mL

名称	沸点/℃	溶于醇、水情况	馏分 1	馏分 2	馏分 3	馏分 4	馏分 5	馏分 6	馏分 7	馏分 8	馏分 9	馏分 10
酒精	78	—	74.3	77.1	75.1	74.0	70.0	65.0	57.9	48.9	30.8	15.5
甲酸	100.5	溶于醇、水	2.61	1.18	3.15	0.43	0.33	1.17	0.71	1.18	1.32	1.92
乙酸	118.1	溶于醇、水	71.2	55.5	71.4	55.7	65.9	82.8	99.4	124.7	137.3	179.2
丙酸	141.0	溶于醇、水	1.22	0.80	0.79	0.86	1.09	1.26	1.96	0.94	2.89	3.67
丁酸	163.0	溶于醇、水	3.36	2.16	2.58	2.36	3.23	4.32	2.78	8.73	9.61	12.1
戊酸	187.0	溶于醇	1.01	0.90	0.57	1.00	0.80	1.06	1.07	1.99	1.17	2.51
己酸	205.0	溶于醇	1.63	0.95	0.67	0.81	1.09	1.79	2.96	4.08	5.19	6.07
庚酸	223.0	溶于醇	—	—	—	—	—	0.16	0.12	0.28	—	
乳酸	122.0	溶于醇、水	9.82	6.19	9.24	9.38	15.9	24.4	44.0	190	138	188

表 6-42　不同馏分酯的分析结果　　　　　单位：mg/100mL

名称	沸点/℃	溶于醇、水情况	馏分 1	馏分 2	馏分 3	馏分 4	馏分 5	馏分 6	馏分 7	馏分 8	馏分 9	馏分 10
酒精	78	—	74.3	77.1	75.1	74	70	65	57.9	48.9	30.8	15.5
乙酸乙酯	77	溶于醇、水	472	192	208	175	129	149	64	45	10.5	<10
丁酸乙酯	121	溶于醇	60.5	43.9	27.4	19	14.6	10.4	8.7	7.4	3.8	2.2
己酸乙酯	167	溶于醇	33.4	44.7	32.5	34.1	18.6	19.3	6.4	13.3	6.8	<1
乳酸乙酯	154	溶于醇、水	9.3	22.8	26.6	30.5	44.6	84.8	122	163	188	206

表 6-43　不同馏分醇的分析结果　　　　　单位：mg/100mL

名称	沸点/℃	溶于醇、水情况	馏分 1	馏分 2	馏分 3	馏分 4	馏分 5	馏分 6	馏分 7	馏分 8	馏分 9	馏分 10
酒精	78	—	74.3	77.1	75.1	74.0	70.0	65.0	57.9	48.9	30.8	15.5
甲醇	64	溶于醇、水	21.0	23.0	26.7	26.2	35.0	35.0	35.7	32.5	21.5	14.5
正丙醇	97	溶于醇、水	34.6	55.1	45.9	40.5	36.8	45.2	27.1	24.0	17.7	9.0
仲丁醇	99	溶于醇	13.1	19.2	14.0	11.1	9.1	13.7	7.5	7.5	6.7	3.9
异丁醇	108	溶于醇、水	24.2	42.0	30.4	24.4	21.1	15.5	13.8	13.2	8.7	1.3
正丁醇	117	溶于醇、水	10.4	14.9	12.3	11.9	10.9	9.0	8.8	7.8	5.1	3.6
异戊醇	132	微溶解	46.6	46.2	56.0	49.6	43.7	39.2	32.9	28.1	17.4	9.4

表 6-44　不同馏分醛的分析结果　　　　　单位：mg/100mL

名称	沸点/℃	溶于醇、水情况	馏分 1	馏分 2	馏分 3	馏分 4	馏分 5	馏分 6	馏分 7	馏分 8	馏分 9	馏分 10
酒精	78	—	74.3	77.1	75.1	74.0	70.0	65.0	57.9	48.9	30.8	15.5
乙醛	21	溶于醇、水	42.5	29.5	18.0	13.0	10.5	9.5	9.8	9.5	7.7	6.5
乙缩醛	102	溶于醇	117	87.6	71.9	50.4	40.9	34.8	20.5	18.4	9.9	<5
糠醛	160	易溶解	<1	<1	<1	<1	4.5	19.4	21.9	28.7	33.2	40.4

表 6-45 不同馏分高沸点酯的分析结果　　　　单位：mg/100mL

名称	沸点/℃	溶于醇、水情况	馏分 1	馏分 2	馏分 3	馏分 4	馏分 5	馏分 6	馏分 7	馏分 8	馏分 9	馏分 10
酒精	78	—	74.3	77.1	75.1	74.0	70.0	65.0	57.9	48.9	30.8	15.5
辛酸乙酯	206	溶于醇	1.01	0.90	0.64	0.78	0.80	1.01	0.94	0.81	0.15	0.075
癸酸乙酯	244	溶于醇	0.19	0.14	0.10	0.12	0.09	0.09	0.08	0.06	0.35	0.45
月桂酸乙酯	269	溶于醇	0.16	0.10	0.08	0.12	0.15	0.31	0.15	0.32	0.23	0.18
肉豆蔻酸乙酯	295	溶于醇	0.27	0.04	0.03	0.06	0.07	0.17	0.38	0.50	0.67	1.08
棕榈酸乙酯	185.5	溶于醇	8.01	2.26	1.52	2.33	2.2	2.74	4.14	2.16	0.19	3.77
油酸乙酯	205～208	溶于醇	4.23	0.87	0.63	0.93	0.90	1.16	2.19	0.89	0.08	1.32
亚油酸乙酯		溶于醇	7.30	1.70	1.13	1.68	1.65	2.15	3.59	1.94	0.14	1.81

白酒生产工艺及其风格的形成

7.1 主要香型白酒风格特点

7.1.1 浓香型白酒

在长江流域川派名酒中,单粮酒以四川泸州老窖酒为典型代表,多粮酒以五粮液为典型代表。在苏鲁豫皖黄淮流派中,洋河、双沟、古井、宋河均为国家名酒,具有一定的代表性。浓香型白酒采用的酿造工艺是混蒸混烧、续渣配料、老窖发酵、缓火蒸馏、贮存、勾兑等,其主体香味成分是己酸乙酯。酒质的特点为无色或微黄透明,窖香浓郁,绵甜爽净,香味协调,余味悠长。

7.1.2 清香型白酒

清香型白酒以山西省汾阳市杏花村的汾酒为典型代表。这种香型的白酒采用清蒸清烧、固态地缸发酵、清蒸流酒等酿造工艺,强调"清蒸排杂、清洁卫生",即都在一个"清"字上下功夫,"一清到底"。其主体香味成分是乙酸乙酯。酒质特点为清亮透明、清香纯正、醇甜柔和、自然协调、余味爽净,不应有浓香或酱香及其他异香和邪杂气味。

7.1.3 酱香型白酒

酱香型白酒以贵州省仁怀市的茅台酒、郎酒为典型代表。酱香型白酒采用高温堆积、一年一周期、二次投料、八次发酵、以酒养糟、七次高温取酒、长期陈贮的酿造工艺酿制而成。其主体香味成分至今尚无定论,初步认为是一组高沸点的物质。酒质特点为微黄透明、酱香突出、幽雅细腻、酒体醇厚、回味悠长、空杯留香持久。

7.1.4 米香型白酒

米香型白酒以广西桂林三花酒为典型代表。米香型白酒主要工艺是前期为固态培菌糖化,后期为液态发酵,经蒸馏釜进行蒸馏。其主体香味成分是β-苯乙醇。酒质特点为无色透明、蜜香清雅、入口柔绵、落口爽冽、回味怡畅。

7.1.5 兼香型白酒

兼香型白酒又称复香型白酒、混合型白酒,是指具有两种或两种以上主体香的白酒,具有一酒多香的风格，一般均有自己独特的生产工艺。

湖北白云边为浓酱兼香的典型代表，白云边酒以优质高粱为原料，小麦高温大曲为糖化发酵剂，采用高温闷料，高比例用曲，高温堆积，三次投料，九轮发酵（每轮发酵一个月），香泥封窖等酿造工艺。白云边酒质特点为微黄透明、芳香、幽雅舒适、细腻丰满、酱浓协调、余味悠长。

7.1.6 凤香型白酒

凤香型白酒以陕西省宝鸡市凤翔区的西凤酒为典型代表。这种香型的白酒，以高粱为原料，以大麦和豌豆制成的中、高温大曲为糖化发酵剂，采用续渣配料，泥窖发酵（一年换一次新泥），酒海容器贮存等酿造工艺酿制而成。其主体香味成分是乙酸乙酯、己酸乙酯和异戊醇。酒质特点为无色透明、醇香秀雅、诸味协调、尾净味长。

7.1.7 董香型白酒

董香型白酒以贵州遵义的董酒为典型代表。这种香型的白酒以高粱为原料，以小麦制成的大曲及大米制成的小曲作为糖化发酵剂（而且曲中加入多种中药材），采用小曲由小窖制成酒醅，大曲由大窖制成香醅，双醅串蒸的酿造工艺酿制而成。酒质特点为无色、透明，既有大曲酒的浓郁芳香，又有小曲酒的柔绵、醇和、回甜的特点，还有愉快的药香，香味协调，尾净味长。

7.1.8 豉香型白酒

豉香型白酒以广东佛山的豉香玉冰烧为典型代表。玉冰烧白酒以大米为原料，以酿制成的小曲酒为组合酒，放入陈年肥肉缸浸渍而成。酒质玉洁冰清，豉香独特，醇和甘滑，余味爽净，酒度 30°，低而不淡。

7.1.9 芝麻香型白酒

芝麻香型白酒以山东省安丘市景芝镇的一品景芝为典型代表。景芝白酒以高粱为原料，加入适量麸皮混蒸混烧，高温曲、中温曲、强化菌曲混合使用，高温堆积，以砖池为容器，偏高温发酵，高温流酒。酒质特点为微黄透明、芝麻香突出、幽雅醇厚、甘爽协调、尾净、具有芝麻香特有风格。

7.1.10 特香型白酒

特香型白酒以江西省樟树镇的四特酒为典型代表。四特酒以整粒大米为原料，不经粉碎、浸泡，直接与酒醅混蒸。大曲原料为面粉、麸皮加酒糟。发酵窖池为红褚条石砌成，用水泥勾缝，仅窖底及封窖用泥。采用混蒸续渣发酵工艺。酒质特点为酒色清亮、酒香芬芳、酒味醇正、酒体柔和、香味悠长。

7.1.11 老白干香型白酒

老白干香型白酒以河北衡水老白干为典型代表。衡水老白干酒以高粱为原料，以小麦中温大曲为糖化发酵剂，采用续渣老五甑工艺，地缸发酵，发酵期短，储存期短。酒质特点为无色透明、醇香清雅、醇和柔顺、甘润爽净、诸味协调、回味悠长。

7.1.12 馥郁香型白酒

馥郁香型白酒以酒鬼酒为典型代表。馥郁香型白酒以粮谷为原料，以小曲和大曲为糖化发酵剂，采用多粮颗粒，原料清蒸；双曲共用，小曲糖化，大曲发酵；泥窖发酵；分层出窖，清蒸清烧；洞穴贮存，精心勾兑。酒质特点是色清透明、诸香馥郁、入口绵甜、醇厚丰满、香味协调、回味悠长，具有馥郁香型的典型风格和"前浓、中清、后酱"的独特口味特征。

7.2 酿造工艺与酒质的关系

中国白酒是世界六大蒸馏酒之一，中国蒸馏酒沿用千百年来的传统工艺、操作、设备，在世界酒林中独树一帜，充分显示了中国酿酒技艺的源远流长，是中华民族珍贵的遗产。悠久的酿造技艺和特色，造就了中国白酒的不同香型和风格，其独特的酿造工艺、自然制曲、多菌种混合发酵、固态发酵、甑桶蒸馏等对白酒的品质和风格有着重要的影响。白酒有香味，就有了香味的分类，那么就出现了香型。白酒酿造所采用的原料不同，有的是高粱，有的是大米；所选用的糖化发酵剂不同，有的是大麦和豌豆制成的中温大曲，有的是小麦制成的中温大曲或高温大曲，有的是大米制成的小曲，有的是麸皮和各种不同微生物制成的麸曲等；所使用的发酵容器设备不同，有的是陶缸、水泥池、砖池、不锈钢发酵容器，有的是泥池老窖等；所采取的酿造工艺不同，有的是清蒸清烧、续渣混蒸、回沙发酵，有的是固态和液态发酵等；所处酿造环境的气候条件不同，有的湿度高，有的湿度低，有的气温高，有的气温低等。因此，各个厂家所酿制的酒品，其香味特点也就各不一样。

7.2.1 白酒酿造工艺的特点

（1）自然制曲、开放式多菌种混合发酵　自然制曲、开放式多菌种混合发酵造就了中国白酒风味物质的多样性和复杂性。中国蒸馏酒传统使用的糖化发酵剂是大曲和小曲，均采用自然接种，使用的原料是小麦、大麦、豌豆、大米（米饭）、黄豆等，有的还添加草药。尽管使用的原料不尽相同，但都是网罗空气、工具、场地、水中的微生物，使其在不同的培养基上富集，经过盛衰交替，优胜劣汰，最终保留着特有的微生物群体，包括霉菌、细菌和酵母菌等，对淀粉质原料的糖化发酵和香味成分的形成，起着十分关键的作用。制作工艺，特别是培菌温度的差异，对曲中微生物的种类、数量及比例关系起着决定性的作用，从而造成各种香型白酒微量成分的不同和风格的差异，使中国蒸馏酒具有丰富多彩的独具特色的风味。

大曲培菌中，又分高温曲、偏高中温曲、中温曲、低温曲等，它们造就了白酒三大基本香型及以其为基础演变的多种香型。

中国蒸馏酒主要采用传统的固态发酵法生产，主要是手工操作，生产的主要环节除从原料蒸煮起到灭菌作用外，其他过程都是开放式的操作，种类和数量繁多的微生物，通过空气、水、工具、场地等渠道，进入酒醅，与曲中的微生物一同参与发酵，产生出丰富的芳香成分。

（2）独特的发酵设备及固态甑桶蒸馏　中国蒸馏酒的发酵设备与其他蒸馏酒比较，差异甚大，十分独特。发酵设备对白酒香型的形成起着重要作用。酱香型白酒发酵窖池是条石砌壁、黄泥作底，有利于酱香和窖底香物质的形成；清香型白酒采用地缸发酵，可减少杂菌污染，有利于"一清到底"；浓香型白酒是泥窖发酵，有利于己酸菌等窖泥功能菌的栖息和繁衍，对"窖香"的形成十分关键。这种独特的发酵设备为中国白酒三大基本香型风格的形成提供了基础条件。

中国白酒采用独创的甑桶蒸馏设备。白酒蒸馏甑桶呈花盆状，虽然它的形状结构极其简单，但其机理至今尚未研究清楚。有人认为，甑桶是一个无数层的填料塔（可能是从酒精蒸馏的角度考虑）。在蒸馏过程中，甑桶内的糟醅发生着一系列极其复杂的理化反应，酒、汽进行激烈的热交换，起着蒸发、浓缩、分离的作用。固态发酵酒醅中成分相当复杂，除含水和酒精外，酸、酯、醇、醛、酮等芳香成分众多，沸点相差悬殊。通过独特的甑桶蒸馏，可使酒精成分得到浓缩，并馏出微量芳香组分，使中国蒸馏酒具有独特的香和味。

7.2.2　酿造工艺对酒质的影响

中国蒸馏酒以茅台、泸州老窖、汾酒等为代表，都是珍贵的民族遗产，千百年来，世代相传，积累了丰富的经验，因地制宜地采用了不同的酿造工艺，创造了多种香型的白酒。酱香型白酒以高粱为原料，采用高温制曲、高温堆积、高温发酵、高温馏酒、发酵周期长、贮存期长的"四高二长"工艺；清香型白酒采用清蒸二次清、高温润糁、低温发酵的"一清到底"工艺；浓香型白酒则是以单粮或多粮为原料，采用混蒸混烧、百年老窖、万年糟、发酵期长的工艺。这些独特的工艺酿造出了丰富多彩的中国蒸馏酒。

（1）科学配料确保合理的工艺参数　合理的入池水分、淀粉浓度、酸度、温度是白酒发酵的主要工艺参数。中国蒸馏酒生产大多采用配糟来调节酒醅的淀粉浓度、酸度，科学的配料可确保发酵正常进行，续渣发酵有利于芳香物质的积累和形成。固态法酿酒采用低温蒸煮、低温糖化发酵，而且糖化与发酵同时进行（即双边发酵），有利于多种微生物共同发酵和酶的共同作用，可使微量成分更加丰富多彩。

合理配料是制酒工艺的基础。配料是否妥当，具体表现为入窖淀粉浓度，即填料、原料、酒醅和水四者之间的关系。上述四者受原料品种（含淀粉量及发酵阻碍物质）、酒醅质量（残余淀粉及酸度大小）、季节（气温高低）、工艺条件（续渣五、六甑）的支配。同时，它还影响着入窖温度及发酵期。所以抓住淀粉浓度这一主要矛盾，适当加大回醅量，是合理配料的中心环节。

窖池前火猛，主发酵提前，发酵过早停顿，升酸大，不但本排少产酒，下排产酒更少。造成原因有：用曲多、温度高、水分大等。其中，回醅小，入窖淀粉浓度大是主要因素。中型发酵试验证明，酒精含量随着淀粉浓度增加而提高，但折成原料计，酒精生成量则随淀粉浓度增加而大幅度下降。根据实践，粮食淀粉含量 65％以上、粮醅比在 1：5，淀粉 60％以上、粮醅比在 1：4.5，淀粉 50％以上、粮醅比在 1：4，是保持白酒优质高产最适宜的条件。

加大回醅量，可以控制窖内升酸、合理利用淀粉，达到扔糟淀粉低，使酒的香味浓郁。淀粉浓度高，超过曲子、酵母的作用能力，势必使窖内酸度升高，残余淀粉多，造成多投料也不能产好酒。适宜的酸度可以增加酶活性和减少纯化，并能有效地抑制杂菌。为了达到入窖淀粉浓度和酸度的适宜要求，以加大回醅量，调节配料比例是固态发酵优质高产的主要手段。

调整淀粉浓度，一是回醅，二是用辅料，前者是主要的，后者要恰如其分，应保证酒醅质量才能体现大回醅的好处。但必须适当，否则可造成入窖酸度高，材料发不起，危害较大。大回醅的界限一是调整容积；二是对一定的入池温度应达到适当的淀粉浓度；三是要达到适宜的入池酸度。回醅要注意与辅料间保持恰当的比例，因辅料加入可起到填充和冲淡淀粉浓度的作用，而底醅加入还加大了酒醅酸度。所以，回醅必须视酸度所能容纳的限度而定。

再者减糠发酵，增加回醅，大曲酒用辅料控制在 15％为宜。当然，辅料多，便于操作，但排杂不彻底也易影响质量。

（2）低温发酵是保持白酒优质高产的有效措施　低温入窖不易破坏淀粉酶，营养物质被杂菌利用的机会大大减少，并可控制窖内升酸，使酵母菌耐酒精能力强。低温发酵不仅可保证本排正常发酵，而且可使下排入窖酒醅酸度不高，为白酒正常发酵提供良好条件。

白酒中的苦味成分，如高级醇（异丁醇、正丙醇等）、少量的单宁、较多的酚类化合物及糠醛等的生成会因所用的原料品种、酵母菌种不同而有所差异，当这两个条件相同时，苦味成分的多少主要与发酵速度、入窖温度有关。发酵快，可加速蛋白质分解，促进高级醇生成，但不利于酒中甜味物质生成，遮掩不了苦味。

在一定限度内，发酵速度与温度成正比。由于在酿造过程中，淀粉变糖，糖变酒，必须产生热量，从而使窖内温度升高。入窖温度过高，可提高酶活力，但很快趋于衰弱；入窖温度低，糖化发酵作用缓慢，发酵时间延长，仍然可以达到正常发酵。生产实践证明，辅料、水分、温度三者在酿酒工艺中是正比例关系，即辅料多、水分大、温度高；反之，辅料少、水分小、温度低。辅料、水分、温度与产品质量则成反比关系，即辅料多、水分大、温度高，酒的质量差；反之，产品质量好，出酒率也高。当然，水分过小，达不到发酵要求，酒的风味也差；辅料过少，达不到疏松程度，易造成蒸馏效率低，糖化发酵不良。

白酒固态发酵，决定优质高产的因素较多，不考虑其他因素，单纯追求低温是不妥的，尤其是上排入窖温度高、升酸大，下排突然降低温度，使窖温升不上来，势必造成产量低、质量差。如果原来入窖温度较高，酸度较大，应逐步降低入窖温度。三排以后，达到低温入窖的做法较为稳妥。也可撒些回醅量、补充辅料、降低温度，使入窖淀粉浓度合理。采取当排降温法，虽然快，但易掉排。

名优质白酒，垫好底糟，防止大渣受凉，可起到接浆保渣作用。优质酒要求具有一定量的香味成分，需要较长的发酵周期。但过长，香味成分虽有增高，但酒精的损失大，杂味成分也多。因此，名优质白酒保证合理的发酵期是提升质量档次的重要新技术途径之一。

（3）蒸馏是确保原酒质量的最后环节　装甑蒸馏，是制酒的最后一道工序。将发酵生成物最大限度地通过蒸馏提取出来，关键在于装甑技术是否熟练。装甑操作要做到轻、松、薄、匀、散、见潮、见气装。坚持缓火蒸馏，是名优质白酒达到增香去杂的有效措施。蒸馏过程中，蒸气压力低，上汽均匀，流速缓慢，可使酒醅内香气成分充分地被水蒸气拖带于酒中，使酒中的香味成分含量高；同时，可防止因大水大汽而产生的大量硫化氢及高沸点物质番薯酮等被蒸入酒内。另外，应适当提高流酒温度，尽量排出含硫化合物以及乙醛、丙烯醛、硫醇等杂辣物质，为缩短贮存期创造条件。

白酒蒸馏在正常情况下，酒精分不论在酒头或中馏酒中基本是稳定的，或微有下降趋势，接近尾酒则急剧下降。酸在酒头及中馏酒里，在基本稳定的情况下微有上升，后期增长较大。醛、酯及高沸点杂醇油都集聚于酒头，随蒸馏的继续而下降，然后稍稳定，酯在酒尾回升。由于酯、高级醇集聚于酒头，因此，蒸馏时每甑接取 1～2kg 酒头，并单独存放一年左右，这是勾兑酒的香料酒，同时也说明，掐头去尾在名优质白酒生产中是值得考虑和研究的。

许多高沸点物质，特别是香味物质，聚于酒尾，同时也有不少杂味物质，如多缩戊糖生成的糠醛，由酪氨酸而来的酪醇，由单宁或木质素分解而来的某些酚类化合物及有苦味的杂醇油等。但是，必要的香味物质在白酒里常常是过剩的。因此，名优质白酒要求浓郁，贮存期较长，酒度适当低一些，若摘酒度过高，将使许多高沸点香味物质未被蒸出而残留于酒醅、糟内，致使酒的香味不浓。

名优质白酒含有大量甜的多元醇，聚于酒尾，可接一些甜味浓而酒度低的酒，经贮存后作勾兑酒用，这对降低酒中苦味有明显效果。

7.3 原辅料对酒质的影响

7.3.1 原辅料

原辅料是生产优质白酒的先决条件，原料是酿造白酒的物质基础，不同原料拥有不同的成分含量、分子结构和存在形式。因此，使用不同生产原料，其发酵产物必然不同。浓香白酒浓郁流派型使用原料大多为高粱、糯米、玉米、大米、小麦等，而淡雅型白酒则主要以单粮（高粱）酿造为主。利用不同的酿酒原料进行生产，就会产生不同的质量风格，酿酒行业上的术语是"高粱香、玉米甜、大米净、小麦糙、糯米绵"。实践证明，多粮酿酒可吸取多种粮食的特点，利用粮食间营养交叉互补作用的优势，采取恰当的配比发酵，产生的微量成分多，口感上比单粮型大曲酒更甜、更丰满；或者说，多粮复合香不过是对淡雅流派白酒风格的一种补充和完善。

"水为酒之血，名酒必有佳泉"。酿酒生产用水的水质，也会导致产品风格的差异。不同水质含有不同的离子，而这些离子对微生物的生长和繁殖，以及贮存过程中的酒体变化都有重要的影响。不同种类的金属离子，与酒中的高级脂肪酸酯会形成不同配体数的胶体，从而影响酒体风格特点；加浆用水的水质也会直接影响白酒的口味。

制曲原料是制曲的微生物培养基，它的成分影响着微生物群体，大曲原料主要为小麦、大麦、豌豆，这些大曲原料中都含有丰富的淀粉、蛋白质和灰分，可以提供制曲所需碳源、氮源及无机盐，尤其是其妨碍发酵的脂肪含量很低，是制曲的理想原料。

7.3.2 酒曲

酒曲是生产优质白酒的基础，酒曲是白酒生产中的糖化剂、发酵剂和生香剂，是酿酒的动力。酒曲的主要作用是：可以为酿酒提供各种微生物，提供糖化酶、淀粉酶、酯化酶等生物酶，提供香味物质，提供香味物质的前体物质，还可起到投粮作用和为微生物提供营养。因此，制大曲选择原料时，应配以合适的碳氮比和一定的淀粉、蛋白质含量，要做到相对稳定。制曲配料中蛋白质含量过高，必然产生酪醇多，造成酒苦。应注意选择产生天门冬氨酸和谷氨酸的含蛋白质的原料，它是组成白酒香味的主要来源。大麦、豌豆是香兰酸和香兰素的来源。

高温曲糖化力低，耗曲高，发酵持续性强，是增加酱香的有力措施。低温曲糖化力虽高，但发酵力弱，酒味淡薄。一般高温曲曲块温度在 65℃ 以上。加水为制曲关键环节之一，水分过大可使曲块压得紧，曲坯变形，易生毛霉、黑曲霉；水分过小，曲坯表面干燥，皮厚不挂衣。踩制曲块要求松紧适度，平整结实。过硬，曲心长不透，有异味；过松，不易保温保水。制大曲过去讲伏曲好，四季制曲对质量是有影响的，不能单纯认为长毛就是曲。踩曲主要是网罗空气中的野生微生物，一年四季空气中的微生物因温度、湿度不同而不同，如春秋季酵母比例大，夏季霉菌多，冬季细菌多，互相交替变化。踩曲最佳时间在春末夏初谷雨前后，此时最适于酿酒微生物曲霉、酵母的生长繁殖。为了保证四季曲质量，应人为地创造较稳定的空气、温度、湿度等条件。老曲房、土坯墙，相对讲比新曲房栖息的微生物种类、数量要多一些，并且纯净一些。曲子开始生长主要是霉菌分解部分糖，外皮主要是霉菌，而且多为犁头霉，有少量的黄曲霉和根霉。因此，曲坯入房，前火不可过大，防止干皮。相继生长的是酵母，曲表层有假丝酵母，曲中层多为酵母菌，曲中心部位是枯草杆菌、乳酸菌，嫌气性细菌多，球菌多，杆菌少，但有红曲霉。

为了培制伏曲，可选取适量好曲作为曲种。成曲后贮放半年以上使用，可使产酸细菌大部分死去或丧失繁殖能力。当然酶活力及酵母数量也会降低，用来酿酒发酵缓慢，可使酒味醇甜。成曲要注意通风堆积，使用时要搭配。保管不善，造成二次染菌的多为青霉，用来酿酒则味苦。

第8章

白酒品评方法及要点

白酒品评是鉴别白酒质量的一门技术。生产厂家结合品评结果进行勾兑，可使香味物质保持平衡，并可保持自家风格，且因其快速准确有效，已被所有厂家采用。即使在目前科学技术发达的时代，也难以用仪器来代替品评。然而，品评既是一门技术，又是一门艺术，所以要求评酒员在文化上、经验上都需要具备一定的水平。评酒员应严格按 GB/T 33404—2016《白酒感官品评导则》进行品评。

8.1 感官品评基本要求

感官评定是指评酒者通过眼、鼻、口等感觉器官，对白酒样品的色泽、香气、口味及风格特征进行的分析评价。感官评定对环境条件、评酒人员、品酒设施都有一定的要求。

8.1.1 环境条件

① 位置和分区。品评地点应远离震动、噪声、异常气味，保证环境安静舒适。应具备用于制备样品的准备室和感官品评工作的品评室。两室应有效隔离，避免空气流通造成气味污染；品评人员在进入或离开品评室时不应穿过准备室。

② 温度和湿度。品评室以温度为 16~26℃，湿度为 40%~70% 为宜。

③ 气味和噪声。品评室建筑材料和内部设施应不吸附和不散发气味；室内空气流动清新，不应有任何气味。品评期间噪声宜控制在 40dB 以下。

④ 颜色和照明。品评室墙壁的颜色和内部设施的颜色宜使用乳白色或中性浅灰色，地板和椅子可适当使用暗色。

照明可采用自然光线和人工照明相结合的方式，若利用室外日光要求无直射的散射光，光线应充足、柔和、适宜。若自然光线不能满足要求，应提供光线均匀、无影、可调控的照明设备，灯光的色温宜采用 6500K。

8.1.2 设备设施

① 评酒桌（台）。评酒室内应设有专用评酒桌，宜一人一桌，布局合理，使用方便。桌面颜色宜为中性浅灰色或乳白色，高度 720~760mm，长度 900~1000mm，宽度 600~800mm。桌与桌之间留有 1000mm 左右的距离间隔或增设高度 300mm 以上的挡板，保证品评人员舒适且不受相互影响。评酒桌的配套座椅高低合适，桌旁应放置痰盂或设置水池，以备吐漱口水用。

② 品酒杯。准备人员按样品数量等准备器具，宜使用统一的设备器具。

8.1.3　人员基本要求

白酒感官品评人员应符合下列要求：
① 身体健康，视觉、嗅觉、味觉正常，具有较高的感官灵敏度。
② 通过专业训练与考核，掌握正确的品评规程及品评方法。
③ 熟悉白酒的感官品评用语，具备准确、科学的表达能力。
④ 了解白酒的生产工艺和质量要求，熟悉相关香型白酒的风味特征。
⑤ 不易受个人情绪及外界因素影响，判断评价客观公正。
⑥ 品评人员处于感冒、疲劳等影响品评准确性的状态时不宜进行品酒；品评前不宜食量过饱，不宜吃刺激性强和影响品评结果的食物等；不能使用带有气味的化妆品、香水、香粉等；评酒过程中不能抽烟；保持良好的身心健康。

8.1.4　准备工作

① 酒样温度　为避免酒样温度对品评的影响，各轮次的酒样温度应保持一致，以 20～25℃为宜；可将酒样水浴或提前放置于品评环境中平衡温度。
② 酒样准备　若酒样需要量较大，为保证酒体的一致性，可首先将不同小容器中的酒样在洁净、干燥的较大容器中混合均匀，然后进行分装呈送。
③ 编组与编码　根据品评酒样的类型不同，可按照酒样的酒精度、香型、糖化发酵剂、质量等级等因素编组，也可采用随机编组。每组酒样按轮次呈酒，每轮次品评酒样数量不宜超过 6 杯。
酒样编码可按照轮次或顺序习惯，如"第二轮第 3 杯"；也可采用三位或四位随机数字编码，如"246"或"6839"。
④ 倒酒与呈送　各酒杯中倒酒量应保持一致，每杯 15～20mL。若准备时间距评酒开始时间过长，可使用锡箔纸或平皿覆盖杯口以减少风味物质损失。

8.1.5　酒样品评

① 外观　将酒杯拿起，以白色评酒桌或白纸为背景，采用正视、俯视及仰视方式，观察酒样有无色泽及色泽深浅。然后轻轻摇动，观察酒液澄清度、有无悬浮物和沉淀物。
② 香气　一般嗅闻，首先将酒杯举起，置酒杯于鼻下 10～20mm 处微斜 30°，头略低，采用匀速舒缓的吸气方式嗅闻其静止香气，嗅闻时只能对酒吸气，不要呼气。再轻轻摇动酒杯，增大香气挥发聚集，然后嗅闻。
特殊情况下，将酒液倒空，放置一段时间后嗅闻空杯留香。
③ 口味口感　每次入口酒量应保持一致，一般保持在 0.5～2.0mL，可根据酒精度和个人习惯调整。
品尝时，使舌尖、舌边首先接触酒液，并通过舌的搅动，使酒液平铺于舌面和舌根部，以及充分接触口腔内壁，酒液在口腔内停留时间以 3～5s 为宜，仔细感受酒质并记下各阶段口味及口感特征。
最后可将酒液咽下或吐出，缓慢张口吸气，使酒气随呼吸从鼻腔呼出，判断酒的后味

（余味、回味）。

通常每杯酒品尝 2～3 次，品评完一杯，可清水漱口，稍微休息片刻，再品评另一杯。

④ 风格 综合香气、口味、口感等特征感受，结合各香型白酒风格特点，做出总结性评价，判断其是否具备典型风格或独特风格（个性）。

8.2 评酒的规则和注意事项

在评酒会上，组织者会制定严格的规则来规范评酒操作；在酿酒生产过程中，对半成品或成品酒的品评可参照评酒会评酒的规则，结合生产实际，制定出企业自己的评酒规则。现对全国有关白酒评选的一般评酒规则和注意事项做一简要介绍。

8.2.1 评酒规则

评酒规则一般包括以下一些内容：

① 正式评酒前先进行 2～3 次标样酒的试评，以协调统一评分和评语标准。

② 参加评比的样品，须由组织评选的单位指定检测部门按国家统一的检测方法进行严格的检测，并出具正式的检测报告。

③ 参加其他香型评选的产品，必须附有工艺操作要点、企业标准等资料，并经有关部门组织专业技术人员审查认可。

④ 参加评选的样品，由主管评选组织的相关机构或食品协会会同国家标准化管理委员会、市场监督管理局等部门组成抽样小组，在当地商业仓库抽样监封。抽取酒样时，要在相同产品中相当多的库存量内抽取（国家级评酒中，规定库存量不得少于 100 箱）。抽样数量根据需要确定。抽取的酒样应是评选前 3～12 个月期间内的商品。

⑤ 评选国家优质白酒，按香型和糖化剂（大曲、麸曲、小曲）种类分别品评，其中其他香型分为 6 种品评。地方评酒评选分组，可视当地产的酒品种而定。

⑥ 视酒样的数量多少进行分组，密码编号品评。

⑦ 采用淘汰法评选，分组初评，淘汰复评，择优终评。

⑧ 采用评语和评分（百分制）法评选。

⑨ 评酒场所、评酒杯的要求等如前所述。

8.2.2 评酒注意事项

① 评酒员要严格遵守作息制度，不迟到不请假，不中途退出评酒会议。评酒前，要得到充分的休息和睡眠，保持精力旺盛，感官灵敏。患感冒、头痛等，不宜参加评酒。

② 评酒员评酒前半小时不得吸烟。评酒期间，忌食辣椒、生葱、生蒜等辛辣食物。不将有异味的物品，以及有芳香味的食品、化妆品和用具等带入工作场所。评酒期间不能饮食过饱，不吃刺激性强的影响评酒效果的食物。

③ 评酒前，最好刷牙漱口，保持口腔清洁，以便对酒做出正确的鉴别。

④ 评酒时，要保持安静。暗评时要独立品评和思考，不相互议论和交流评分结果。

⑤ 评分和评语要书写确切，字体清楚。

⑥ 评酒期间，除正式评酒外，不得饮酒和交换酒样。

⑦ 评酒时，任何人不得向评酒员提供或暗示有关酒样的情况，评酒员不得接受任何人

关于酒样的暗示。

⑧ 集体评议时（明评），允许申诉、质询、答辩有关产品质量的问题。

8.2.3　酒样编排及温度要求

① 酒样编排　集体评酒的目的是对比、评定酒的品质。因此，一组中的几个酒样必须要有可比性，酒的类别和香型要相同。分类型应根据评委会所属地区产酒的品种而定，不必强求一致。白酒应根据香型、糖化剂种类或不同原料、不同工艺，分别进行品评。

酒样编排的品评先后顺序一般是从无色到有色，酒度由低到高，质量由低档到高档。分组时，每组酒样一般为 5 个。

② 酒样温度　温度对嗅觉影响很大，温度上升，香味物质挥发量大，气味增强，刺激性加强。一般说来，低于 10℃会引起舌头凉爽麻痹的感觉，高于 28℃则易于引起炎热迟钝的感觉。评酒时，酒样温度偏高还会增加酒的异味，偏低则会减弱酒的正常香味。白酒品评时各轮次酒温应保持一致，一般 20～25℃为宜。为了使供品评的一组酒样都能达到统一的最适宜的温度，常采用调温的方法，即在评酒前，先将一个较大的容器装好清洁的水，调到要求的温度，然后把酒瓶或酒缸放入水中，慢慢提高温度。如果降温，可以在调温水中加冰。评酒室的温度，冬天在可能的条件下，应保持 15～18℃为宜。同一组、同一轮次的酒样温度必须相同。

8.3　评酒的方法、顺序与效应及步骤

8.3.1　评酒的方法

在评酒会上，评酒的方法可根据评酒的目的、提供酒样的数量、评酒员人数的多少来确定。一般分为明评、暗评和差异品评三种方法。

（1）明评　明评又分为明酒明评和暗酒明评。明酒明评是公开酒名，评酒员之间明评明议，最后统一意见，打分、写出评语，并排出名次顺序，个别意见只能保留。这种评酒方法在企业内部确定产品质量、分等定级、勾兑定级中常常使用。在酒类评优过程中，如酒样和评酒员有很多时，为了使酒样之间的打分不至相差悬殊，以争取意见统一或者接近，亦可部分采用明评、明议的方法。暗酒明评是不公开酒名，酒样由专人倒入编号的酒杯中，由评酒员集体评议，最后统一意见，打分、写出评语，并排出名次顺序。

（2）暗评　暗评是酒样密码编号，从倒酒、送酒、评酒一直到统计分数、写综合评语、排出名次顺序的全过程，都分段保密，最后揭晓公布评酒结果。评酒员做出的评酒结论具有权威性，经法律公证后还具有法律效力，其他人无权更改。一般产品的评优、质量检验等多采用此方法。

（3）差异品评　评酒有不同的目的，如评选名优产品、评找最佳量比配方、对产品质量上存在问题的检查、找典型代表性以及练习等，其评酒的方法也不同。

① 一杯品尝法　先拿出一杯酒样 A，让评酒员充分记忆其特性，将 A 样取走，然后再拿出一杯酒样 B，要求评酒员评出 A、B 两酒样是否相同及其差异。本法最适于出厂酒样的检查，如一杯标准酒样品尝后，取走，另取一杯出厂酒样，品尝后判断样酒是否达到出厂要求。这种方法可用来训练评酒员的记忆力。

② 两杯品尝法　一次拿出两杯酒，一杯是标准酒，一杯是酒样，要求品评两者有无差

异，并说出异同大小等。有时两者也可为同一酒样。本法便于对比品评不同酒度的两个酒样，可按顺序选择它们的特性；同时，也可用于进行嗜好性试验，通过比较 A、B 两个样品来选出更受喜爱的那一个。此法可用来训练评酒员的品评准确性。

③ 三杯品尝法　一次拿出三杯酒样，其中有两杯是相同的酒，要求评酒员找出两个相同的酒，并分析这两杯酒与另一杯酒的差异。此法可用来训练评酒员的重现性。这个方法因品尝次数较多，容易使人疲劳，一次以三组酒样为宜。

④ 顺位品尝法　将酒样分别倒入已编号的酒杯中，让评酒员按酒度高低、质量优劣顺序排列，分出名次。勾兑调味时，常用此法做比较。多样顺位法要求将酒样 A、B、C……按特性强弱顺序排列，每次品评的样品数量以 4～6 个为宜，超过此数，容易疲劳，影响评酒的精确度，尤其是香型较浓的样品更是如此。多样对比法：在品评 A、B、C……样品时，将 A 与 B、A 与 C、B 与 C……分别和全部几个样品，相互两个组合一起对比，然后按特性强弱进行排列。一般酒度的品尝均采用这种方法。

⑤ 五杯分项打分法　一轮次为五杯酒样，要求评酒员按质量水平高低，先分项打分然后再打总分，最后以分数多少，将五杯酒样的顺位列出来。此法适用于大型多样品的品评活动，国内多以百分制为主。

⑥ 一杯至二杯品评法　先拿出一杯标准酒，例如 A，评完取走；然后再拿出两杯酒，其中一杯是标准酒（与 A 相同），另一杯是酒样，要求品评出两种酒有无差异，若有差异要判断其差异的大小。酒厂生产的新酒与原有的典型酒（标准酒）做对比，或出厂勾兑的酒样与原有标样对比都采用此法。

8.3.2　评酒顺序与效应

（1）评酒顺序　同一类型的酒样，应按下列因素安排评酒顺序：

酒度，先低后高；香气，先淡后浓；酒色，先浅后深；酒的新老，先新后老。

感官尝评在同一类别中，酒样的编组必须按上述顺序安排，因为同一组的酒样，必须在质量上相似或接近的情况下，才能进行对比，否则达不到品评的目的。不同类型的酒，最好不要用同一组人员在同一时间内进行尝评。

（2）评酒的效应　感官评酒由人的感官作为测定仪器，所以往往会因测试条件不同而造成品评误差。评酒的顺序，也可能出现生理和心理的效应，从而影响正确的结论。评酒的效应常有以下几种情况。

① 顺效应　人的嗅觉和味觉经过较长时间的不断刺激兴奋，就会逐渐降低灵敏度而迟钝，甚至麻木。显然，最后被评的酒样，就会受到影响，这称作顺效应。以排列顺序来讲，也能产生顺序效应。顺序效应有两种情况：如评 A、B、C 三样酒，先品评 A 酒，再品评 B 酒，后品评 C 酒，发生偏爱 A 酒的心理现象，这称为"正的顺序效应"；有时则相反，偏爱 C 酒，称为"负的顺序效应"。

② 后效应　品评两个以上的酒时，品评了前一个酒，往往会影响后一个酒品评的正确性，例如评了一个酸涩味很重的酒，再评一个酸涩较轻的酒，就会感到没有酸涩味或很轻；如用 0.5% 的硫酸或氯化锰的水溶液漱口后，再含清水，口中有甜味感。这些都称为后效应。为了避免发生这些现象，每次品评的酒样不宜安排过多，每品评一种样品后，应稍事休息，评完一组酒后，要有适当的间歇，用清温水漱口，或食用少量的中性面包，以消除感觉的疲劳。评酒时，应先按 1、2、3、4、5 顺序品评，再按 5、4、3、2、1 的顺序品评，如此

反复几次。

同时也要注意在品评实践中，了解自己有无各种效应的发生及其轻重程度，再体会感受，做出正确的结论。

8.3.3　品评的步骤

白酒品评要做到静、观、闻、品、悟，即要做到心静意定（环境静、心情静），眼观其色，鼻闻其香，口尝其味，悟其风格。白酒的品评主要包括：色泽（5 分）、香气（20 分）、口味（60 分）、风格（5 分）、酒体（5 分）和个性（5 分）六个方面。具体品评步骤如下：

① 眼观色　白酒色泽的评定是通过人的眼睛来确定的。评定时，先把酒样放在评酒桌的白纸上，用眼睛正视和俯视，观察酒样有无色泽和色泽深浅，同时做好记录。在观察透明度，有无悬浮物和沉淀物时，要把酒杯拿起来，然后轻轻摇动，使酒液游动后进行观察。根据观察，对照标准，打分并做出色泽的鉴评结论。一般常用术语为：无色透明，清澈透明，清亮透明，无悬浮物，无沉淀；微黄透明，稍黄、浅黄，灰白色，乳白色，微浑，浑浊，有悬浮物，有沉淀，有明显悬浮物等。酱香型白酒、兼香型白酒、芝麻香型白酒等在色泽上微有黄色。

② 鼻闻香　白酒的香气是通过鼻子判断确定的。当被评酒样上齐后，首先注意杯中的酒量多少，把酒杯中多余的酒样倒掉，使同一轮酒样的酒量基本相同之后，再嗅闻其香气。

嗅评开始，执酒杯于鼻下 1～3cm，头略低，清嗅其气味。这是第一印象，应充分重视，要注意酒的香气是否协调愉快；主体香气是否突出、典型；香气强不强、正不正；有无邪杂味以及溢香、喷香、留香等特征。在嗅闻过程中要注意：鼻子和酒杯的距离要一致，一般在 1～3cm；吸气量不要忽大忽小，吸气不要过猛；嗅闻时，只能对酒吸气，不要呼气。

在嗅闻时，按 1、2、3、4、5 顺次进行，辨别酒的香气和异香，做好记录。再按反顺次进行嗅闻。综合几次嗅闻的情况，排出质量顺位。在嗅闻时，对香气突出的排列在前，香气小的、气味不正的排列在后。初步排出顺序后，嗅闻的重点是对香气相近似的酒样进行再对比，最后确定质量的优劣。为确保嗅闻结果的准确，可采用把酒滴在手心或手背上，靠手的温度使酒挥发以闻其香气，或把酒倒掉，放置 10min 以后嗅闻空杯。空杯留香较持久，也是鉴别酱香型白酒的一种方法。

闻香的方法：初闻，酒杯离鼻子 2～5cm，手扇风闻；细闻，酒杯离鼻子 0.5～1cm，鼻子探于杯口；对比闻，两杯交替嗅闻，特别是重复性酒样的鉴评（两杯相同）；特殊香气嗅闻法、手心握拳法等。

③ 口尝味　白酒的味是通过味觉确定的。尝评要按闻香的顺序进行，先从香气较淡的样酒开始，逐个进行尝评。把异味大的异香和暴香的酒样放到最后尝评，以防止味觉刺激过大而影响品评结果。

尝评时，将酒液饮入口中，每次饮入的量要尽量保持一致，酒液入口时要慢而稳，使酒液先接触舌头，布满舌面，再进行味觉的全面判断。在进行味觉判断时，气味分子的气体会部分通过鼻咽部进入上鼻道，因此嗅觉也在发挥一定的作用。所以还要注意辨别味觉与嗅觉的共同感受。

尝评中，需要辨别的感受很多，很复杂。不仅要注意味的基本情况，如是否爽、净、醇和、醇厚、辣、甜、涩等，更要注意各种味之间的协调、味与香的协调、刺激的强弱、是否柔和、有无杂味、后味余味如何、是否愉快等情况。

要注意每次入口的酒液量要基本相等，以防止味觉偏差过大。高度酒每次入口量约为2mL，低度白酒的入口量可稍大些，当然这也因人而异。酒液在口中停留的时间一般为2～5s，如在口中停留时间过长，酒液会和唾液发生缓冲作用，影响味觉的判断，还会造成味觉疲劳。

尝评中的酒样入口次数不要太频繁集中，间隔宜适当大些，每次品尝后要用清水或淡茶水漱口，以防止味觉疲劳。

尝评时按酒样的多少，一般分为初评、中评、总评三个阶段：

a. 初评　一轮酒样嗅香气后，从嗅闻香气小的开始尝评，入口酒样量以能布满舌面和能下咽少量酒为宜。酒样下咽后，可同时吸入少量空气，并立即闭口用鼻腔向外呼吸，这样可比较全面地辨别酒的味道。做好记录，排出初评的口味和顺序。初评对酒样中口味较好和较差的判断比较准确，中等情况的或口味相差不多的可进入中评判断。

b. 中评　重点对口味相似的酒样进行认真品尝比较，以确定酒样口味的顺序。

c. 总评　在中评的基础上，可加大入口量，一方面确定酒的余味，另一方面可对暴香、异香、邪杂味大的酒进行品尝，以便最后确定并排出本次酒的顺位，写出确切的评语。蒸馏白酒的基本口味有甜、酸、苦、辣、涩等。白酒的味觉感官检验标准应该是在香气纯正的前提下，口味丰满浓厚、绵软、甘洌、尾味净爽、回味悠长、各味协调，过酸、过涩、过辣都是酒质不高的标志。评酒员应根据尝味后形成的印象来判断优劣，写出评语，给予分数。

④ 综合起来看风格、看酒体、找个性　白酒的风格又称酒体、典型性，是指酒色、香、味的综合表现。这是对酒进行色、香、味全面鉴评后所做的综合性评价。白酒风格的形成取决于原料、生产工艺、生产环境、勾兑调味等各种综合因素。各种香型的名优白酒都有自己独特的风格，质量一般的白酒往往风格不够突出或不具有典型的风格。评判风格，就是对某种酒做出其是否具有风格、风格是否突出的判断。这种判断要靠评酒员平时对酒类的广泛接触和深刻的理解，取决于经验的积累。因此，必须进行艰苦的实践和磨炼，才能"明察秋毫"。

⑤ 打分、写评语　打分实际上是扣分，即按品评表上的分项最后得分，根据酒质的状况，逐项扣分，将扣除后的得分写在分项栏目中，然后根据各分项的得分计算出总分。分项得分代表酒分项的质量状况，总分代表本酒样的整体质量水平。打分一定要和酒的感官质量一致，综合评语高的打高分，评语差的打低分，也就是说打分和评语要一致。

一般分项扣分的经验是：色泽、透明度这两项很少有扣分，最多的扣0.5～1分。香气一般扣1～5分，口味扣2～10分。风格扣1分，酒体扣1分，个性扣1分。白酒评分参考见表8-1。

表 8-1　白酒品评评分参考

色泽(5分)	香气(20分)	口味(60分)	酒体(5分)	个性(5分)	风格(5分)
无色透明或微黄透明＋5分	具有本品固有的香气＋20分	具有本品固有的口味特征＋60分	酒体丰满完美＋5分	个性明显，悦人＋5分	具有本品的特有风格＋5分
稍有浑浊－0.5分	放香小－2分	欠绵甜－1分	酒体较丰满，较完美－0.5分	个性较明显，可接受－0.5分	本香型风格不突出－0.5分
稍有沉淀－0.5分	香气不纯－3分	欠柔顺－1分	酒体欠完美－1分	个性不明显－1分	本香型风格不明显－1分
有悬浮物－1分	带有异香－5分	口味淡薄－5分	酒体欠丰满－1.5分	个性难接受－1.5分	本品风格不明显－1.5分
有明显沉淀－1分	有不愉快气味－5分	口味冲辣－5分			

续表

色泽(5分)	香气(20分)	口味(60分)	酒体(5分)	个性(5分)	风格(5分)
		后味短—3分			
		香味欠协调—5分			
		后味苦、不净—8分			
		有异味—10分			

根据多年参加品评经验，一般打分平均情况如下：

省优：90～92分；国优：91～93分；国名：93～96分；低档酒的优质品：80～83分；中档酒的优质品：84～89分。

评语是酒质量的文字体现，可以说评语也代表质量，所以评语同打分一样，要认真负责。书写评语要求如下：

要完整（色、香、味、格），用语要规范化、标准化。评语、打分要一致。用语要精练、简明扼要。白酒品评记录表见表8-2。

表 8-2　白酒品评记录表

第_____轮　　　　　　　　　　　　　　　　　　　　　　　　　　时间_____

序号	香型	色(5分)	香(20分)	味(60分)	格(5分)	酒体(5分)	个性(5分)	总分(100分)	评语

评酒员：_____

8.4　白酒感官标准及品评要点

中国白酒是我国传统的民族产业，历史悠久，风格独特。其产品质量标准是衡量白酒质量优劣的重要依据，对于规范白酒生产以及保障消费者的健康权益，起到了至关重要的作用。但随着我国酿酒工业的快速发展以及科技、装备水平的不断提升，我们对白酒产品属性及内在质量也有更高层次的认知，及时对白酒标准进行调整和完善，使标准更加科学、严谨，符合食品质量要求，有利于保障我国传统优势白酒产业健康有序发展。近年来全国白酒标准化技术委员会（TC358）对白酒的质量标准进行修订和完善，截至 2022 年 7 月拟分为 15 个部分的《白酒质量要求》国家标准已发布 5 个部分，包括：

第 1 部分，浓香型白酒；第 2 部分，清香型白酒；第 8 部分，浓酱兼香型白酒；第 9 部分，芝麻香型白酒；第 11 部分，馥郁香型白酒。

目前其他相关的标准正在起草和修订中，TC 358 正在起草或修订的标准见表 8-3。

表 8-3　TC 358 白酒领域在研标准目录汇总

序号	标准名称	计划编号	代替标准代号	层级
1	《白酒分析方法》	20142742-T-607	GB/T 10345—2022	国家标准
2	《米香型白酒》	20211057-T-2021	GB/T 10781.3—2006	国家标准
3	《酱香型白酒》	20205030-T-607	GB/T 26760—2011	国家标准
4	《豉香型白酒》	20212029-T-607	GB/T 16289—2018	国家标准

序号	标准名称	计划编号	代替标准代号	层级
5	《凤香型白酒》	20212028-T-607	GB/T 14867—2007	国家标准
6	《特香型白酒》	20212027-T-607	GB/T 20823—2017	国家标准
7	《老白干香型白酒》	20205031-T-607	GB/T 20825—2007	国家标准
8	《小曲固态法白酒》	20212030-T-607	GB/T 26761—2011	国家标准
9	白酒检验规则和标志、包装、运输、贮存	20205032-T-607	GB/T 10346—2023	国家标准

评酒的主要依据是产品质量标准中的感官要求和理化要求等。产品质量标准分国家标准、行业标准和企业标准。根据国家标准化法规定，各企业生产的产品首先要执行国家标准，无国家标准的要执行行业标准，无行业标准的要执行企业标准。

8.4.1 酱香型白酒感官标准及品评要点

酱香型白酒现行有效的质量标准是 GB/T 26760—2011，其感官要求见表 8-4、表 8-5，其理化指标见表 8-6、表 8-7。

表 8-4 高度酱香型白酒感官要求

项目	优级	一级	二级
色泽和外观	无色或微黄，清亮透明，无悬浮物，无沉淀[①]		
香气	酱香突出，香气幽雅，空杯留香持久	酱香较突出，香气舒适，空杯留香较长	酱香明显，有空杯香
口味	酒体醇厚，丰满，诸味协调，回味悠长	酒体较醇和协调，回味较长	酒体醇和协调，回味长
风格	具有本品典型风格	具有本品明显风格	具有本品风格

① 当酒的温度低于 10℃ 时，允许出现白色絮状沉淀物质或失光；10℃ 以上时应逐渐恢复正常。

表 8-5 低度酱香型白酒感官要求

项目	优级	一级	二级
色泽和外观	无色或微黄，清亮透明，无悬浮物，无沉淀[①]		
香气	酱香较突出，香气较幽雅，空杯留香久	酱香较纯正，空杯留香好	酱香较明显，有空杯香
口味	酒体醇和，协调，味长	酒体柔和协调，味长	酒体较醇和协调，回味尚长
风格	具有本品典型风格	具有本品明显风格	具有本品风格

① 当酒的温度低于 10℃ 时，允许出现白色絮状沉淀物质或失光；10℃ 以上时应逐渐恢复正常。

表 8-6 高度酱香型白酒理化指标

项目		优级	一级	二级
酒精度(20℃)/%vol		45~58[①]		
总酸(以乙酸计)/(g/L)	≥	1.40	1.40	1.20
总酯(以乙酸乙酯计)/(g/L)	≥	2.20	2.00	1.80
己酸乙酯/(g/L)	≤	0.30	0.40	0.40
固形物/(g/L)	≤	0.70	0.70	0.70

① 酒精度实测值与标签标示值允许差为 ±1.0%vol。

表 8-7 低度酱香型白酒理化指标

项目		优级	一级	二级
酒精度(20℃)/%vol		32~44[①]		
总酸(以乙酸计)/(g/L)	≥	0.80	0.80	0.80
总酯(以乙酸乙酯计)/(g/L)	≥	1.50	1.20	1.00
己酸乙酯/(g/L)	≤	0.30	0.40	0.40
固形物/(g/L)	≤	0.70	0.70	0.70

① 酒精度实测值与标签标示值允许差为 ±1.0%vol。

酱香型白酒的品评要点是酱香突出，香气芬芳、幽雅，非常持久、稳定；空杯留香能长时间保持原有的香气特征；入口醇甜，口味细腻、绵柔、醇厚，无刺激感，回味悠长，香气和口味持久时间长，落口爽净。

8.4.2 浓香型白酒感官标准及品评要点

浓香型白酒质量标准是 GB/T 10781.1—2021，感官要求见表 8-8、表 8-9，理化指标见表 8-10、表 8-11。

表 8-8 高度浓香型白酒感官要求

项目	优级	一级
色泽外观	无色或微黄,清亮透明,无悬浮物,无沉淀①	
香气	具有以浓郁窖香为主的、舒适的复合香气	具有以较浓郁窖香为主的、舒适的复合香气
口味口感	绵甜醇厚,协调爽净,余味悠长	较绵甜醇厚,协调爽净,余味悠长
风格	具有本品典型的风格	具有本品明显的风格

① 当酒的温度低于 10℃时，允许出现白色絮状沉淀物质或失光；10℃以上时应逐渐恢复正常。

表 8-9 低度浓香型白酒感官要求

项目	优级	一级
色泽和外观	无色或微黄,清亮透明,无悬浮物,无沉淀①	
香气	具有较浓郁的窖香为主的复合香气	具有以窖香为主的复合香气
口味口感	绵甜醇和,协调爽净,余味较长	较绵甜醇和,协调爽净
风格	具有本品典型的风格	具有本品明显的风格

① 当酒的温度低于 10℃时，允许出现白色絮状沉淀物质或失光；10℃以上时应逐渐恢复正常。

表 8-10 高度浓香型白酒理化指标

项目			优级	一级
酒精度/%vol			40①~68	
固形物/(g/L)		≤	0.40②	
总酸/(g/L)	产品自生产日期≤一年的执行的指标	≥	0.40	0.30
总酯/(g/L)		≥	2.00	1.50
己酸乙酯/(g/L)		≥	1.20	0.60
酸酯总量/(mmol/L)	产品自生产日期>一年的执行的指标	≥	35.0	30.0
己酸+己酸乙酯/(g/L)		≥	1.50	1.00

① 不含 40%vol。

② 酒精度在 40%vol~49%vol 的酒，固形物可小于或等于 0.50g/L。

表 8-11 低度浓香型白酒理化指标

项目			优级	一级
酒精度/%vol			25~40	
固形物/(g/L)		≤	0.70	
总酸/(g/L)	产品自生产日期≤一年的执行的指标	≥	0.30	0.25
总酯/(g/L)		≥	1.50	1.00
己酸乙酯/(g/L)		≥	0.70	0.40
酸酯总量/(mmol/L)	产品自生产日期>一年的执行的指标	≥	25.0	20.0
己酸+己酸乙酯/(g/L)		≥	0.80	0.50

浓香型白酒的品评要点是具有以己酸乙酯为主体的协调的复合香气，窖香浓郁，绵甜醇厚，香味协调，尾净味长。

目前浓香型白酒存在着两种流派，一种是以泸州老窖特曲、五粮液和剑南春为代表的川派，突出浓郁、醇厚，香气中带陈味；另一种是以洋河大曲、古井贡酒、宋河酒为代表的黄淮派，突出以己酸乙酯为主体的复合香气，口味纯正，以醇甜爽净著称。两种流派仅以风格不同而区分，都是我国浓香型白酒的优秀代表。

8.4.3 清香型白酒感官标准及品评要点

清香型白酒质量标准是 GB/T 10781.2—2022，感官要求见表 8-12，理化指标见表 8-13。

表 8-12 清香型白酒感官要求

项目	特级	优级	一级
色泽和外观	无色或微黄,清亮透明,无悬浮物,无沉淀,无杂质①		
香气	清香纯正,具有陈香、粮香、曲香、果香、花香、坚果香、芳草香、蜜香、醇香、焙烤香、糟香等多种香气形成的幽雅、舒适、和谐的自然复合香,空杯留香持久	清香纯正,具有粮香、曲香、果香、花香、坚果香、芳草香、蜜香、醇香、糟香等多种香气形成的清雅、和谐的自然复合香,空杯留香长	清香正,具有粮香、曲香、果香、花香、芳草香、醇香、糟香等多种香气形成的复合香,空杯有余香
口味口感	醇厚绵甜,丰满细腻,协调爽净,回味绵延悠长	醇厚绵甜,协调爽净,回味悠长	醇和柔甜,协调爽净,回味长
风格	具有本品的独特风格	具有本品的典型风格	具有本品的明显风格

① 当酒的温度低于10℃时,允许出现白色絮状沉淀物质或失光;10℃以上时应逐渐恢复正常。

表 8-13 清香型白酒理化指标

项目		特级	优级	一级
酒精度/％vol		21～69		
固形物/(g/L)		≤0.50		
总酸/(g/L)	产品自生产日期≤一年的执行的指标	≥0.50	≥0.40	≥0.30
总酯/(g/L)		≥1.10	≥0.80	≥0.50
乙酸乙酯/(g/L)		≥0.65	≥0.40	≥0.20
总酸＋乙酸乙酯＋乳酸乙酯①/(g/L)	产品自生产日期＞一年的执行的指标	≥1.60	≥0.60	≥0.60

① 按 45％vol 酒精度折算。

清香型白酒的品评要点是具有以乙酸乙酯为主体的协调的复合香气，清香纯正、清雅，香气持久；入口刺激感稍强，醇甜，干净，爽口，自始至终都体现干爽的感觉，无其他异杂味。

8.4.4 米香型白酒感官标准及品评要点

米香型白酒质量标准是 GB/T 10781.3—2006，感官要求见表 8-14、表 8-15，理化指标见表 8-16、表 8-17。

表 8-14 高度米香型白酒感官要求

项目	优级	一级
色泽和外观	无色,清亮透明,无悬浮物,无沉淀	
香气	米香纯正,清雅	米香纯正
口味	酒体醇和,绵甜、爽冽,回味怡畅	酒体较醇和,绵甜、爽冽,回味较畅
风格	具有本品典型的风格	具有本品明显的风格

表 8-15　低度米香型白酒感官要求

项目	优级	一级
色泽和外观	无色,清亮透明,无悬浮物,无沉淀	
香气	米香纯正,清雅	米香纯正
口味	酒体醇和、绵甜、爽洌,回味较怡畅	酒体较醇和、绵甜、爽洌,有回味
风格	具有本品典型的风格	具有本品明显的风格

表 8-16　高度米香型白酒理化指标

项目		优级	一级
酒精度/%vol		41~68	
总酸(以乙酸计)/(g/L)	≥	0.30	0.25
总酯(以乙酸乙酯计)/(g/L)	≥	0.80	0.65
乳酸乙酯/(g/L)	≥	0.50	0.40
β-苯乙醇/(mg/L)	≥	30	20
固形物/(g/L)	≤	0.40①	

① 酒精度 41%vol~49%vol 的酒,固形物可小于或等于 0.50g/L。

表 8-17　低度米香型白酒理化指标

项目		优级	一级
酒精度/%vol		25~40	
总酸(以乙酸计)/(g/L)	≥	0.25	0.20
总酯(以乙酸乙酯计)/(g/L)	≥	0.45	0.35
乳酸乙酯/(g/L)	≥	0.30	0.20
β-苯乙醇/(mg/L)	≥	15	10
固形物/(g/L)	≤	0.70	

米香型白酒的品评要点是突出以乙酸乙酯和 β-苯乙醇为主体的淡雅的蜜甜香气,口味浓厚程度较小,香味持久时间不长,入口醇甜、甘爽、绵柔,回味怡畅。

8.4.5　凤香型白酒感官标准及品评要点

凤香型白酒质量标准是 GB/T 14867—2007,感官要求见表 8-18、表 8-19,理化指标见表 8-20、表 8-21。

表 8-18　高度凤香型白酒感官要求

项目	优级	一级
色泽和外观	无色,清亮透明,无悬浮物,无沉淀①	
香气	醇香秀雅,具有乙酸乙酯和己酸乙酯为主的复合香气	醇香纯正,具有乙酸乙酯和己酸乙酯为主的复合香气
口味	醇厚丰满,甘润挺爽,诸味协调,尾净悠长	醇厚甘润,协调爽净,余味较长
风格	具有本品典型的风格	具有本品明显的风格

① 当酒的温度低于 10℃时,允许出现白色絮状沉淀物质或失光;10℃以上时应逐渐恢复正常。

表 8-19　低度凤香型白酒感官要求

项目	优级	一级
色泽和外观	无色,清亮透明,无悬浮物,无沉淀①	
香气	醇香秀雅,具有乙酸乙酯和己酸乙酯为主的复合香气	醇香纯正,具有乙酸乙酯和己酸乙酯为主的复合香气
口味	酒体醇厚协调,绵甜爽净,余味较长	醇和甘润,协调,味爽净
风格	具有本品典型的风格	具有本品明显的风格

① 当酒的温度低于 10℃时,允许出现白色絮状沉淀物质或失光;10℃以上时应逐渐恢复正常。

表 8-20　高度凤香型白酒理化指标

项目		优级	一级
酒精度/%vol		41～68	
总酸(以乙酸计)/(g/L)	≥	0.35	0.25
总酯(以乙酸乙酯计)/(g/L)	≥	1.60	1.40
乙酸乙酯/(g/L)	≥	0.6	0.4
己酸乙酯/(g/L)		0.25～1.20	0.20～1.0
固形物/(g/L)	≤	1.0	

表 8-21　低度凤香型白酒理化指标

项目		优级	一级
酒精度/%vol		18～40	
总酸(以乙酸计)/(g/L)	≥	0.20	0.15
总酯(以乙酸乙酯计)/(g/L)	≥	1.00	0.60
乙酸乙酯/(g/L)	≥	0.4	0.3
己酸乙酯/(g/L)		0.20～1.0	0.15～0.80
固形物/(g/L)	≤	0.90	

凤香型白酒的品评要点是醇香突出、秀雅,具有以乙酸乙酯为主、己酸乙酯为辅的较弱的酯类复合香气,总体介于浓香和清香之间,酒体浑厚、挺烈,有一种甘爽的感觉,并带有酒海贮存的特殊口味。

8.4.6　浓酱兼香型白酒感官标准及品评要点

浓酱兼香型白酒质量标准是 GB/T 10781.8—2021,感官要求见表 8-22,理化指标见表 8-23。

表 8-22　浓酱兼香型白酒感官要求

项目	优级	一级
色泽和外观	无色或微黄,清亮透明,无悬浮物,无沉淀[①]	
香气	浓酱香气协调,幽雅,陈香突出	浓酱香气协调,舒适
口味	丰满细腻,绵甜爽净,回味悠长	醇甜爽净,柔和,回味绵长
风格	具有本品典型的风格	具有本品明显的风格

① 当酒的温度低于10℃时,允许出现白色絮状沉淀物质或失光;10℃以上时应逐渐恢复正常。

表 8-23　浓酱兼香型白酒理化指标

项目			优级	一级
酒精度/%vol			25.0～68.0	
固形物/(g/L)		≤	0.60	
总酸/(g/L)	产品自生产日期≤	≥	0.60	0.40
总酯/(g/L)	一年的执行的指标	≥	1.60	1.00
己酸乙酯/(g/L)			0.60～2.00	0.60～1.80
酸酯总量/(mmol/L)	产品自生产日期＞	≥	35.0	30.0
己酸＋己酸乙酯[①]/(g/L)	一年的执行的指标	≥	1.20	0.80

① 按45%vol酒精度折算。

兼香型白酒的品评要点是总体介于浓香和酱香之间,浓酱相兼,酱浓协调。兼香型白酒有两种风格类型,一种是以白云边酒为代表的酱中带浓型,另一种是以玉泉酒为代表的浓中带酱型。酱中带浓型闻香以酱香为主，并带有浓香，酱浓协调，入口后浓香较明显，口味细腻，香味持久，后味较长，回甜爽净。浓中带酱型闻香以浓香为主，并带有酱香，浓酱协调，入口甘爽，口味绵甜、柔顺、细腻，后味带有酱香气味。

8.4.7　芝麻香型白酒感官标准及品评要点

芝麻香型白酒质量标准是 GB/T 10781.9—2021，感官要求见表 8-24、表 8-25，理化指标见表 8-26、表 8-27。

表 8-24　高度芝麻香型白酒感官要求

项目	优级	一级
色泽和外观	无色或微黄，清亮透明，无悬浮物，无沉淀①	
香气	芝麻香幽雅纯正	芝麻香纯正
口味、口感	醇和细腻，香味协调，余味悠长	较醇和，余味较长
风格	具有本品典型的风格	具有本品明显的风格

① 当酒的温度低于 10℃时，允许出现白色絮状沉淀物质或失光；10℃以上时应逐渐恢复正常。

表 8-25　低度芝麻香型白酒感官要求

项目	优级	一级
色泽和外观	无色或微黄，清亮透明，无悬浮物，无沉淀①	
香气	芝麻香幽雅纯正	芝麻香纯正
口味、口感	醇和协调，余味悠长	较醇和，余味较长
风格	具有本品典型的风格	具有本品明显的风格

① 当酒的温度低于 10℃时，允许出现白色絮状沉淀物质或失光；10℃以上时应逐渐恢复正常。

表 8-26　高度芝麻香型白酒理化指标

项目		优级	一级
酒精度①/%vol		40②～68	
己酸乙酯/(g/L)		0.1～1.2	
乳酸乙酯/(g/L)		≥0.6	
固形物/(g/L)		≤0.7	
总酸/(g/L)	产品自生产日期一年内（包括一年）执行的指标	≥0.5	≥0.3
总酯/(g/L)		≥2.2	≥1.5
乙酸乙酯/(g/L)		≥0.6	≥0.4
酸酯总量/(mmol/L)	产品自生产日期大于一年执行的指标	≥38.0	≥25.0
乙酸乙酯+乙酸/(g/L)		≥1.2	≥1.0

① 酒精度实测值与标签标示值允许差为±1.0%vol。

② 不含 40%vol。

表 8-27　低度芝麻香型白酒理化指标

项目		优级	一级
酒精度①/%vol		25～40	
己酸乙酯/(g/L)		0.1～0.8	
乳酸乙酯/(g/L)		≥0.3	
固形物/(g/L)		≤0.9	
总酸/(g/L)	产品自生产日期一年内（包括一年）执行的指标	≥0.4	≥0.2
总酯/(g/L)		≥1.8	≥1.2
乙酸乙酯/(g/L)		≥0.5	≥0.3
酸酯总量/(mmol/L)	产品自生产日期大于一年执行的指标	≥28.0	≥20.0
乙酸乙酯+乙酸/(g/L)		≥1.0	≥0.8

① 酒精度实测值与标签标示值允许差为±1.0%vol。

闻香有以乙酸乙酯为主的淡雅香气，焦香突出，入口放香以焦香和煳香为主，香气中带有似"炒芝麻"的香气，芳香馥郁，幽雅细腻；口感绵软、醇厚、丰满、甘爽，香味协调，后味微苦。

8.4.8　特香型白酒感官标准及品评要点

特香型白酒质量标准是 GB/T 20823—2017，感官要求见表 8-28、表 8-29，理化指标见表 8-30、表 8-31。

表 8-28　高度特香型白酒感官要求

项目	优级	一级
色泽和外观	无色或微黄,清亮透明,无悬浮物,无沉淀①	
香气	幽雅舒适,诸香协调,具有浓、清、酱香,但均不露头的复合香气	诸香尚协调,具有浓、清、酱三香,但均不露头的复合香气
口味、口感	柔绵醇和,醇甜,香味协调,余味悠长	味较醇和,醇香,香味协调,有余味
风格	具有本品典型的风格	具有本品明显的风格

① 当酒的温度低于10℃时，允许出现白色絮状沉淀物质或失光；10℃以上时应逐渐恢复正常。

表 8-29　低度特香型白酒感官要求

项目	优级	一级
色泽和外观	无色或微黄,清亮透明,无悬浮物,无沉淀①	
香气	幽雅舒适,诸香协调,具有浓、清、酱香,但均不露头的复合香气	诸香尚协调,具有浓、清、酱三香,但均不露头的复合香气
口味、口感	柔绵醇和,微甜,香味协调,余味悠长	味较醇和,醇香,香味协调,有余味
风格	具有本品典型的风格	具有本品明显的风格

① 当酒的温度低于10℃时，允许出现白色絮状沉淀物质或失光；10℃以上时应逐渐恢复正常。

表 8-30　高度特香型白酒理化指标

项目		优级	一级
酒精度/%vol		45~68	
酸酯总量/(mmol/L)	≥	32.0	24.0
丙酸乙酯/(mg/L)	≥	20.0	15.0
固形物/(g/L)	≤	0.70	—

表 8-31　低度特香型白酒理化指标

项目		优级	一级
酒精度/%vol		25~45①	
酸酯总量/(mmol/L)	≥	24.0	15.0
丙酸乙酯/(mg/L)	≥	15.0	10.0
固形物/(g/L)	≤	0.90	—

① 不包括45%vol。

特香型白酒闻香以酯类的复合香气为主，突出以乙酸乙酯和己酸乙酯为主体的香气特征，入口放香带有似庚酸乙酯的气味，细闻有轻微的焦煳香气，香气协调、舒适；口味柔和而持久，甜味明显，稍有糟味。

8.4.9　老白干香型白酒感官标准及品评要点

老白干香型白酒质量标准是 GB/T 20825—2007，感官要求见表 8-32、表 8-33，理化指标见表 8-34、表 8-35。

表 8-32　高度老白干香型白酒感官要求

项目	优级	一级
色泽和外观	无色或微黄,清亮透明,无悬浮物,无沉淀[①]	
香气	醇香清雅,具有乳酸乙酯和乙酸乙酯为主体的自然协调的复合香气	醇香清雅,具有乳酸乙酯和乙酸乙酯为主体的复合香气
口味、口感	酒体协调、醇厚甘洌、回味悠长	酒体协调、醇厚甘洌、回味悠长
风格	具有本品典型的风格	具有本品明显的风格

① 当酒的温度低于 10℃时,允许出现白色絮状沉淀物质或失光;10℃以上时应逐渐恢复正常。

表 8-33　低度老白干香型白酒感官要求

项目	优级	一级
色泽和外观	无色或微黄,清亮透明,无悬浮物,无沉淀[①]	
香气	醇香清雅,具有乳酸乙酯和乙酸乙酯为主体的自然协调的复合香气	醇香清雅,具有乳酸乙酯和乙酸乙酯为主体的复合香气
口味、口感	酒体协调、醇和甘润、回味较长	酒体协调、醇和甘润、有回味
风格	具有本品典型的风格	具有本品明显的风格

① 当酒的温度低于 10℃时,允许出现白色絮状沉淀物质或失光;10℃以上时应逐渐恢复正常。

表 8-34　高度老白干香型白酒理化指标

项目		优级	一级
酒精度/%vol		41~68	
总酸(以乙酸计)/(g/L)	≥	0.40	0.30
总酯(以乙酸乙酯计)/(g/L)	≥	1.20	1.00
乳酸乙酯/乙酸乙酯	≥	0.8	
乳酸乙酯/(g/L)	≥	0.5	0.4
己酸乙酯/(g/L)	≤	0.03	
固形物/(g/L)	≤	0.5	

表 8-35　低度老白干香型白酒理化指标

项目		优级	一级
酒精度/%vol		18~40	
总酸(以乙酸计)/(g/L)	≥	0.30	0.25
总酯(以乙酸乙酯计)/(g/L)	≥	1.00	0.80
乳酸乙酯/乙酸乙酯	≥	0.8	
乳酸乙酯/(g/L)	≥	0.4	0.3
己酸乙酯/(g/L)	≤	0.03	
固形物/(g/L)	≤	0.7	

老白干香型白酒具有以酯香和醇香为主的复合香,香气清雅、纯正而不失丰满,似介于清香和浓香之间,口味醇厚、柔顺、甘爽,香味协调,回味悠长。既有清香型白酒的清、爽、净,又有浓香型白酒的浓、绵、长。

8.4.10　豉香型白酒感官标准及品评要点

豉香型白酒质量标准是 GB/T 16289—2018，感官要求见表 8-36、表 8-37，理化指标见表 8-38、表 8-39。

表 8-36　高度豉香型白酒感官要求

项目	优级	一级
色泽和外观	无色或微黄,清亮透明,无悬浮物,无沉淀①	
香气	豉香纯正,清雅	豉香纯正
口味、口感	醇和甘洌,酒体丰满、协调,余味爽净	入口较醇和,酒体较丰满、协调,余味较爽净
风格	具有本品典型的风格	具有本品明显的风格

① 当酒的温度低于 15℃时,允许出现白色絮状沉淀物质或失光;15℃以上时应逐渐恢复正常。

表 8-37　低度豉香型白酒感官要求

项目	优级	一级
色泽和外观	无色或微黄,清亮透明,无悬浮物,无沉淀①	
香气	豉香纯正,清雅	豉香纯正
口味、口感	醇和甘滑,酒体丰满、协调,余味爽净	入口较醇和,酒体较丰满、协调,余味较爽净
风格	具有本品典型的风格	具有本品明显的风格

① 当酒的温度低于 15℃时,允许出现白色絮状沉淀物质或失光;15℃以上时应逐渐恢复正常。

表 8-38　高度豉香型白酒理化指标

项目		优级	一级
酒精度/%vol		40～60	
酸酯总量/(mmol/L)	≥	14.0	12.0
β-苯乙醇/(mg/L)	≥	25	15
二元酸(庚二酸、辛二酸、壬二酸)二乙酯总量/(mg/L)	≥	0.8	
固形物/(g/L)	≤	0.60	

表 8-39　低度豉香型白酒理化指标

项目		优级	一级
酒精度/%vol		18～40①	
酸酯总量/(mmol/L)	≥	12.0	8.0
β-苯乙醇/(mg/L)	≥	40	30
二元酸(庚二酸、辛二酸、壬二酸)二乙酯总量/(mg/L)	≥	1.0	
固形物/(g/L)	≤	0.60	

① 不包含 40%vol。

豉香型白酒应豉香突出,有以乙酸乙酯和 β-苯乙醇为主体的清雅香气,并带有醇香;口味柔和,香味持久时间长,余味净爽。

8.4.11　馥郁香型白酒感官标准及品评要点

馥郁香型白酒质量标准是 GB/T 10781.11—2021,感官要求见表 8-40,理化指标见表 8-41。

表 8-40　馥郁香型白酒感官要求

项目	优级	一级
色泽和外观	无色或微黄,清亮透明,无悬浮物,无沉淀①	
香气	陈香、窖香、曲香、蜜香、焙烤香、芳草香等多香馥郁幽雅,诸香协调舒适	窖香、曲香、蜜香、糟香、焙烤香等复合香气突出

项目	优级	一级
口味、口感	绵甜细腻、醇厚丰满、酒体净爽、回味悠长	醇甜、柔和、协调爽净
风格	具有本品典型的风格	具有本品明显的风格

① 当酒的温度低于10℃时，允许出现白色絮状沉淀物质或失光；10℃以上时应逐渐恢复正常。

表 8-41 馥郁香型白酒理化指标

项目		优级	一级
酒精度/%vol		25.0～68.0	
总酸＋总酯/(g/L)	≥	2.60	2.20
总酸①/(g/L)	≥	0.60	0.30
己酸乙酯/乙酸乙酯		0.70～1.60	
固形物/(g/L)	≤	0.60	0.80

① 以 45%vol 折算。

馥郁香型白酒以陈香、窖香、曲香、蜜香、焙烤香、芳草香等多香有机复合，诸香协调舒适，口感绵甜细腻、醇厚丰满，酒体净爽、回味悠长。

8.4.12 董香型白酒感官标准及品评要点

董香型白酒目前没有相应的国家标准，贵州省质量技术监督局 2013 年发布了董香型白酒的地方标准 DB 52/T 550—2013，贵州省食品工业协会 2020 年又发布了董香型白酒的团体标准 T/GZS X066—2020。表 8-42、表 8-43 为董香型白酒贵州省地方标准的感官要求，表 8-44、表 8-45 为董香型白酒贵州省地方标准的理化指标。

表 8-42 高度董香型白酒感官要求

项目	要求
色泽和外观	无色(或微黄色)、清澈透明，无悬浮物，无沉淀①
香气	香气幽雅，董香舒适
口味、口感	醇和浓郁，甘爽味长
风格	具有董香型白酒典型风格

① 当酒的温度低于10℃时，允许出现白色絮状沉淀物质或失光；10℃以上时应逐渐恢复正常。

表 8-43 低度董香型白酒感官要求

项目	要求
色泽和外观	无色(或微黄色)、清澈透明，无悬浮物，无沉淀①
香气	香气幽雅，董香舒适
口味、口感	醇和柔顺，清爽味净
风格	具有董香型白酒典型风格

① 当酒的温度低于10℃时，允许出现白色絮状沉淀物质或失光；10℃以上时应逐渐恢复正常。

表 8-44 高度董香型白酒理化指标

项目	指标	项目	指标
酒精度/%vol	42.0～68.0	丁酸乙酯＋丁酸/(g/L)	≥0.30
总酸/(g/L)	≥0.90	固形物/(g/L)	≤0.50
总酯/(g/L)	≥0.90		

表 8-45　低度董香型白酒理化指标

项目	指标	项目	指标
酒精度/%vol	25.0~42.0	丁酸乙酯＋丁酸/(g/L)	≥0.20
总酸/(g/L)	≥0.70	固形物/(g/L)	≤0.70
总酯/(g/L)	≥0.70		

　　董香型白酒闻香有较浓郁的酯类香气，药香突出、舒适、协调，香气丰满，典雅；口味醇甜、浓厚、绵柔、味长，香味协调，余味爽净，回味悠长。

8.5　品评与打分

　　白酒品评与打分可参考第五届全国评酒会优质白酒评选计分办法，现将第五届全国评酒会浓香型和酱香型白酒打分方法介绍如下。

8.5.1　浓香型白酒感官品评计分办法

　　采用评语和评分（100 分）法评选。其中色泽 10 分，香气 25 分，口味 50 分，风格 15 分。计分办法见表 8-46。

表 8-46　浓香型白酒感官品评计分办法

项目	得分
色泽 10 分	凡符合感官指标要求，得 10 分； 凡浑浊、沉淀、带异色，有悬浮物等酌情扣 1~4 分； 凡有恶性沉淀或悬浮物者，取消评选资格
香气 25 分	凡符合感官指标要求，得 25 分； 放香不足，香气欠正，带有异香者，酌情扣 1~6 分； 香气不协调，且邪杂气重，则扣 6 分以上
口味 50 分	凡符合感官指标要求，得 50 分； 味欠绵软协调，口味淡薄，后尾欠净，味苦涩，有辛辣感，有其他杂味等，酌情扣 1~10 分； 酒体不协调，尾不净，且邪杂味重，则扣 10 分以上
风格 15 分	具有本品固有的独特风格，得 15 分； 基本上具有本品风格，但欠协调或风格不够突出，酌情扣 1~5 分； 不具备本品风格要求的，扣 5 分以上

8.5.2　酱香型白酒感官品评计分办法

　　采用评语和评分（100 分）法评选。其中色泽 10 分，香气 25 分，口味 50 分，风格 15 分。计分办法见表 8-47。

表 8-47　酱香型白酒感官品评计分办法

项目	打分
色泽 10 分	凡符合无色(或微黄)，透明，无悬浮物，无沉淀者得 10 分； 凡黄色明显，浑浊或有悬浮物、沉淀等情况，酌情扣 1~4 分； 凡有恶性沉淀或悬浮物者，取消评选资格
香气 25 分	凡符合酱香突出，幽雅细腻，空杯留香且幽雅持久者，得 25 分； 酱香不突出，焦香明显，窖香露头，放香不足，空杯留香持久，欠幽雅等，酌情扣 1~6 分； 如酒有酸、馊、油臭等异杂味，且空杯留香有异味，则扣 6 分以上

项目	打分
口味 50 分	凡符合酒体丰满、醇厚、酱香显著、回味悠长者得 50 分； 酒体欠醇厚丰满、焦煳味、酸涩味明显、回味短、苦味重或尾味不净，可酌情扣 1～10 分； 酒的口味淡薄，酒体又不协调，有异味，其尾味不净，则扣 10 分以上
风格 15 分	具有本品固有的独特风格，得 15 分； 基本上具有本品风格，但欠协调或风格欠典型，酌情扣 1～5 分； 不具备酱香型风格要求的，扣 5 分以上

8.6　白酒香型的品评术语

对白酒进行感官鉴评后，除要评分外，还要写出评语，即把各种感官感觉用语言表达出来。为了便于交流，应使用大家都能理解的、比较规范统一的语言进行描述。现将国内白酒品评中经常使用的品评术语介绍如下。

8.6.1　浓香型白酒的品评术语

（1）色泽　无色，晶亮透明，清亮透明，清澈透明，无色透明，无悬浮物，无沉淀，微黄透明，稍黄，浅黄，较黄，灰白色，乳白色，微浑，稍浑，有悬浮物，有沉淀，有明显悬浮物等。

（2）香气　窖香浓郁、较浓郁，具有以己酸乙酯为主体的纯正协调的复合香气，窖香不足，窖香较小，窖香纯正，窖香较纯正，有窖香，窖香不明显，窖香欠纯正，窖香带酱香，窖香带陈味，窖香带焦煳气味，窖香带异香，窖香带泥臭味，窖香带其他香等。

（3）口味　绵甜醇厚，醇和，香醇甘润，甘洌，醇和味甜，醇甜爽净，净爽，醇甜柔和，绵甜爽净，香味协调，香醇甜净，醇甜，绵软，绵甜，入口绵，柔顺，平淡，淡薄，香味较协调，入口平顺，入口冲，冲辣，糙辣，刺喉，有焦味，稍涩、涩、微苦涩、苦涩，稍苦，后苦，稍酸，酸味大，口感不快，欠净，稍杂，有异味，有杂醇油味，酒梢子味，邪杂味较大，回味悠长，回味较长，尾净味长，尾子干净，回味欠净，后味淡，后味短，余味长，余味较长，生料味，霉味等。

（4）风格　风格突出，典型，风格明显，风格尚好，具有浓香风格，风格尚可，风格一般，固有风格，典型性差，偏格，错格等。

8.6.2　清香型白酒的品评术语

（1）色泽　无色，晶亮透明，清亮透明，清澈透明，无色透明，无悬浮物，无沉淀，微黄透明，稍黄，浅黄，较黄，灰白色，乳白色，微浑，稍浑，有悬浮物，有沉淀，有明显悬浮物等。

（2）香气　清香纯正，清香雅郁，清香馥郁，具有以乙酸乙酯为主体的清雅协调的复合香气，清香较纯正，清香欠纯正，有清香，清香较小，清香不明显，清香带浓香，清香带酱香，清香带焦煳味，清香带异香，不具清香，其他香气，糟香等。

（3）口味　绵甜爽净，绵甜醇和，香味谐调，自然协调，酒体醇厚，醇甜柔和，口感柔和，香醇甜净，清爽甘洌，清香绵软，爽洌，甘洌，爽净，入口绵，入口平顺，入口冲、冲辣、糙辣、暴辣，落口爽净，欠净、尾净，回味长，回味短，回味干净，后味淡，后味短，后味杂、稍杂、寡淡，有杂味，有邪杂味，杂味较大，有杂醇油味、酒梢子味、焦煳味、涩、稍涩、微苦涩、苦涩，后苦，较酸，过甜，有生料味，有霉味，有异味，刺喉等。

（4）风格　风格突出、典型，风格明显，风格尚好，风格尚可，风格一般，典型性差，偏格，错格，具有清、爽、绵、甜、净的典型风格等。

8.6.3　酱香型白酒的品评术语

（1）色泽　微黄透明，浅黄透明，较黄透明。其余参见浓香型白酒。

（2）香气　酱香突出、较突出，酱香明显，酱香较小，具有酱香，酱香带焦香，酱香带窖香，酱香带异香，窖香露头，不具酱香，有其他香，幽雅细腻，较幽雅细腻，空杯留香幽雅持久，空杯留香好、尚好，有空杯留香，无空杯留香等。

（3）口味　绵柔醇厚，醇和，丰满，醇甜柔和，酱香显著、明显，入口绵，入口平顺，有异味，邪杂味较大，回味悠长、长、较长、短，回味欠净，后味长、短、淡，后味杂，有焦煳味，稍涩、涩、苦涩，稍苦，酸味大、较大，有生料味，霉味等。

（4）风格　风格突出、较突出，风格典型、较典型，风格明显、较明显，风格尚好、一般，具有酱香风格，典型性差、较差，偏格，错格等。

8.6.4　米香型白酒的品评术语

（1）色泽　无色，晶亮透明，清亮透明，清澈透明，无色透明，无悬浮物，无沉淀，微黄透明，稍黄，浅黄，较黄，灰白色，乳白色，微浑，稍浑，有悬浮物，有沉淀，有明显悬浮物等。

（2）香气　米香清雅、纯正，蜜香清雅、突出，具有米香，蜜香带异香，有其他香等。

（3）口味　绵甜爽口，适口，醇甜爽净，入口绵、平顺，入口冲、冲辣，回味怡畅、幽雅，回味长，尾子干净，回味欠净。其余参考浓香型白酒。

（4）风格　风格突出、较突出，风格典型、较典型，风格明显、较明显，风格尚好、尚可，风格一般，固有风格，典型性差，偏格，错格等。

8.6.5　凤香型白酒的品评术语

（1）色泽　无色，晶亮透明，清亮透明，清澈透明，无色透明，无悬浮物，无沉淀，微黄透明，稍黄，浅黄，较黄，灰白色，乳白色，微浑，稍浑，有悬浮物，有沉淀，有明显悬浮物等。

（2）香气　醇香秀雅，香气清芳，香气雅郁，有异香，具有以乙酸乙酯为主、一定量的己酸乙酯为辅的复合香气，醇香纯正、较正等。

（3）口味　醇厚丰满，甘润挺爽，诸味协调，尾净悠长，醇厚甘润，协调爽净，余味较长，较醇厚，甘润协调，爽净，余味较长，有余味等。

（4）风格　风格突出、较突出，风格明显、较明显，具有本品固有的风格，风格尚好、尚可、一般，偏格，错格等。

8.6.6　其他香型或类别白酒的品评术语

（1）豉香型　无色或微黄，清亮透明，豉香纯正，清雅，醇和甘滑，酒体协调，余味爽净，具有本品典型的风格。

（2）特香型　无色或微黄，清亮透明，幽雅舒适，诸香协调，具有浓、清、酱三香，但均不露头的复合香气，柔绵醇和，醇甜，香味协调，余味悠长，具有本品典型的风格。

（3）芝麻香型　无色或微黄，清亮透明，芝麻香幽雅纯正，醇和细腻，香味协调，余味悠长，具有本品典型的风格。

（4）浓酱兼香型　无色或微黄，清亮透明，浓酱协调，幽雅馥郁，细腻丰满，回味爽净，具有本品典型的风格。

（5）药香型　清澈透明，香气典雅，浓郁甘美，略带药香，酒体协调，醇甜爽口，后味悠长，具有本品典型的风格。

（6）老白干香型　无色或微黄，清亮透明，醇香清雅，具有乳酸乙酯和乙酸乙酯为主体的自然协调的复合香气，酒体协调、醇厚甘冽、回味悠长，具有本品典型的风格。

（7）小曲清香型　无色透明，具有乙酸乙酯和小曲酒工艺独有的复合香气，醇香清雅，回甜，酒体自然协调，余味爽净。无色或微黄，清亮透明，香气自然，纯正清雅，酒体醇和、甘冽净爽，具有本品的典型风格。

（8）馥郁香型　色清亮透明，诸香馥郁，入口绵甜，醇厚丰满，香味协调，回味悠长，具有本品典型风格。

（9）液态法白酒　无色或微黄，清亮透明，无悬浮物，无沉淀；具有纯正、舒适、协调的香气；具有醇甜、柔和、爽净的口味；具有本品的风格。

（10）固液法白酒　无色或微黄，清亮透明，无悬浮物，无沉淀；具有本品特有的香气；酒体柔顺、醇甜、爽净；具有本品典型的风格。

（11）调香白酒　清亮透明，无悬浮物，无沉淀；具有纯正、舒适、协调的香气；具有醇甜、爽净的口味；具有本品的风格。

第9章

白酒主要成分分析

白酒是一种人们非常喜爱的饮品，除了含有酒精和水外，还含有许多其他物质，如酸、酯、醛、甲醇、杂醇油等。白酒中各组分的种类和含量与白酒风格、质量密切相关，同时，有些组分如甲醇能危害人体健康，必须严格控制，有些物质如杂醇油含量过高也能产生危害。因此，白酒主要成分的检测对白酒质量控制、白酒风格确定具有重要意义，本章主要介绍白酒主要成分的分析检测。

9.1 酒精

目前，现行国家标准为 GB 5009.225—2023《食品安全国家标准 酒和食用酒精中乙醇浓度的测定》。

9.1.1 密度瓶法

9.1.1.1 原理

以蒸馏法去除样品中的不挥发性物质，用密度瓶法测出试样（酒精水溶液）20℃时的密度，查表求得在 20℃时乙醇含量的体积分数，即为酒精度。

9.1.1.2 仪器和设备

分析天平：感量 0.0001g。

全玻璃蒸馏器：500mL。

恒温水浴：控温精度±0.1℃。

附温度计密度瓶：25mL 或 50mL。

容量瓶：100mL。

9.1.1.3 分析步骤

（1）试样的制备

① 不含二氧化碳的酒样品制备 用一洁净、干燥的 100mL 容量瓶，准确量取样品（液温 20℃）100mL 于 500mL 蒸馏瓶中，用 50mL 水分 3 次冲洗容量瓶，洗液并入 500mL 蒸馏瓶中，加几颗沸石（或玻璃珠），连接蛇形冷凝管，以取样用的原容量瓶作接收器（外加冰浴），开启冷却水（冷却水温度宜低于 15℃），缓慢加热蒸馏，收集馏出液。当接近刻度时，取下容量瓶，盖塞，于 20℃水浴中保温 30min 再补加水至刻度，混匀备用。

② 含二氧化碳的酒样品制备　在保证样品有代表性下，用振摇、超声波或搅拌等方式除去酒样中的二氧化碳气体。样品去除二氧化碳有两种方法。第一法：将恢复室温的酒样约 300mL 倒入 1000mL 锥形瓶中，加橡皮塞，轻轻摇动，开塞放气，盖塞。反复操作，直至无气泡逸出为止。用单层中速干滤纸（漏斗上面盖玻璃表面皿）过滤。第二法：采用超声波或磁力搅拌法除气，将恢复室温的酒样约 300mL 移入带排气塞的瓶中，置于超声波水槽中（或搅拌器上），超声（或搅拌）一定时间，直至无气泡逸出为止，用单层中速干滤纸过滤（漏斗上面盖玻璃表面皿）。试样去除二氧化碳后，收集于具塞锥形瓶中，临用现配。

样品蒸馏同不含二氧化碳的酒样品制备。

③ 食用酒精样品制备　直接测定。

（2）试样溶液测定　将密度瓶洗净并干燥，带温度计和侧孔罩称量，重复干燥和称重，直至恒重（m）。

取下带温度计的瓶塞，将煮沸冷却至 15℃ 的水注满已恒重的密度瓶中，插上带温度计的瓶塞（瓶中不得有气泡），立即浸入（20.0±0.1）℃ 的恒温水浴中，待内容物温度达 20℃ 并保持 20min 不变后，用滤纸快速吸去溢出侧管的液体，使侧管的液面和侧管管口齐平，立即盖好侧孔罩，取出密度瓶，用滤纸擦干瓶外壁上的水液，立即称量（m_1）。

将水倒出，先用无水乙醇，再用乙醚冲洗密度瓶，吹干（或于烘箱中烘干），用试样馏出液反复冲洗密度瓶 3～5 次，然后装满。按照上一步操作，称量（m_2）。

9.1.1.4　结果计算

样品在 20℃ 的密度（ρ_{20}）按式(9-1) 计算，空气浮力校正值（A）按式(9-2) 计算。

$$\rho_{20}=998.20\times\frac{m_2-m_0+A}{m_1-m_0+A} \tag{9-1}$$

$$A=\rho_\mu\times\frac{m_1-m_0}{997.0} \tag{9-2}$$

式中　ρ_{20}——样品在 20℃ 时的密度，g/L；

　998.20——20℃ 时蒸馏水的密度，g/L；

　m_2——20℃ 时密度瓶和试样的质量，g；

　m_0——密度瓶的质量，g；

　　A——空气浮力校正值；

　m_1——浮力校正时密度瓶与水的质量，g；

　ρ_μ——干燥空气在 20℃、1013.25hPa 时的密度（≈1.2g/L）；

　997.0——20℃ 时蒸馏水与干燥空气密度值之差，g/L。

根据试样的密度 ρ_{20} 查附录 3 求得酒精度，以体积分数"%vol"表示。

以重复性条件下获得的两次独立测定结果的算术平均值表示，结果保留至小数点后一位。

9.1.1.5　精密度

在重复性条件下获得的两次独立测定结果的绝对差值不应超过 0.5%vol。

9.1.2　酒精计法

9.1.2.1　原理

以蒸馏法去除样品中不挥发性物质，用酒精计测得酒精体积分数示值，并进行温度校正，求得在 20℃时乙醇含量的体积分数，即为酒精度。

9.1.2.2　仪器和设备

精密酒精计：分度值为 0.1%vol。

全玻璃蒸馏器：500mL、1000mL。

量筒：100mL、200mL、500mL、1000mL。

温度计：分度值为 0.1℃。

9.1.2.3　分析步骤

将试样溶液注入洁净、干燥的量筒中（具体的试样体积和量筒须根据酒精计的要求决定），静置数分钟，待酒中气泡消失后，放入洁净、擦干的酒精计，再轻轻按一下，不应接触量筒壁，同时插入温度计，平衡约 5min，水平观测，读取与弯月面相切处的刻度示值，同时记录温度。

9.1.2.4　结果计算

根据测得的酒精计示值和温度，查温度酒精度校正表，换算成 20℃时样品的酒精度，以体积分数"%vol"表示。以重复性条件下获得的两次独立测定结果的算术平均值表示，结果保留至小数点后一位。

9.1.2.5　精密度

在重复性条件下获得的两次独立测定结果的绝对差值不应超过 0.5%vol。

9.2　固形物测定

9.2.1　固形物测定的意义

固形物系指在测定的温度（100～105℃）下，排除乙醇、水分及其他挥发组分后的残留物。固形物主要来自加浆水中的无机成分。蒸馏及贮存过程中金属制冷凝器、陶器和铝制容器在酸性条件下，溶解于酒生成的有机酸盐类，装酒瓶不干净和过滤介质残留于成品酒中也可能使固形物超标。

蒸馏中引入的极少量高沸点有机物，也是固形物的来源之一。用合格的酿造用水和严格的工艺条件生产的酒，一般说来固形物不会超标。如果水源含有较大量的无机盐和固形物，不仅会使成品酒固形物超标，而且也会影响酒的口味甚至造成沉淀或浑浊，这样的水必须经过处理，才能用于酿酒，尤其是用于加浆。

国家标准规定，优级、一级、二级白酒均不得加入非自身发酵产生的物质。目前，有些企业为了追求利润，采用低级酒加入添加剂的办法来提高产品等级，这些添加剂中有不少是不挥发物，如食盐、味精、冰糖、蛋白糖、高锰酸钾、甘油和各种香精中的高沸点成分等，它们会使固形物含量增加。因此，测定固形物在目前还是判别是否加入非自身发酵产生的物质的一种手段。

9.2.2　固形物的国家标准

各香型白酒对固形物的要求见本书第 8 章"8.4 白酒感官标准及品评要点"中各香型白

酒的理化指标要求。

9.2.3　固形物重量法测定

9.2.3.1　原理

白酒经蒸发、烘干后，不挥发性物质残留于皿中，用称量法测定。

9.2.3.2　仪器

电热干燥箱：控温精度±2℃。

分析天平：感量 0.1mg。

瓷蒸发皿（或玻璃蒸发皿）：100mL。

干燥器：用变色硅胶作干燥剂。

9.2.3.3　分析步骤

吸取样品 50.0mL，注入已烘干至恒重的 100mL 瓷蒸发皿或玻璃蒸发皿内，置于沸水浴上，蒸发至干，然后将蒸发皿放入（103±2）℃电热干燥箱内，烘 2h，取出，置于干燥器内 30min 称量，再放入（103±2）℃热干燥箱内，烘 1h，取出，置于干燥器内 30min 称量。重复上述操作，直至恒重。

9.2.3.4　结果计算

样品中的固形物含量按下式计算。

$$X = \frac{m - m_1}{50.0} \times 1000 \tag{9-3}$$

式中　X——样品中固形物的质量浓度，g/L；

　　　m——固形物和蒸发皿的质量，g；

　　　m_1——蒸发皿的质量，g；

　　　50.0——吸取样品的体积，mL。

所得结果应表示至两位小数。

9.2.3.5　精密度

在重复性条件下获得的两次独立测定结果的绝对差值不应超过平均值的 2%。

9.2.3.6　注意事项

蒸发皿为敞口器皿，蒸发时要严防尘埃和其他脏物落入。固形物含量很低，很少一点外来杂质引入都会影响测定结果。为此蒸发皿最好盖上表面皿。

固形物干燥时，应将蒸发皿放在烘箱上层隔板，排列于以温度计为中心的 1/3～1/2 面积上。一次测定的试样份数不能太多，否则会因从烘箱取出蒸发皿的时间太长，而使蒸发皿吸湿而产生误差。

本法操作中特意强调蒸发皿置于蒸馏水沸水浴上蒸发，是为了引起注意。一般自来水固形物含量较高，蒸发皿在自来水沸水浴上蒸发，由于底上接触自来水，干燥后会沾有少量固形物而使蒸发皿质量增加。

9.3　总酯测定

酯是白酒中香味的主要来源，成分极为复杂，其中乙酸乙酯、己酸乙酯、乳酸乙酯、丁酸乙酯占白酒总酯量的 90％左右，是白酒中酯的主要成分。

9.3.1　指示剂法

（1）原理　用碱中和样品中的游离酸，再准确加入一定量的碱，加热回流使酯类皂化，用硫酸标准滴定溶液进行中和滴定，通过消耗酸的量计算总酯的含量。

（2）仪器

全玻璃蒸馏器：500mL；

全玻璃回流装置：回流瓶 1000mL、250mL（冷凝管不短于 45cm）；

碱式滴定管：25mL 或 50mL；

酸式滴定管：25mL 或 50mL。

（3）试剂和溶液

氢氧化钠标准滴定溶液[c(NaOH)＝0.1mol/L]：按 GB/T 601—2016 配制与标定。

氢氧化钠标准溶液[c(NaOH)＝3.5mol/L]：称取 110g 氢氧化钠，溶于 100mL 无二氧化碳的水中，摇匀，注入聚乙烯容器中，密闭放置至溶液清亮，量取上层清液 18.9mL，用无二氧化碳的水稀释至 100mL，摇匀。

硫酸标准滴定溶液[$c(\frac{1}{2}H_2SO_4)＝0.1mol/L$]：按 GB/T 601—2016 配制与标定。

乙醇溶液（95％，体积分数）：量取 950mL 乙醇，加入 50mL 水，混匀。

乙醇（无酯）溶液（40％，体积分数）：量取 95％乙醇溶液 600mL 于 1000mL 回流瓶中，加入 3.5mol/L 氢氧化钠溶液 5mL，加热回流皂化 1h。然后移入全玻璃蒸馏器中重蒸，再配成乙醇（无酯）溶液（40％，体积分数）。

酚酞指示剂（10g/L）：按 GB/T 603—2023 配制。

（4）分析步骤　吸取样品 50.0mL 于 250mL 回流瓶中，加 2 滴酚酞指示液，以 0.1mol/L 氢氧化钠标准滴定溶液滴定至微红色 30s 不褪色（切勿过量），记录消耗氢氧化钠标准滴定溶液的体积（mL）。

准确加入 0.1mol/L 氢氧化钠标准滴定溶液 25.00mL（若样品总酯含量高时，可加入 50.00mL），摇匀，放入几颗沸石或玻璃珠，装上冷凝管（冷却水温度宜低于 15℃），于沸水浴上回流 30min，取下，冷却。

用硫酸标准滴定溶液进行滴定，使红色刚好完全消失为其终点，记录消耗硫酸标准滴定溶液的体积 V_1。同时，吸取乙醇（无酯）溶液（40％，体积分数）50mL，按上述方法同样操作做空白试验，记录消耗硫酸标准滴定溶液的体积 V_0。

（5）结果计算　样品中的总酯含量按下式计算：

$$X_1 = \frac{c_1 \times (V_0 - V_1) \times 88}{50.0} \tag{9-4}$$

式中　X_1——样品中总酯含量，以质量浓度表示（以乙酸乙酯计），g/L；

　　　c_1——硫酸标准滴定溶液的实际摩尔浓度，mol/L；

V_0——空白试验样品消耗硫酸标准滴定溶液的体积，mL；

V_1——样品消耗硫酸标准滴定溶液的体积，mL；

88——乙酸乙酯的摩尔质量，g/mol，$M(CH_3COOC_2H_5)=88g/mol$；

50.0——吸取样品的体积，mL。

计算结果表示至小数点后两位。

（6）精密度　在重复性测定条件下获得的两次独立测定结果的绝对差值不得超过其算术平均值的 2%。

9.3.2　电位滴定法

（1）原理　用碱中和样品中的游离酸，再加入一定量的碱，回流皂化。用硫酸标准滴定溶液进行中和滴定，以 pH＝8.70 指示终点，以消耗硫酸标准滴定溶液的量计算总酯的含量。

（2）仪器

全玻璃蒸馏器：500mL；

全玻璃回流装置：回流瓶 1000mL、250mL（冷凝管不短于 45cm）；

碱式滴定管：25mL 或 50mL；

酸式滴定管：25mL 或 50mL；

电位滴定仪（或酸度计）：精度 0.01pH，附磁力搅拌装置。

pH 玻璃酸碱电极。

（3）试剂和溶液　试剂和溶液同指示剂法。

（4）分析步骤　按使用说明书安装调试仪器，根据溶液温度进行校正定位。

吸取样品 50.0mL 于 250mL 回流瓶中，加 2 滴酚酞指示液，以 0.1mol/L 氢氧化钠标准滴定溶液滴定至微红色 30s 不褪色（切勿过量），记录消耗氢氧化钠标准滴定溶液的体积（mL）。

准确加入 0.1mol/L 氢氧化钠标准滴定溶液 25.00mL（若样品总酯含量高时，可加入 50.00mL），摇匀，放入几颗沸石或玻璃珠，装上冷凝管（冷却水温度宜低于 15℃），于沸水浴上回流 30min，取下，冷却，将样液移入 100mL 小烧杯中，用 10mL 水分次冲洗回流瓶，洗液并入小烧杯。

插入电极，放入一枚磁力搅拌子，置于电磁搅拌器上，开始搅拌，初始阶段可快速滴加硫酸标准滴定溶液，当样液 pH＝9.00 后，放慢滴定速度，每次滴加半滴溶液，直至 pH＝8.70 为其终点，记录消耗硫酸标准滴定溶液的体积 V_1。

吸取乙醇（无酯）溶液（40%，体积分数）50.00mL 按上述方法同样操作做空白试验，记录消耗硫酸标准滴定溶液的体积 V_0。

（5）结果计算　同指示剂法。

（6）精密度　在重复性测定条件下获得的两次独立测定结果的绝对差值不超过其算术平均值的 2%。

9.4　酸酯总量

白酒中总酸包括甲酸、乙酸、丁酸等脂肪酸和乳酸、琥珀酸等，酸类是构成酯类的成分之一，同时酸类又是酒的呈味物质。酸量过大时使酒发酸发涩，酸不足时酒味寡淡、不协调。白酒中总酯包括乙酸乙酯、己酸乙酯、乳酸乙酯、丁酸乙酯等，酯类物质是白酒的主要呈香物质，白酒中酸酯总量是衡量白酒质量的重要指标。

9.4.1　指示剂法

（1）原理　以碱中和试样中的游离酸，再加入一定量的碱，加热回流使酯类皂化，以酸中和剩余的碱，通过计算碱的总消耗量得出酸酯总量。

（2）仪器　同指示剂法测定白酒中总酯含量。

（3）试剂和溶液　同指示剂法测定白酒中总酯含量。

（4）试验步骤　以碱中和试样中的游离酸，试验步骤同白酒中总酯含量测定，记录消耗氢氧化钠标准滴定溶液的体积 V_2。

加热回流及中和剩余的碱，试验步骤同白酒中总酯含量测定，记录空白试验样品消耗硫酸标准滴定溶液体积 V_0、样品消耗硫酸标准滴定溶液体积 V_1。

（5）结果计算　样品中的酸酯总量按下式计算：

$$X_2 = \frac{[c_3 \times V_2 + c_1 \times (V_0 - V_1)] \times 1000}{50.0} \tag{9-5}$$

式中　X_2——样品中的酸酯总量，mmol/L；

$\quad c_3$——氢氧化钠标准滴定溶液的实际摩尔浓度，mol/L；

$\quad V_2$——样品中总酸所消耗的氢氧化钠标准滴定溶液的体积，mL；

$\quad c_1$——硫酸标准滴定溶液的实际摩尔浓度，mol/L；

$\quad V_0$——空白试验样品消耗硫酸标准滴定溶液的体积，mL；

$\quad V_1$——样品消耗硫酸标准滴定溶液的体积，mL；

$\quad 50.0$——吸取样品的体积，mL。

计算结果表示至小数点后一位。

（6）精密度　在重复性测定条件下获得的两次独立测定结果的绝对差值不超过其算术平均值的 2%。

9.4.2　电位滴定法

（1）原理　以碱中和试样中的游离酸，再加入一定量的碱，加热回流使酯类皂化，以酸中和剩余的碱。通过计算碱的总消耗量得出酸酯总量。

（2）仪器　同电位滴定法白酒总酯含量测定。

（3）试剂和溶液　同电位滴定法白酒总酯含量测定。

（4）试验步骤　按使用说明书安装调试仪器，根据溶液温度校正 pH 电极。

吸取样品 50.0mL（若用复合电极可酌情增加取样量）于 100mL 烧杯中，插入 pH 玻璃酸碱电极，放入一枚磁力转子，置于磁力搅拌装置上，开始搅拌，初始阶段可快速滴加 0.1mol/L 氢氧化钠标准滴定液，当 pH=8.00 后，放慢滴定速度，每次滴加半滴溶液，直至 pH=9.00 为其终点，记录消耗氢氧化钠标准滴定溶液的体积，然后将样液转移至蒸馏瓶中，并用少量的水分次冲洗烧杯，并转移至蒸馏瓶中。

加热回流及中和剩余碱，试验步骤同白酒中总酯含量测定，记录空白试验样品消耗硫酸标准滴定溶液体积 V_0、样品消耗硫酸标准滴定溶液体积 V_1。

(5) 结果计算 同指示剂法白酒中酸酯总量测定。

(6) 精密度 在重复性测定条件下获得的两次独立测定结果的绝对差值不超过其算术平均值的 2%。

9.5 酯类物质及正丙醇、β-苯乙醇的测定

酯类是白酒香味的重要组成成分，其成分极为复杂，主要包括乙酸乙酯、乳酸乙酯、己酸乙酯、丁酸乙酯，它们占白酒总酯量的 90%，其含量直接影响白酒的风格。正丙醇又称 1-丙醇，在固体白酒生产中作为酒精的副产物出现，属于高级醇类，在白酒中呈一定涩味，但也有呈味和助香作用。β-苯乙醇又称 2-苯乙醇，是一种具有玫瑰花香、蜜香的芳香高级醇，是白酒中重要的高沸点香气成分。本小节讲述气相色谱法测定酯类物质及正丙醇、β-苯乙醇。

(1) 原理 样品被气化后，经色谱柱分离，由于被测定组分在气液两相中具有不同的分配系数，分离后的各待测组分按先后顺序流出色谱柱，进入氢火焰离子化检测器检测，根据色谱图上各组分峰的保留值与标品相对照进行定性，利用峰面积（或峰高），以内标法定量。

(2) 试剂和材料

乙醇：色谱纯。

乙酸乙酯、丁酸乙酯、己酸乙酯、乳酸乙酯、正丙醇、β-苯乙醇等标准物质：纯度99%，或经国家认证并授予标准物质证书的标准物质。

叔戊醇、乙酸正戊酯、乙酸正丁酯标准物质：纯度≥99%，或经国家认证并授予标准物质证书的标准物质，作为内标使用。

乙醇溶液（50%，体积分数）：量取 250mL 色谱纯乙醇，加入 250mL 水，充分混匀。

正丙醇标准物质储备溶液（10000mg/L）：准确称取 1.0g（精确至 1mg）正丙醇标准物质，加入适量的乙醇溶液（50%，体积分数）溶解，转移至 100mL 容量瓶中，定容，充分混匀。

β-苯乙醇标准物质储备溶液（500mg/L）：准确称取 0.05g（精确至 1mg）β-苯乙醇标准物质，加入适量的乙醇溶液（50%，体积分数）溶解，转移至 100mL 容量瓶中，定容，充分混匀。

酯类标准物质混合储备溶液（乙酸乙酯、己酸乙酯、乳酸乙酯均为 25000mg/L，丁酸乙酯为 2500mg/L）：分别准确称取 2.50g（精确至 1mg）乙酸乙酯标准物质、己酸乙酯标准物质、乳酸乙酯标准物质，0.25g（精确至 1mg）丁酸乙酯标准物质，加入适量的色谱纯乙醇溶解，转移至 100mL 容量瓶中，定容，充分混匀。

叔戊醇、乙酸正戊酯混合内标溶液（20000mg/L）：使用毛细管色谱柱时作内标使用。分别准确称取 2.0g（精确至 1mg）叔戊醇标准物质、乙酸正戊酯标准物质，加入适量的乙醇溶液（50%，体积分数）溶解，转移至 100mL 容量瓶中，定容，充分混匀。

乙酸正丁酯内标溶液（20000mg/L）：使用填充色谱柱时作内标使用。准确称取乙酸正丁酯标准物质 2.0g（精确至 1mg），加入适量的乙醇溶液（50%，体积分数）溶解，转移至 100mL 容量瓶中，定容，充分混匀。

酯类、醇类系列混合标准工作溶液 1：分别吸取 0.1mL、0.2mL、0.4mL、0.6mL、1.0mL 正丙醇标准物质储备溶液、β-苯乙醇标准物质储备溶液和酯类标准物质混合储备溶液于 5 个 10mL 容量瓶中，然后分别加入 0.1mL 叔戊醇、乙酸正戊酯内标溶液，使用乙醇溶液（50%，体积分数）定容，充分混匀。配制成乙酸乙酯、己酸乙酯、乳酸乙酯均为250mg/L、500mg/L、1000mg/L、1500mg/L、2500mg/L，丁酸乙酯为 25mg/L、50mg/

L、100mg/L、150mg/L、250mg/L，正丙醇为 100mg/L、200mg/L、400mg/L、600mg/L、1000mg/L，β-苯乙醇为 5mg/L、10mg/L、20mg/L、30mg/L、50mg/L 的系列混合标准工作溶液，现配现用。

酯类、醇类系列混合标准工作溶液 2：分别吸取 0.1mL、0.2mL、0.4mL、0.6mL、1.0mL 正丙醇标准物质储备溶液、酯类标准物质储备溶液于 5 个 10mL 容量瓶中，然后分别加入 0.1mL 乙酸正丁酯内标溶液，使用乙醇溶液（50%，体积分数）定容，充分混匀。配制成乙酸乙酯、己酸乙酯、乳酸乙酯均为 250mg/L、500mg/L、1000mg/L、1500mg/L、2500mg/L，丁酸乙酯为 25mg/L、50mg/L、100mg/L、150mg/L、250mg/L，正丙醇为 100mg/L、200mg/L、400mg/L、600mg/L、1000mg/L 系列混合标准工作溶液，现配现用。

（3）仪器和设备

气相色谱仪：配氢火焰离子化检测器（FID）。

分析天平：感量为 0.1mg。

移液器：0.1～1.0mL。

（4）试验步骤

① 试验条件

a. 毛细管色谱柱　聚乙二醇毛细管柱（60m×0.25mm×025μm）或（50m×0.25mm×0.20μm）或其他具有同等分析效果的色谱柱。

升温程序：初温 35℃，保持 1min，以 3.0℃/min 升至 70℃，以 3.5℃/min 升至 180℃，再以 15℃/min 升至 210℃，保持 6min。

检测器温度：250℃。

进样口温度：250℃。

恒流模式：1.0mL/min。

进样量：1.0μL。

分流比：40∶1。

b. 填充色谱柱　柱长不短于 2m。

载体：Chromosorb W（AW）或白色担体 102（酸洗，硅烷化），80～100 目（0.18～0.125mm）。

固定液：20% 邻苯二甲酸二壬酯（DNP）加 7% 吐温 80，或 10% 聚乙二醇（PEG）1500 或 PEG 20mol/L。

载气（高纯氮）：流速为 150mL/min。

氢气：流速为 40mL/min。

空气：流速为 400mL/min。

检测器温度：150℃。

进样口温度：150℃。

柱温：90℃，等温。

② 绘制标准曲线

a. 毛细管色谱柱　移取适量的酯类、醇类系列混合标准工作溶液 1，按照毛细管色谱参考条件进样测定，以各酯类、醇类组分单标准品色谱峰的保留时间为依据进行定性，以各酯类、醇类浓度与对应内标浓度的比值为横坐标，各酯类、醇类组分峰面积与对应内标峰面积的比值为纵坐标，其中正丙醇、β-苯乙醇以叔戊醇为内标，乙酸乙酯、丁酸乙酯、己酸乙酯、乳酸乙酯以乙酸正戊酯为内标，绘制标准工作曲线。

　　b. 填充色谱柱　移取适量的酯类、醇类系列混合标准工作溶液 2，按照色谱参考填充柱条件进样测定，以各酯类、醇类组分单标准品色谱峰的保留时间为依据进行定性，以各酯类、醇类浓度与乙酸正丁酯内标浓度的比值为横坐标，各酯类、醇类组分峰面积与乙酸正丁酯内标峰面积的比值为纵坐标，绘制标准工作曲线。

　　③ 样品测定　移取适量样品置于 10mL 容量瓶中，加入 0.1mL 内标溶液叔戊醇、乙酸正戊酯混合内标溶液或乙酸正丁酯内标溶液，使用同一样品定容，充分混匀，按照相应色谱参考条件测定样品。由标准工作曲线得到样品中各待测组分的质量浓度与对应内标的质量浓度的比值 I_i，再根据待测组分对应内标的浓度 ρ_i，计算样品中各待测组分的含量。

　　(5) 结果计算　样品中乙酸乙酯、丁酸乙酯、己酸乙酯、乳酸乙酯、正丙醇的含量按下式计算。

$$X_i = \frac{I_i \times \rho_i}{1000} \tag{9-6}$$

式中　X_i——样品中乙酸乙酯、丁酸乙酯、己酸乙酯、乳酸乙酯、正丙醇的含量，以质量浓度表示，g/L；

　　　I_i——从标准曲线得到的待测液中乙酸乙酯、丁酸乙酯、己酸乙酯、乳酸乙酯、正丙醇的浓度与对应的内标浓度的比值；

　　　ρ_i——乙酸乙酯、丁酸乙酯、己酸乙酯、乳酸乙酯、正丙醇对应内标的质量浓度，mg/L；

　　1000——单位换算系数。

计算结果表示至小数点后两位。

样品中 β-苯乙醇的含量按下式计算：

$$X_{\beta\text{-苯乙醇}} = I_{\beta\text{-苯乙醇}} \times \rho_{\beta\text{-苯乙醇}}$$

式中　$X_{\beta\text{-苯乙醇}}$——样品中 β-苯乙醇的含量，以质量浓度表示，mg/L；

　　　$I_{\beta\text{-苯乙醇}}$——从标准曲线得到的待测液 β-苯乙醇质量浓度与叔戊醇内标质量浓度的比值；

　　　$\rho_{\beta\text{-苯乙醇}}$——叔戊醇内标的质量浓度，mg/L。

计算结果以整数表示。

　　(6) 精密度　在重复性测定条件下获得的两次独立测定结果的绝对差值不超过其算术平均值的 5%。

9.6　乙酸的测定

采用气相色谱法。

　　(1) 原理　样品被气化后，经色谱柱分离，由于被测定组分在气液两相中具有不同的分配系数，分离后的各待测组分按先后顺序流出色谱柱，进入氢火焰离子化检测器检测，根据色谱图上各组分峰的保留值与标品相对照进行定性，利用峰面积（或峰高），以内标法定量。

　　(2) 试剂和材料

乙醇：色谱纯。

乙酸标准物质：纯度≥99% 或经国家认证并授予标准物质证书的标准物质。

2-乙基丁酸标准物质：纯度≥99% 或经国家认证并授予标准物质证书的标准物质，作为内标使用。

乙醇溶液（50%，体积分数）：量取250mL色谱纯乙醇，加入250mL水，充分混匀。

乙酸标准物质储备溶液（20000mg/L）：准确称取2.0g（精确至1mg）乙酸标准物质，加入适量乙醇溶液（50%，体积分数）溶解，转移至100mL容量瓶中，定容，充分混匀。

2-乙基丁酸内标溶液（200000mg/L）：称取2.0g（精确至1mg）2-乙基丁酸标准物质，加入适量乙醇溶液（50%，体积分数）溶解，转移至100mL容量瓶中，定容，充分混匀。

乙酸系列标准工作溶液：分别准确吸取0.2mL、0.4mL、0.6mL、0.8mL、1.0mL乙酸标准储备溶液于10mL容量瓶中，然后分别加入0.1mL 2-乙基丁酸内标溶液，用乙醇溶液（50%，体积分数）定容，摇匀配制成400mg/L、800mg/L、1200mg/L、1600mg/L、2000mg/L的乙酸系列标准工作溶液，现配现用。

（3）仪器和设备

气相色谱仪：配氢火焰离子化检测器（FID）。

分析天平：感量为0.1mg。

移液器：0.1～1.0mL。

（4）试验步骤

① 试验条件

毛细管色谱柱：聚乙二醇毛细管柱（60m×0.25mm×025μm）或（50m×0.25mm×0.20μm）或其他具有同等分析效果的色谱柱。

升温程序：初温35℃，保持1min，以3.0℃/min升至70℃，以3.5℃/min升至180℃，再以15℃/min升至210℃，保持6min。

检测器温度：250℃。

进样口温度：250℃。

恒流模式：1.0mL/min。

进样量：1.0μL。

分流比：40∶1。

② 绘制标准曲线　移取适量的乙酸系列标准工作溶液，按照色谱参考条件测定，以乙酸系列标准工作溶液浓度与2-乙基丁酸内标溶液浓度的比值为横坐标，乙酸系列标准工作溶液峰面积与2-乙基丁酸内标溶液峰面积的比值为纵坐标，绘制标准曲线。

③ 样品测定　移取适量的样品置于10mL容量瓶中，加入0.1mL 2-乙基丁酸内标溶液，使用同一样品定容，充分混匀。按照色谱参考条件测定，根据乙酸标准物质的保留时间，与待测样品中乙酸的保留时间进行定性。根据待测液中乙酸与2-乙基丁酸内标溶液的峰面积之比，由标准工作曲线得到待测液中乙酸与2-乙基丁酸内标溶液浓度的比值，再根据2-乙基丁酸内标溶液的浓度，计算样品中乙酸的含量。

（5）结果计算　样品中乙酸含量按下式计算：

$$X_{乙酸} = \frac{I_i \times \rho_i}{1000} \tag{9-7}$$

式中　$X_{乙酸}$——样品乙酸含量，以质量浓度表示，g/L；

I_i——从标准曲线得到的待测液中乙酸浓度与对应的内标浓度的比值；

ρ_i——乙酸对应内标的质量浓度，mg/L；

1000——单位换算系数。

计算结果表示至小数点后两位。

（6）精密度　在重复性测定条件下获得的两次独立测定结果的绝对差值不超过其算术平均值的 10%。

9.7　己酸测定

9.7.1　毛细管气相色谱法

（1）原理　样品被气化后，经色谱柱分离，由于被测定组分在气液两相中具有不同的分配系数，分离后的各待测组分按先后顺序流出色谱柱，进入氢火焰离子化检测器检测，根据色谱图上各组分峰的保留值与标品相对照进行定性，利用峰面积（或峰高），以内标法定量。

（2）试剂和材料

乙醇：色谱纯。

己酸标准物质：纯度≥99.5%，或经国家认证并授予标准物质证书的标准物质。

2-乙基丁酸标准物质：纯度≥99%，或经国家认证并授予标准物质证书的标准物质。

乙醇溶液（50%，体积分数）：量取 250mL 色谱纯乙醇，加入 250mL 水，充分混匀。

己酸标准物质储备溶液（10000mg/L）：称取 1.0g（精确至 1mg）己酸标准物质，加入适量乙醇溶液（50%，体积分数）溶解，转移至 100mL 容量瓶中，定容，充分混匀。

2-乙基丁酸内标溶液（20000mg/L）：称取 2.0g（精确至 1mg）2-乙基丁酸标准物质，加入适量乙醇溶液（50%，体积分数）溶解，转移至 100mL 容量瓶中，定容，充分混匀。

己酸系列标准工作溶液：分别准确吸取 0.2mL、0.4mL、0.6mL、0.8mL、1.0mL 己酸标准储备溶液于 10mL 容量瓶中，然后分别加入 0.1mL 的 2-乙基丁酸内标溶液，使用乙醇溶液（50%，体积分数）定容，充分混匀，配制成 200mg/L、400mg/L、600mg/L、800mg/L、1000mg/L 的己酸系列标准工作溶液，现配现用。

（3）仪器和设备

气相色谱仪：配氢火焰离子化检测器（FID）。

分析天平：感量为 0.1mg。

移液器：0.1~1.0mL。

（4）试验步骤

① 试验条件

毛细管色谱柱：聚乙二醇毛细管柱（60m×0.25mm×025μm）或（50m×0.25mm×0.20μm）或其他具有同等分析效果的色谱柱。

升温程序：初温 35℃，保持 1min，以 3.0℃/min 升至 70℃，以 3.5℃/min 升至 180℃，再以 15℃/min 升至 210℃，保持 6min。

检测器温度：250℃。

进样口温度：250℃。

恒流模式：1.0mL/min。

进样量：1.0μL。

分流比：40∶1。

② 绘制标准曲线　移取适量的己酸系列标准工作溶液，按照色谱参考条件测定，以己酸系列标准工作溶液浓度与 2-乙基丁酸内标溶液浓度的比值为横坐标，己酸系列标准工作溶液峰面积与 2-乙基丁酸内标溶液峰面积的比值为纵坐标，绘制标准曲线。

③ 样品测定　移取适量的样品置于 10mL 容量瓶中，加入 0.1mL 2-乙基丁酸内标溶液，使用同一样品定容，充分混匀。按照色谱参考条件测定，根据己酸标准物质的保留时间，与待测样品中己酸的保留时间进行定性。根据待测液中己酸与 2-乙基丁酸内标溶液的峰面积之比，由标准工作曲线得到的待测液中己酸与 2-乙基丁酸内标溶液浓度的比值，再根据 2-乙基丁酸内标溶液的浓度，计算样品中己酸的含量。

（5）结果计算　样品中己酸含量按下式计算：

$$X_{己酸} = \frac{I_i \times \rho_i}{1000} \tag{9-8}$$

式中　$X_{己酸}$——样品己酸含量，以质量浓度表示，g/L；

I_i——从标准曲线得到的待测液中己酸浓度与对应的内标浓度的比值；

ρ_i——己酸对应内标的质量浓度，mg/L；

1000——单位换算系数。

计算结果表示至小数点后两位。

（6）精密度　在重复性测定条件下获得的两次独立测定结果的绝对差值不超过其算术平均值的 10%。

9.7.2　离子色谱法

（1）原理　样品用水稀释后，经过阴离子交换色谱柱分离，电导检测器测定，以保留时间定性，以外标法定量。

（2）试剂和材料　除非另有说明，所有试剂均为分析纯，水为 GB/T 6682—2008 规定一级水。

所用试剂有乙醇（色谱纯）、碳酸钠、碳酸氢钠、氢氧化钠等。

己酸标准物质：纯度≥99.5%，或经国家认证并授予标准物质证书的标准物质。

碳酸钠溶液（1mmol/L）：准确称取 0.106g 碳酸钠，用适量水溶解，定容至 1000mL，混匀。

碳酸钠和碳酸氢钠混合溶液（碳酸钠 13mmol/L，碳酸氢钠 2mmol/L）：准确称取 1.378g 碳酸钠和 0.168g 碳酸氢钠，用适量水溶解，定容至 1000mL，混匀。

氢氧化钠溶液（100mmol/L）：称取 4.0g 氢氧化钠，用适量水溶解，定容至 1000mL，混匀。也可以使用自动淋洗液发生器 OH‾ 型制备。

乙醇溶液（50%，体积分数）：量取 250mL 色谱纯乙醇，加入 250mL 水，充分混匀。

己酸标准储备溶液（1000mg/L）：称取 0.1g（精确至 1mg）己酸标准物质，加入适量的乙醇溶液（50%，体积分数）溶解，转移至 100mL 容量瓶中，定容，充分混匀。

己酸系列标准工作溶液：分别移取适量的己酸标准储备溶液，用水配制成 5.0mg/L、10.0mg/L、15.0mg/L、20.0mg/L、30.0mg/L 的系列标准工作溶液，现配现用。

（3）仪器

离子色谱仪：配电导检测器和梯度淋洗系统。

分析天平：感量 0.1mg。

有机系微孔滤膜：0.45μm。

（4）试验步骤

① 样品前处理　准确移取 1.0mL 样品于 50mL 容量瓶中，用水定容，混匀；稀释后的

样品用有机系微孔滤膜过滤，收集 1mL 过滤后的样品于样品瓶中，待测。

② 色谱参考条件

a. 碳酸根/碳酸氢根淋洗体系色谱参考条件　阴离子交换色谱柱为聚苯乙烯及二乙烯基苯共聚物填料，季铵盐活性基团，4.0mm×250mm（带相同类型保护柱 4.0mm×5mm），或性能相当的离子色谱柱；淋洗液 A 为碳酸钠溶液，B 为碳酸钠和碳酸氢钠混合溶液；抑制器为超微填充嵌体结构；流速为 0.7mL/min；柱温箱温度为室温；进样体积为 20μL；检测器为电导检测器；检测池温度为 35℃；梯度洗脱程序见表 9-1。

表 9-1　碳酸根/碳酸氢根淋洗体系梯度洗脱程序

序号	时间/min	A/%	B/%
1	0	100	0
2	18	100	0
3	18	0	100
4	23	0	100
5	23	100	0
6	45	100	0

b. 氢氧根淋洗体系色谱参考条件　阴离子色谱柱为二乙烯基苯-乙基乙烯基苯共聚物填料，烷醇基季铵盐交换官能团，4.0mm×250mm（带相同类型保护柱 4.0mm×5mm），或性能相当的离子色谱柱；淋洗液由氢氧根淋洗液在线发生器产生；抑制器为自循环模式或相当性能的抑制器，抑制电流 93mA；流速为 1.5mL/min；柱温箱温度为 35℃；进样体积为 20μL；检测器为电导检测器；检测池温度为 35℃；梯度洗脱程序见表 9-2。

表 9-2　氢氧根淋洗体系梯度洗脱程序

序号	时间/min	淋洗浓度/(mmol/L)
1	0	5
2	15	5
3	20	60
4	25	60
5	26	5
6	33	5

③ 标准曲线绘制　取己酸系列标准工作溶液，按照色谱参考条件进行测定，以己酸色谱峰的保留时间为依据进行定性，以己酸系列标准工作溶液的浓度为横坐标，以峰面积为纵坐标，绘制标准曲线。

④ 样品测定　将制备的样品注入离子色谱仪中，按照色谱参考条件测定己酸色谱峰面积，根据标准工作曲线得到待测液中己酸的含量。

（5）结果计算　样品中己酸的含量按下式进行计算：

$$X_4 = \frac{\rho_1}{1000} \times n \qquad (9\text{-}9)$$

式中　X_4——样品中己酸的含量，以质量浓度表示，g/L；

ρ_1——从标准曲线上查得的待测液中己酸的质量浓度，mg/L；

n——样品稀释倍数。

计算结果表示至小数点后两位。

（6）精密度　在重复性测定条件下获得的两次独立测定结果的绝对差值不超过其算术平均值的 10%。

9.8 丙酸乙酯测定

采用气相色谱法测定丙酸乙酯的含量。

（1）原理 样品被气化后，经色谱柱分离，由于被测定组分在气液两相中具有不同的分配系数，分离后的各待测组分按先后顺序流出色谱柱，进入氢火焰离子化检测器检测，根据色谱图上各组分峰的保留值与标品相对照进行定性，利用峰面积（或峰高），以内标法定量。

（2）试剂和材料

乙醇：色谱纯。

丙酸乙酯标准物质：纯度≥99％，或经国家认证并授予标准物质证书的标准物质。

乙酸正戊酯标准物质：纯度≥99％，或经国家认证并授予标准物质证书的标准物质，作为内标使用。

乙醇溶液（50％，体积分数）：量取250mL色谱纯乙醇，加入250mL水，充分混匀。

乙酸正戊酯内标溶液（10000mg/L）：称取0.5g（精确至1mg）乙酸正戊酯标准物质，加入适量的乙醇溶液（50％，体积分数）溶解，转移至50mL容量瓶中，定容，充分混匀。

丙酸乙酯标准物质储备溶液（1000mg/L）：准确称取0.1g（精确至1mg）丙酸乙酯标准物质，加入适量的乙醇溶液（50％，体积分数）溶解，转移至100mL容量瓶中，定容，充分混匀。

丙酸乙酯系列标准工作溶液：分别吸取0.05mL、0.1mL、0.2mL、0.3mL、0.4mL丙酸乙酯储备溶液于5个10mL容量瓶中，分别加入0.1mL乙酸正戊酯内标溶液，用乙醇溶液（50％，体积分数）定容，充分混匀，依次配制成5.0mg/L、10.0mg/L、20.0mg/L、30.0mg/L、40.0mg/L系列标准工作溶液，现配现用。

（3）仪器和设备

气相色谱仪，配氢火焰离子化检测器（FID）。

分析天平：感量为0.1mg。

移液器：0.1～1.0mL。

（4）试验步骤

① 试验条件

色谱参考条件：中极性固定相为6％氰丙基苯＋94％二甲基硅氧烷（30m×0.53mm×3.0μm）或其他具有同等分析效果的色谱柱。

色谱柱温度：初温35℃，保持8min，以10.0℃/min升至160℃，保持5min。

检测器温度：230℃。

进样口温度：230℃。

载气流速：2.0mL/min。

进样量：1.0μL。

分流比：30∶1。

② 绘制标准曲线 移取适量的丙酸乙酯系列标准工作溶液，按照色谱参考条件进样测定，以丙酸乙酯标准品色谱峰的保留时间为依据进行定性，以丙酸乙酯的浓度与乙酸正戊酯内标溶液浓度的比值为横坐标。以丙酸乙酯峰面积与乙酸正戊酯内标溶液峰面积的比值为纵坐标，绘制标准工作曲线。

③ 样品测定 移取适量的样品置于10mL容量瓶中，加入0.1mL乙酸正戊酯内标溶

液，使用同一样品定容，充分混匀。按照色谱参考条件测定待测液中丙酸乙酯峰面积与乙酸正戊酯内标溶液峰面积，根据待测液中丙酸乙酯与乙酸正戊酯内标溶液峰面积的比值，由标准工作曲线得到待测液中丙酸乙酯与乙酸正戊酯内标溶液浓度的比值 I，再根据乙酸正戊酯内标溶液的质量浓度 ρ_2，计算样品中丙酸乙酯的含量。

（5）结果计算　样品中丙酸乙酯的含量按下式计算：

$$X_5 = I \times \rho_2 \tag{9-10}$$

式中　X_5——样品中丙酸乙酯的含量，以质量浓度表示，mg/L；

$\quad\quad I$——从标准曲线得到的待测液中丙酸乙酯质量浓度与乙酸正戊酯内标质量浓度的比值；

$\quad\quad \rho_2$——乙酸正戊酯内标的质量浓度，mg/L。

计算结果表示至小数点后一位。

（6）精密度　在重复性测定条件下获得的两次独立测定结果的绝对差值不超过其算术平均值的 5%。

9.9　二元酸二乙酯测定

采用气相色谱法测定二元酸二乙酯的含量。

（1）原理　样品被气化后，经色谱柱分离，由于被测定组分在气液两相中具有不同的分配系数，分离后的各待测组分按先后顺序流出色谱柱，进入氢火焰离子化检测器检测，根据色谱图上各组分峰的保留值与标品相对照进行定性，利用峰面积（或峰高），以内标法定量。

（2）试剂和材料

乙醇：色谱纯。

庚二酸二乙酯、辛二酸二乙酯、壬二酸二乙酯标准物质：纯度 99%，或经国家认证并授予标准物质证书的标准物质。

十四醇标准物质：纯度 99%，或经国家认证并授予标准物质证书的标准物质，作为内标使用。

乙醇溶液（30%，体积分数）：量取 30mL 乙醇，加入 70mL 水，充分混匀。

庚二酸二乙酯、辛二酸二乙酯、壬二酸二乙酯混合标准物质储备溶液（200mg/L）：分别称取 0.02g（精确至 1mg）的庚二酸二乙酯、辛二酸二乙酯、壬二酸二乙酯标准物质，加入乙醇溶液（30%，体积分数）溶解，转移至 100mL 容量瓶中，定容，充分混匀。

十四醇内标溶液（1000mg/L）：称取 0.1g（精确至 1mg）的十四醇标准物质，加适量的色谱纯乙醇溶解，转移至 100mL 容量瓶中，定容，充分混匀。

庚二酸二乙酯、辛二酸二乙酯、壬二酸二乙酯混合标准物质中间溶液（20mg/L）：吸取 1mL 的庚二酸二乙酯、辛二酸二乙酯、壬二酸二乙酯混合标准物质储备溶液，于 10mL 容量瓶中，用乙醇溶液（30%，体积分数）定容，充分混匀。

庚二酸二乙酯、辛二酸二乙酯、壬二酸二乙酯系列混合标准物质工作溶液：分别吸取 0.2mL、0.4mL、0.6mL、1.0mL、2.0mL 的庚二酸二乙酯、辛二酸二乙酯、壬二酸二乙酯混合标准物质中间溶液，于 5 个 10mL 容量瓶中，分别加入 0.1mL 十四醇内标溶液，使用乙醇溶液（30%，体积分数）定容，充分混匀，依次配制成 0.4mg/L、0.8mg/L、1.2mg/L、2.0mg/L、4.0mg/L 系列混合标准工作溶液，现配现用。

（3）仪器和设备

气相色谱仪：配氢火焰离子化检测器（FID）。

分析天平：感量为 0.1mg。

移液器：0.1~1.0mL。

（4）试验步骤

① 试验条件

a. 毛细管色谱柱 聚乙二醇毛细管柱（60m×0.25mm×0.25μm）或（50m×0.25mm×0.20μm）或其他具有同等分析效果的色谱柱。

升温程序：初温 35℃，保持 1min，以 3.0℃/min 升至 70℃，以 3.5℃/min 升至 180℃，再以 15℃/min 升至 210℃，保持 6min。

检测器温度：250℃。

进样口温度：250℃。

恒流模式：1.0mL/min。

进样量：1.0μL。

分流比：40∶1。

b. 气相色谱柱 聚乙二醇气相色谱柱（30m×0.32mm×0.25μm）或等效色谱柱。

色谱柱温度：初温 50℃，保持 3min，以 10.0℃/min 升至 170℃，然后以 5℃/min 升至 180℃，保持 5min，再以 20℃/min 升至 210℃，保持 3min。

检测器温度：250℃。

进样口温度：250℃。

恒压模式-色谱柱压力：82.74kPa（12psi）。

进样量：1.0μL。

分流比：20∶1。

② 绘制标准曲线 移取适量的庚二酸二乙酯、辛二酸二乙酯、壬二酸二乙酯系列混合标准工作溶液，酌情选择上述色谱参考条件进样测定，以庚二酸二乙酯、辛二酸二乙酯、壬二酸二乙酯单标准品色谱峰的保留时间为依据进行定性，以庚二酸二乙酯、辛二酸二乙酯、壬二酸二乙酯浓度与十四醇内标溶液浓度的比值为横坐标，庚二酸二乙酯、辛二酸二乙酯、壬二酸二乙酯峰面积与十四醇内标溶液峰面积的比值为纵坐标，绘制标准工作曲线。

样品测定：移取适量的样品置于 10mL 容量瓶中，加入 0.1mL 十四醇内标溶液，使用同一样品定容，充分摇匀。酌情选择上述色谱参考条件测定待测液中庚二酸二乙酯、辛二酸二乙酯、壬二酸二乙酯峰面积与十四醇内标峰面积。根据待测液中庚二酸二乙酯、辛二酸二乙酯、壬二酸二乙酯与十四醇内标峰面积的比值，由标准工作曲线得到待测液中庚二酸二乙酯、辛二酸二乙酯、壬二酸二乙酯与十四醇内标溶液浓度的比值 I_i，再根据十四醇内标标准物质溶液的浓度，计算样品中庚二酸二乙酯、辛二酸二乙酯、壬二酸二乙酯的含量。

（5）结果计算 样品中庚二酸二乙酯、辛二酸二乙酯、壬二酸二乙酯的含量按下式计算：

$$X_6 = I_i \times \rho_3 \qquad (9\text{-}11)$$

式中 X_6——样品中庚二酸二乙酯、辛二酸二乙酯、壬二酸二乙酯的含量，以质量浓度表示，mg/L；

I_i——从标准曲线得到的待测液中庚二酸二乙酯、辛二酸二乙酯、壬二酸二乙酯质量浓度与十四醇内标质量浓度的比值；

ρ_3——十四醇内标的质量浓度，mg/L。

计算结果表示至小数点后两位。

样品中二元酸二乙酯总量按下式计算。

$$X_7 = \sum X_i \tag{9-12}$$

式中　X_7——样品中二元酸（庚二酸、辛二酸、壬二酸）二乙酯总量，以质量浓度表示，
　　　　　mg/L；

　　　X_i——样品中庚二酸二乙酯、辛二酸二乙酯、壬二酸二乙酯的含量，mg/L。

计算结果表示至小数点后一位。

（6）精密度　在重复性条件下获得的两次独立测定结果的绝对差值不得超过算术平均值
的 10%。

9.10　甲醇测定

甲醇为白酒中的有害成分，其由原料和辅料中果胶质内的甲基酯分解而成，在使用薯
干、谷糠、野生植物等为原辅料时，酒中甲醇含量较高。

甲醇在人体内氧化为甲醛、甲酸，其毒性更胜于甲醇，甲醇在体内有积累作用。因此，
即使是少量甲醇也能引起慢性中毒，表现为头痛恶心，视力模糊，严重时失明。现行食品安
全国家标准 GB 2757—2012 中规定粮谷类蒸馏酒中甲醇含量上限为 0.6g/L，测定方法为气
相色谱法，检出限为 7.5mg/L，定量限为 25mg/L。

采用气相色谱法测定甲醇含量。

（1）原理　白酒中加入内标，经气相色谱分离，氢火焰离子化检测器检测，以保留时间
定性，以外标法定量。

（2）试剂

乙醇（C_2H_6O）：色谱纯。

甲醇（CH_4O，CAS 号为 67-56-1）：纯度≥99%，或经国家认证并授予标准物质证书的
标准物质。

叔戊醇（$C_5H_{12}O$，CAS 号为 75-85-4）：纯度≥99%。

（3）仪器和设备

气相色谱仪：配氢火焰离子化检测器（FID）。

分析天平：感量为 0.1mg。

（4）分析步骤

① 试验条件

色谱柱：聚乙二醇石英毛细管柱，柱长 60m，内径 0.25mm，膜厚 0.25μm，或等效柱。

色谱柱温度：初温 40℃，保持 1min，以 4.0℃/min 升到 130℃，以 20℃/min 升到
200℃，保持 5min。

检测器温度：250℃。

进样口温度：250℃。

载气流量：1.0mL/min。

进样量：1.0μL。

分流比：20∶1。

② 溶液配制

乙醇溶液（40%，体积分数）：量取 40mL 乙醇，用水定容至 100mL，混匀。

甲醇标准储备液（5000mg/L）：准确称取 0.5g（精确至 0.001g）甲醇至 100mL 容量瓶中，用乙醇溶液定容至刻度，混匀，于 0～4℃低温冰箱中密封保存。

叔戊醇标准溶液（20000mg/L）：准确称取 2.0g（精确至 0.001g）叔戊醇至 100mL 容量瓶中，用乙醇溶液定容至 100mL，混匀，于 0～4℃低温冰箱中密封保存。

甲醇系列标准工作液：分别吸取 0.5mL、1.0mL、2.0mL、4.0mL、5.0mL 甲醇标准储备液，于 5 个 25mL 容量瓶中，用乙醇溶液定容至刻度，依次配制成甲醇含量为 100mg/L、200mg/L、400mg/L、800mg/L、1000mg/L 系列标准溶液，现配现用。

③ 标准曲线的制作　分别吸取 10mL 甲醇系列标准工作液于 5 个试管中，然后加入 0.10mL 叔戊醇标准溶液，混匀，测定甲醇和内标叔戊醇色谱峰面积，以甲醇系列标准工作液的浓度为横坐标，以甲醇和叔戊醇色谱峰面积的比值为纵坐标，绘制标准曲线。甲醇及内标叔戊醇标准的气相色谱图见图 9-1。

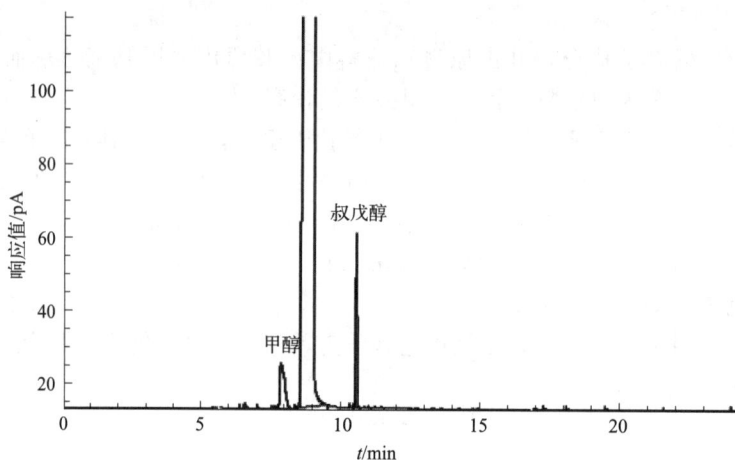

图 9-1　甲醇及内标叔戊醇标准的气相色谱图

④ 试样溶液的测定　吸取试样 10.0mL 于试管中，加入 0.10mL 叔戊醇标准溶液，混匀后注入气相色谱仪中，以保留时间定性，同时记录甲醇和叔戊醇色谱峰面积的比值，根据标准曲线得到待测液中甲醇的浓度。

（5）结果计算　试样中甲醇的含量为：

$$X = \rho \tag{9-13}$$

式中　X——试样中甲醇的含量，mg/L；

ρ——从标准曲线得到的试样溶液中甲醇的浓度，mg/L。

计算结果保留三位有效数字。

（6）精密度　在重复性测定条件下获得的两次独立测定结果的绝对差值不超过其算术平均值的 10%。

9.11　高级醇测定

高级醇又称杂醇油，是指甲醇、乙醇外的高级醇类。它包括正丙醇、异丙醇、正丁醇、异丁醇、正戊醇、仲戊醇、己醇、庚醇等。酒中的高级醇大多是酵母发酵的正常副产物，其主要由蛋白质、氨基酸与糖类经酵母细胞"氮代谢"分解而成，高温发酵、加压发酵、搅拌等均有助于高级醇的形成，另外发酵过程中野生酵母和细菌污染也可以产生一些高级醇。

高级醇为白酒中不可缺少的香气成分之一，它与有机酸结合成脂，使白酒具有独特的香味。但含量过高，与酸、酯等成分比例失调，则为白酒异杂味的主要原因。杂醇油沸点比乙醇高，故在酒尾中杂醇油的含量较高。

除乙醇之外，高级醇约占酒中香气成分的50%，但大多数直链高级醇有辛辣刺鼻的气味。另外高级醇对人体的毒副作用与麻醉作用比乙醇强，其毒性随分子量增加而增大。高级醇在人体内氧化较乙醇慢，停留时间长，能引起头痛等症状。

高级醇含量的测定有对二甲氨基苯甲醛比色法和气相色谱法。

9.11.1 对二甲氨基苯甲醛比色法

（1）原理 杂醇油经硫酸脱水后，转变为不饱和烃。不饱和烃与对二甲氨基苯甲醛发生缩合反应，生成紫红色化合物，该化合物在波长520～543nm处有吸收峰，可用比色法测定。

（2）试剂与仪器

高级醇标准溶液：将异丁醇和异戊醇用重蒸馏法纯化，分别在107.5～108℃和131～132℃收集馏液。取1.04mL异戊醇与0.26mL异丁醇混合于容量瓶中，加10mL无高级醇乙醇，再用水稀释至1000mL，此为储备液。吸取0mL、5mL、10mL、15mL、20mL、25mL、35mL贮备液，分别置于100mL容量瓶中，加入7mL无杂醇油乙醇，用水稀释至刻度，此为使用溶液，分别含有杂醇油0mg/mL、5mg/mL、10mg/mL、15mg/mL、20mg/mL、25mg/mL、35mg/mL。

无高级醇乙醇：取800mL醛含量低的乙醇于回流器中，加盐酸间苯二胺8g，沸水浴回流2h，移入蒸馏器中，于85～90℃水浴蒸馏，弃去始、终馏液各约80mL，收集中馏液。也可以用200mL 50%乙醇加0.25g硫酸银及0.5mL（1+1）硫酸，再加几块沸石，于沸水浴中回流1h，然后蒸馏，收集中间10%～75%部分的馏液。

对二甲氨基苯甲醛（DMAB）溶液：称取0.5g试剂溶于1L硫酸中即成，应当天配制。

试验仪器为可见光分光光度计。

（3）测定步骤

① 试样处理 用蒸馏酒精的方法将试样蒸馏，收集与原试样相同体积的蒸馏液。吸取25mL蒸馏液于250mL圆底烧瓶中，加0.25g硫酸银、0.5mL（1+1）硫酸及几块沸石，加热回流15min。趁热通过冷凝器加入5mL 6mol/L的NaOH溶液和一小撮锌粒，继续回流30min以上。冷却，取下回流冷凝器，改用蒸馏装置，用50mL容量瓶作接收瓶，进行蒸馏，至约48mL馏出液时停止蒸馏。在20℃用水将接收瓶内溶液稀释至刻度，以上操作目的是消除酯类的干扰，当试样中醛的含量很低时，此步骤可以省略。

② 测定 吸取1mL除醛后的蒸馏液于25mL试管中。置试管于冰浴中，加入20mL DMAB溶液，摇匀，以防止局部过热。用同样方式在一系列标准溶液试管中加DMAB溶液，将全部试管移入沸水浴中。准确加热20min，置冰冷水浴中冷却至室温。以空白作参比，在波长525nm处测定试样及各标准溶液的吸光度，用吸光度对标准溶液浓度作图，绘制标准曲线。用试样的吸光度从标准曲线查得相应的杂醇油含量。

（4）结果计算

$$高级醇含量(g/100mL)=c×50×(1/25)×100×(1/1000) \tag{9-14}$$

式中 c——从标准曲线查得的杂醇油含量，mg；

25——吸取试样蒸馏液体积，mL；

50——除醛类后蒸馏液总体积，mL。

（5）注意事项　用对二甲氨基苯甲醛显色，比色法测定酒中杂醇油含量时，不同醇类对显色剂的显色程度很不一致。对相同量醇类，其显色灵敏度为异丁醇＞异戊醇＞正戊醇，而正丙醇、异丙醇、正丁醇等显色灵敏度极差。同时酒中高级醇成分极为复杂，其比例更为不一，因此用某一醇类作为标准来计算杂醇油含量时误差较大。为减小测定误差，标准杂醇油应尽量与酒中杂醇油成分相似。据醇类的显色灵敏度和酒中杂醇油成分分析，采用异丁醇与异戊醇（1:4）作为标准杂醇油混合液，其结果较为接近。

对二甲氨基苯甲醛与杂醇油所呈颜色随时间延长而变浅，但变化缓慢，故呈色后应立即进行比色。

当加入显色剂后应摇匀，若不经摇匀就置入沸水浴中显色，其结果偏低很多。

对二甲氨基苯甲醛浓硫酸溶液需新鲜配制，存放2天后其结果就会偏低。

乙醛含量在0.1%以下基本上无影响，过高时可用盐酸间苯二胺除去。其方法如下：吸取50mL酒样，加盐酸间苯二胺0.25g，煮沸回流1h后，蒸馏，以50mL容量瓶接收。蒸馏至瓶中尚余10mL时，再加水10mL，继续蒸馏至馏出50mL为止，馏出液供杂醇油测定。

9.11.2　气相色谱法

（1）原理　酒样中高级醇（杂醇油）可用气相色谱分离，氢火焰离子化检测器检测，根据保留值进行定性，以内标法定量。

（2）试剂与仪器

标准高级醇与内标溶液（2%，体积分数）：吸取乙醇、正丙醇（内标）、仲丁醇（2-丁醇）、异丁醇、正丁醇、异戊醇、活性戊醇（2-甲基丁醇）、异戊醇（3-甲基丁醇）、4-甲基-2-戊醇及丙烯醇各2mL，分别用40%乙醇稀释定容至100mL。

气相色谱仪：配有氢火焰离子化检测器（FID）。

（3）色谱检测参考条件

色谱柱：毛细管色谱柱，柱长50m。

载气（高纯氮）：流速为30～40mL/min。

氢气：流速为30mL/min。

空气：流速为300mL/min。

检测器温度：220℃。

进样口温度：220℃。

柱温：起始温度40℃，恒温4min，以4℃/min程序升温至200℃，继续恒温10min。载气、氢气、空气的流速等色谱条件随仪器而异，应通过试验选择最佳操作条件，以内标峰与酒样中其他组分峰获得完全分离为准。

（4）测定步骤

① 相对校正因子（f值）的测定　分别吸取2%各组分（高级醇）标准溶液1mL移入100mL容量瓶中，然后加入2%内标液1mL，用40%乙醇溶液稀释至刻度。上述溶液中各组分和内标的浓度均为0.02%（体积分数）。待色谱仪基线稳定后，进样分析，记录酒中各组分和内标峰的保留时间及其峰面积（或峰高），用某一组分的峰面积（或峰高）和内标峰面积（或峰高）之比值，计算出各组分的相对校正因子（f值）。

② 样品的测定 取 10mL 蒸馏后酒样于 10mL 容量瓶中，加 2％内标液 0.1mL，混匀后，与 f 值测定相同的条件下进样，根据保留时间定性，根据各种组分与内标峰面积（或峰高）之比值，计算出酒样中各组分的含量。

（5）结果计算

$$f = \frac{A_1}{A_2} \times \frac{d_2}{d_1} \tag{9-15}$$

$$X_1 = f \times \frac{A_3}{A_4} \times m \times \frac{1}{1000} \tag{9-16}$$

$$X_2 = \frac{X_1}{E} \times 100 \tag{9-17}$$

式中 X_1——酒样中某一组分的含量，g/L；

X_2——酒样中某一组分的含量（以每升 100％乙醇中含某种组分的克数表示的含量），g/L；

f——某一组分的相对校正因子；

A_1——f 值测定时内标的峰面积（或峰高）；

A_2——f 值测定时某一组分的峰面积（或峰高）；

A_3——酒样中某一组分的峰面积（或峰高）；

A_4——添加于酒样中内标的峰面积（或峰高）；

d_1——某一组分的相对密度；

d_2——内标物的相对密度；

m——添加在酒样中内标的含量，mg/L；

E——酒样的实测酒精度。

高级醇含量的计算：高级醇的含量以每升 100％乙醇中含有高级醇的总和表示。

第10章

白酒主要分析仪器

气相色谱仪在白酒成分分析中应用广泛，是白酒成分分析的主要仪器，主要应用如下：

（1）白酒卫生指标甲醇和杂醇油的控制　白酒中甲醇、杂醇油是酒类卫生监测指标中的两项重要指标，GB 2757—2012 和 GB/T 10345—2022 对甲醇、杂醇油的含量和检验方法做了严格的要求。用气相色谱仪可直接进样，并可快速、准确地测出酒样中甲醇和杂醇油的含量。

（2）主体香含量测定　白酒是很多香味成分的集合体，独特香型取决于主体香味成分在酒中的含量。例如，浓香型白酒的主体香是己酸乙酯，高度酒的最高量不能超过 2.5g/L，低度酒不能超过 2.2g/L。

（3）四大酯含量的测定　己酸乙酯、乳酸乙酯、乙酸乙酯、丁酸乙酯为白酒的四大酯。大量试验表明，四大酯的量比协调，特别是己酸乙酯与乳酸乙酯的量比关系，是决定酒的香型、香气浓郁与纯正的关键，可以利用气相色谱仪来对四大酯的含量进行测定。

（4）微量香味成分含量的测定　白酒中四大酯作为主体香味成分决定了白酒的香型，但除此之外，其他微量的酯、酸、醛、酮都是助香成分，它们在助香过程中起着烘托、缓冲、平衡三大作用，其含量范围以及与主体香味成分的量比关系是否恰当，直接影响着白酒的风味特征。

（5）白酒芳香成分的剖析和风味关系的研究　白酒成分非常复杂，酒中有些重要成分与酒的典型风味关系还没有被认识，需要利用气相色谱仪与其他仪器配合以开展醇和醇以外的多种复杂微量成分的分析研究，从而为保证名特优白酒产品质量和提高白酒质量提供更广泛、准确的科学依据。

10.1　气相色谱分析原理

10.1.1　概述

色谱法起源于 20 世纪初，1906 年俄国植物学家茨维特（Tswett）用碳酸钙填充竖立的玻璃管，以石油醚洗脱植物色素的提取液，经过一段时间洗脱之后，植物色素在碳酸钙柱中实现分离，由一条色带分散为数条平行的色带。由于这一实验将混合的植物色素分离为不同的色带，因此他将这种方法命名为色谱法（chromatography）。茨维特由于这项开创性工作，被人们尊称为"色谱学之父"。今天，色谱法作为一种分离技术，以其具有高分离效能、高检测性能、分析时间快速而成为现代仪器分析方法中应用最广泛的一种方法。它的分离原理是，使混合物中各组分在两相间进行分配，其中一相是不动的，称为固定相（如上例中的碳酸钙），另一相是携带混合物流过此固定相的流体，称为流动相（如上例中的石油醚）。1952年马丁（Martin）和詹姆斯（James）提出用气体作为流动相进行色谱分离的想法，他们用硅藻土吸附的聚硅氧烷作为固定相，用氮气作为流动相，分离了若干种小分子量挥发性有机酸，标志着气相色谱的出现。

气相色谱的出现使色谱技术从最初的定性分离手段进一步演化为具有分离功能的定量测定手段，并且极大地刺激了色谱技术和理论的发展。相比于早期的液相色谱，以气体为流动相的色谱对设备的要求更高，这促进了色谱技术的机械化、标准化和自动化；气相色谱需要特殊和更灵敏的检测装置，这促进了检测器的开发，而气相色谱的标准化又使得色谱学理论得以形成，在色谱学理论中有着重要地位的塔板理论和速率理论，以及保留时间、峰宽等概念都是在研究气相色谱行为的过程中形成的。随着色谱技术的发展，气相色谱技术成为中国白酒分析的最重要技术之一。

10.1.2　气相色谱法的分类及分离原理

气相色谱法根据其固定相的物理状态，又可分为气固色谱法（GSC，固定相为固体吸附剂）、气液色谱法（GLC，固定相为涂在固体担体上或毛细管壁上的液体）两种类型。

气固色谱分析的固定相是一种具有多孔及较大表面积的吸附剂颗粒。试样由载气携带进入柱子时，立即被吸附剂所吸附。载气不断流过吸附剂时，吸附着的被测组分又被洗脱下来。这种洗脱下来的现象称为脱附。脱附的组分随着载气继续前进时，又可被前面的吸附剂所吸附。随着载气的流动，被测组分在吸附剂表面进行反复的物理吸附、脱附过程。由于被测物质中各个组分的性质不同，它们在吸附剂上的吸附能力就不一样，较难被吸附的组分就容易脱附，可较快地移向前面；容易被吸附的组分就不易脱附，向前移动得慢些。经过一定时间，即通过一定量的载气后，试样中的各个组分就彼此分离而先后流出色谱柱。

气液色谱分析的固定相是在化学惰性的固体微粒（此固体是用来支持固定液的，称为担体）表面，涂上一层高沸点有机化合物的液膜。这种高沸点有机化合物称为固定液。在气液色谱柱内，被测物质中各组分的分离是基于各组分在固定液中溶解度的不同。当载气携带被测物质进入色谱柱与固定液接触时，气相中的被测组分就溶解到固定液中去。载气连续进入色谱柱，溶解在固定液中的被测组分会从固定液中挥发到气相中去。随着载气的流动，挥发到气相中的被测组分分子又会溶解在前面的固定液中。这样反复多次溶解、挥发、再溶解、再挥发，由于各组分在固定液中溶解能力不同，溶解度大的组分较难挥发，停留在柱中的时间长些，往前移动得就慢些。而溶解度小的组分，往前移动得快些，停留在柱中的时间就短些，经过一定时间后各组分就彼此分离。

10.1.3　气相色谱法的主要特点

气相色谱法的特点：高效能，可一次分离分析几十种甚至上百种组分；高选择性，能分离性质极为相似的组分，如同位素、异构体；高灵敏度，可检出 $10^{-9} \sim 10^{-6}$ 含量的组分；分析快速，几分钟或几十分钟可完成分析；样品用量小，可分析含量达 10^{-11} g 的物质；气相色谱不适用于分离沸点高、热稳定性差的化合物，应用范围受温度限制。

10.1.4　气相色谱相关专业术语

（1）色谱流出曲线　当进样后，样品被载气带入色谱柱，经色谱柱分离后，样品中各组分随载气依次进入检测器，检测器将组分的浓度（或质量）变化转化为电信号，电信号经放大后，由记录仪记录下来，即得色谱流出曲线或色谱图，见图10-1。

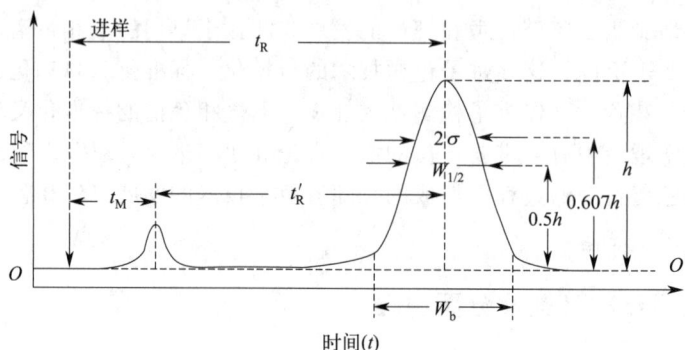

图 10-1　色谱流出曲线

t_M—死时间；t_R—保留时间；t'_R—调整保留时间；h—峰高；$W_{1/2}$—半（高）峰宽；

W_b—峰底宽度；σ—标准偏差

（2）基线　当色谱柱后没有组分进入检测器时，在实验操作条件下，反映检测器系统噪声随时间变化的线称为基线，稳定的基线是一条直线，如图10-1所示的直线。

（3）基线漂移　指基线随时间定向的缓慢变化。

（4）基线噪声　指由各种因素所引起的基线起伏。

（5）保留值　表示试样中各组分在色谱柱中的滞留时间的数值。通常用时间或用将组分带出色谱柱所需载气的体积来表示。在一定的固定相和操作条件下，任何一种物质都有一确定的保留值，这样就可用作定性参数。

（6）死时间（t_M）　指不被固定相吸附或溶解的气体（如空气、甲烷）从进样开始到柱后出现浓度最大值时所需的时间。显然死时间正比于色谱柱的空隙体积。

（7）保留时间（t_R）　指被测组分从进样开始到柱后出现浓度最大值时所需的时间。

（8）调整保留时间（t'_R）　指扣除死时间后的保留时间，即 $t'_R = t_R - t_M$。

（9）死体积（V_M）　指色谱柱在填充后固定相颗粒间所留的空间、色谱仪中管路和连接头间的空间以及检测器的空间的总和，$V_M = t_M F_0$，F_0 为流动相的体积流速（mL/min）。

（10）保留体积（V_R）　指从进样开始到柱后被测组分出现浓度最大值时所通过的载气体积，即 $V_R = t_R F_0$。

（11）调整保留体积（V'_R）　指扣除死体积后的保留体积，即 $V'_R = t'_R F_0$ 或 $V'_R = V_R - V_M$。

同样，V'_R 与载气流速无关。死体积反映了柱和仪器系统的几何特性，它与被测物的性质无关，故保留体积值中扣除死体积后将更合理地反映被测组分的保留特性。

（12）相对保留值 r_{21}　指某组分2的调整保留值与另一组分1的调整保留值之比。

$$r_{21} = \frac{t'_{R(2)}}{t'_{R(1)}} = \frac{V'_{R(2)}}{V'_{R(1)}} \neq \frac{t_{R(2)}}{t_{R(1)}} \neq \frac{V_{R(2)}}{V_{R(1)}}$$

r_{21} 表示色谱柱的选择性，即固定相（色谱柱）的选择性。值越大，相邻两组分的 $t_{R'}$ 相差越大，分离得越好，$r_{21}=1$ 时，两组分不能被分离。

（13）区域宽度　色谱峰区域宽度是色谱流出曲线中一个重要的参数。从色谱分离角度着眼，希望区域宽度越窄越好，通常度量色谱峰区域宽度有三种方法。

① 标准偏差（σ），即 0.607 倍峰高处色谱峰宽度的一半。

② 半峰宽度（$W_{1/2}$），又称半宽度或区域宽度，即峰高为一半处的宽度，它与标准偏差的关系为：

$$W_{1/2}=2\sigma\sqrt{2\ln2}=2.35\sigma$$

③ 峰底宽度（W），自色谱峰两侧的转折点所作切线在基线上的截距。$W=4\sigma$。

（14）峰面积　由色谱峰和基线之间所围成的面积称为峰面积，用 A 表示，是色谱定量分析的依据。对理想的对称峰，峰面积与峰高、半峰宽的关系为：

$$A=1.065h\times W_{1/2}$$

10.1.5　气相色谱定性分析依据及方法

各种物质在一定的色谱条件下都有一个确定的保留值，据此进行定性分析。但在同一色谱条件下，不同的物质也可能具有近似或相同的保留值。因此，有时还需要与其他化学分析或仪器分析法相配合，才能准确地判断某些组分是否存在。

（1）用已知物质进行定性　用已知物质进行定性是最方便、最可靠的方法。可以采用保留值法、相对保留值法、峰高增加法。在相同的色谱条件下，将待测物质与已知纯物质分别进样，若两者的保留值相同，则可能是同一物质，此即为保留值法。利用保留值法进行定性分析时，应严格控制实验条件，且操作条件要稳定。

当两次分析的条件不能做到完全一致时，可采用相对保留值（r_{21}）法定性。此法可消除某些操作条件差异所带来的影响，只要求保持柱温不变即可。其定性方法是找一个基准物质（一般选用苯、正丁烷、环己烷等，所选基准物质的保留值应尽量与待测组分接近），通过比较待测组分与基准物质的调整保留值，求得 r_{21} 后与手册数值进行比较，从而达到定性目的。

对复杂样品，当流出色谱峰间距太近或操作条件不易控制时，可在试样中加入已知的纯物质，在相同条件下进样，对比纯物质加入前后的色谱峰，若某色谱峰增高了，则样品中可能含有该对应已知物质，该法即为峰高增加法。

（2）文献值对照法　当没有待测组分的纯样时，可用保留指数或气相色谱中的经验规律（如碳数规律、沸点规律）进行定性。利用保留指数定性，可根据所用固定相和柱温直接与文献值对照，而不需标准样品；利用碳数规律则可推知同系物中其他组分的调整保留时间，根据同族同数碳链异构体中几个已知组分的调整保留时间，利用沸点规律可求得同族中具有相同碳数的其他异构体的调整保留时间。

（3）与其他方法结合定性　气相色谱与质谱、傅里叶红外光谱、发射光谱等仪器联用是解决目前复杂样品定性的最有效措施之一，联用技术已成为当今仪器分析和分析仪器的一个主要发展方向。在联用系统中，色谱仪扮演着色谱学方法中分离与进样装置的角色，而质谱仪、红外光谱仪及发射光谱仪等则相当于色谱的检测器。

气质联用技术是最有效的定性鉴别方法，目前已积累了大量数据，并有专门的谱图库可查，可以推测鉴定未知成分。

10.1.6 气相色谱定量分析依据及方法

10.1.6.1 气相色谱定量分析依据

在一定操作条件下，待测组分的质量 m_i 与检测器产生的信号（峰面积 A_i 或峰高 h_i）成正比，即：

$$m_i = f_i A_i \text{ 或} m_i = f_i h_i$$

其中 f_i 称为定量校正因子或绝对校正因子，也就是单位峰面积所代表组分的量。可见，只要确定了峰面积或峰高及校正因子，就可计算待测组分在混合物中的含量。如果色谱峰对称而且尖、窄，可用峰高定量，否则只能用峰面积定量，这是气相色谱仪定量分析的依据。

气相色谱仪大多带有自动积分仪或计算机数据处理软件，能自动测定色谱峰的全部面积，即使是不规则的峰也能给出较为准确的结果。此外，还可自动打印保留时间、峰高、峰面积以及半峰宽等数据。

绝对校正因子 f_i 的测量需要知道组分的绝对进样量，这对气相色谱来说是比较困难的，同时 f_i 与检测器灵敏度及色谱操作条件有关，因此无法直接应用，故在实际工作中常用相对校正因子。

相对校正因子是指样品中各组分的定量校正因子与标准物质的定量校正因子之比，即：

$$f_i' = \frac{f_i}{f_s} = \frac{m_i A_s}{m_s A_i} \text{ 或} f_i' = \frac{f_i}{f_s} = \frac{m_i h_s}{m_s h_i}$$

式中 m_i，A_i，h_i——表示待测组分的质量、峰面积和峰高；

m_s，A_s，h_s——表示标准物质的质量、峰面积和峰高。

相对校正因子只与试样、标准物质和检测器类型有关，而与操作条件、柱温、载气流速和固定液性质无关，因此，通常所说的校正因子均为相对校正因子，许多化合物的相对校正因子可通过文献进行查阅。

相对校正因子一般由实验者自己测定。测定方法：准确称量纯的待测组分和标准物质，混合均匀后，在实验条件下进样分析，分别测量相应的峰面积或峰高，然后通过公式计算相对校正因子。

10.1.6.2 气相色谱定量分析方法

（1）归一化法 将所有出峰组分的含量之和按 100％ 计算的定量分析方法称为归一化法。它简单、准确，不必称量和准确进样，操作条件（如进样量、载气流速等）变化时对结果影响较小，是气相色谱法中常用的一种定量方法，但只有当样品中的所有组分经色谱分离后均能产生可以测量的色谱峰时才能使用，不适用于超痕量分析。

当测量参数为峰面积时，归一化法的计算公式为：

$$w_i = \frac{m_i}{m} = \frac{f_i A_i}{f_1 A_1 + f_2 A_2 + f_3 A_3 + \cdots + f_n A_n}$$

式中 w_i——被测组分的质量分数；

$A_1, A_2, \cdots, A_n$ 和 $f_1, f_2, \cdots, f_n$——样品中各组分峰面积和定量校正因子。

也可用峰高进行有关计算。

（2）外标法 外标法是所有定量分析中最通用的方法，也称工作曲线法、标准曲线法、校准曲线法等，是把待测组分的纯物质配成不同浓度的标准系列，在一定操作条件下分别向色谱柱中注入相同体积的标准样品，测得各峰的峰面积或峰高，以峰面积（或峰高）对样品浓度绘制标准曲线，标准曲线的斜率即为绝对校正因子。然后，在完全相同的条件下注入相同体积的待测样品，根据所测得的峰面积或峰高从曲线上即可查得待测物的含量。

在已知组分标准曲线呈线性的情况下，也可用单点校正法（直接比较法）测定。即配制一个与被测组分含量相近的标准物质，在同一条件下先后对待测组分和标准物质进行测定，则待测组分的质量分数为：

$$w_i = \frac{A_i}{A_s} \times w_s$$

式中　A_i，A_s——待测组分和标准物质的峰面积；

　　　w_s——标准物质的质量分数。

也可以用峰高代替峰面积进行计算。

外标法简便，不需要校正因子，计算简单，适用于日常控制分析和大量同类样品的分析，但结果的准确性主要取决于进样的重现性和色谱操作条件的稳定性。

（3）内标法　是在一定量（m）的样品中加入一定量（m_s）的内标物，根据待测组分和内标物的峰面积及内标物质量计算待测组分质量（m_i）的方法。待测组分的质量分数为：

$$w_i = \frac{m_i}{m} = \frac{m_i}{m_s} \times \frac{m_s}{m} = \frac{A_i f_i}{A_s f_s} \times \frac{m_s}{m} = f'_i \times \frac{A_i}{A_s} \times \frac{m_s}{m}$$

式中　A_i，A_s——待测组分、内标物的峰面积；

　　　f_i，f_s——待测组分、内标物的校正因子；

　　　f'_i——待测物相对于内标物的相对校正因子。

内标法中内标物的选择至关重要，需要满足以下条件：内标物应是样品中不存在的稳定易得的纯物质；内标物色谱峰应在各待测组分之间或与之相近；内标物能与样品互溶但无化学反应；内标物浓度应恰当；其峰面积与待测组分相差不大。

由于相对校正因子与操作条件无关，内标法克服了外标法的缺点，可以抵消实验条件和进样量变化带来的误差，因此相对于外标法而言，内标法定量准确，不要求严格控制进样量和操作条件，但花费时间较多，选择合适的内标物较困难。

（4）内标标准曲线法　为使内标法用于大量样品的分析，可结合外标法的优点对其进行改进，即内标标准曲线法。先用待测组分纯品配制系列标准溶液（不同浓度），取不同浓度标准溶液分别加入等量内标物，在相同条件下测定加入内标物的一系列标准溶液，以待测组分与内标物的响应值之比为纵坐标，以标准溶液浓度为横坐标做标准工作曲线（应过原点），将同样的内标物加入同体积的待测样品溶液中，在相同条件下测定 A_i/A_s，即可从标准曲线中查出待测组分含量。该法集中了内标法和外标法的优点，省去了测定校正因子的工作，适合大批量样品的分析测定。

10.2　气相色谱仪工作流程及结构与组成

10.2.1　气相色谱仪工作流程

气相色谱仪的型号和种类繁多，但各类仪器的结构基本相同，检测流程基本一致。气相色谱仪工作流程如图 10-2 所示。

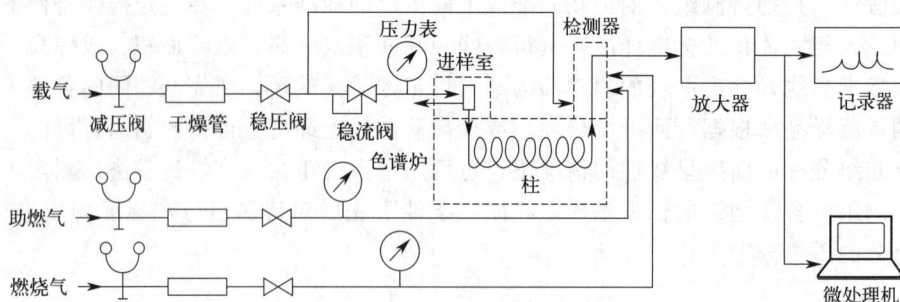

图 10-2　气相色谱仪工作流程示意图

载气由高压钢瓶中流出，经减压阀降到所需压力后，通过净化干燥管（净化器）得以纯化，再经针型阀和流量计调节后，以稳定的压力、恒定的速率流进气化室与气化的样品混合，并将样品气体带入色谱柱中进行分离，分离后的各组分随着载气先后进入检测器，检测器将物质的浓度或质量的变化转变为一定的电信号，经放大后在记录仪上记录下来，即得到色谱流出曲线。根据色谱流出曲线上得到的每个色谱峰的保留时间可以进行定性分析，根据色谱峰峰面积或峰高可进行定量分析。气相色谱仪一般操作流程如下：

① 检查供电电源是否稳定，气源的气密性是否完好，各部件连接是否牢固。

② 打开氮气钢瓶阀门，调节输出压力至 0.5MPa，开启空气压缩机。

③ 打开主机电源，根据被测试样的检测条件，设定柱温（或程序升温）、气化室温度、检测室温度。

④ 打开氢气钢瓶阀门，调节载气、空气、氢气流量，然后点火。

⑤ 打开色谱工作站，选择通道并设置相应参数。

⑥ 待仪器稳定后，即可开始进样分析。

⑦ 分析结束后，关闭空压机和氢气钢瓶。设定柱温、气化室温度、检测室温度为 50℃，待温度降至设定值时，关闭主机电源及载气。

⑧ 认真填写仪器使用记录。

10.2.2　气相色谱仪结构与组成

各种型号的气相色谱仪均由五大系统组成：气路系统、进样系统、分离系统、温控系统和检测记录系统。组分能否分开，关键在于色谱柱，分离后的组分能否测定则依赖于检测器，所以分离系统和检测系统是仪器的核心。

10.2.2.1　气路系统

气路系统是指流动相连续运行的密闭管路系统。它包括气源（钢瓶或气体发生器）、净化器、气体流速控制和测量装置，通过该系统可获得纯净的、流速稳定的载气。为获得好的色谱结果，气路系统必须气密性好、载气纯净、流量稳定且能准确测量。

常用的载气有 N_2、H_2 和 He 等。载气可由相应的高压钢瓶储装的压缩气源供给，也可由气体发生器提供。选择何种载气，主要由所用检测器的性质和分离要求决定。某些检测器还需要辅助气体，如火焰离子化和火焰光度检测器需要氢气和空气作燃气和助燃气。

载气在进入色谱仪之前，必须经过净化处理，载气的净化由装有气体净化剂的气体净化管完成，常用的净化剂有活性炭、硅胶和分子筛，分别用来除去烃类物质、水分和氧气。

流速的调节和稳定靠稳压阀或稳流阀控制。稳压阀的作用有两个：一是通过改变输出气压来调节气体流量的大小；二是稳定输出气压。在恒温色谱中，当操作条件不变时，整个系统阻力不变，单独使用稳压阀便可使色谱柱入口压力稳定，从而保持稳定的流速。但在程序升温色谱中，由于柱内阻力不断增加，载气的流量不断减少，因此需要在稳压阀后连接一个稳流阀，以保持恒定的流量。载气流速可用转子流量计和皂膜流量计测量。转子流量计只能给出柱前流量大小的相对值，安放于柱后的皂膜流量计则可测量流速的大小。

10.2.2.2　进样系统

进样系统是把待测样品（气体或液体）快速而定量地加到色谱柱中进行色谱分离的装置，包括进样装置和气化室。进样量大小、进样时间长短和进样准确性对色谱分离效率和结果的准确性影响极大。

常用的进样装置有注射器和六通阀。六通阀分为推拉式和旋转式两种，常用的旋转式见图 10-3。当六通阀处于取样位置时[图 10-3(a)]，样品由注射器注射入定量管（储样管），旋转 60°至进样位置时[图 10-3(b)]，流动相可将样品带入色谱柱中。

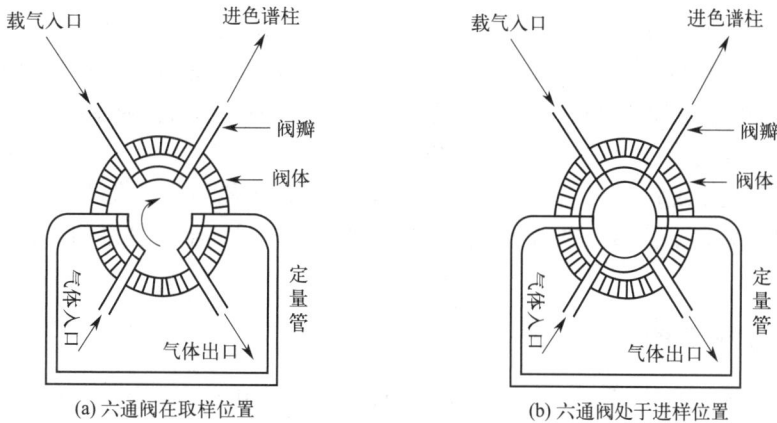

(a) 六通阀在取样位置　　　　　　　(b) 六通阀处于进样位置

图 10-3　旋转式六通阀

液体样品在进柱之前必须在气化室内变成蒸气。为使样品进样后能瞬间气化而不分解，要求气化室热容量要大，温度足够高且无催化效应。为尽量减少柱前谱峰变宽，气化室的死体积也应尽可能小。气化室是由电热金属块构成的，在气化管内常衬有石英套管以消除金属表面的催化作用。气化室注射孔用厚度为 5mm 的硅橡胶垫密封，采用长针头注射器将样品注入，以减少气化室死体积，提高柱效。

10.2.2.3　分离系统

分离系统由色谱柱组成，是色谱仪的心脏，安装在温控柱室内，用于分离样品。色谱柱主要有两类：填充柱和毛细管柱。填充柱由不锈钢或玻璃材料制成，内装固定相，内径一般为 2~4mm，长度根据需要确定，一般为 1~3m，形状有 U 形和常用的螺旋形两种。填充柱制备简单，可供选择的固定相种类多，柱容量大，分离效率足够高，应用普遍。

毛细管柱又称空心柱，分为填充型和开管型两大类，目前填充型毛细管柱已不常用，开管型毛细管柱按固定相的涂渍方式分为以下几类：

涂壁开管柱（wall coated open tubular，WCOT）：是将固定液均匀地涂在内径为 0.1~

0.5mm 的毛细管内壁制成的。

多孔层开管柱（porouslayer open tubular，PLOT）：是在管壁上涂一层多孔性吸附剂固体微粒制成的，实际上是气固色谱开管柱。

载体涂渍开管柱（support coated open tubular，SCOT）：先在毛细管内壁涂上一层载体（如硅藻土载体），在此载体上再涂以固定液，此种毛细管柱液膜较厚，柱容量较WCOT 大。

交联型开管柱：采用交联引发剂，在高温处理下，把固定液交联到毛细管内壁上，是一类高效、耐温及抗溶剂冲刷的较理想的毛细管柱。

键合型开管柱：将固定液用化学键合的方法键合到涂敷硅胶的柱表面或经表面处理的毛细管内壁上，其热稳定性大大提高。

毛细管柱材料可以是不锈钢、玻璃或石英，柱内径一般小于 1mm。毛细管柱渗透性好，传质阻力小，柱长可达几十甚至数百米。毛细管柱分辨率高（理论塔板数可达 1.0×10^6），分析速率快，样品用量少，但柱容量小，对检测器的灵敏度要求高，制备较难。

10.2.2.4　温控系统

温控系统是指对气相色谱气化室、色谱柱和检测器进行温度控制的装置。在气相色谱测定中，温度直接影响色谱柱的选择分离、检测器的灵敏度和稳定性。色谱柱温度控制有恒温和程序升温两种方式。程序升温具有改进分离、使峰形变窄、检测限低及省时等优点。对沸点范围很宽的混合物，常用程序升温法分析。

一般地，气化室温度比柱温高 $30 \sim 70℃$，以保证试样能瞬间气化而不分解。检测器温度与柱温相同或略高于柱温，以防止样品在检测器冷凝。检测器与柱温的温控精度一般要求在 $\pm 0.1℃$ 以内。

10.2.2.5　检测记录系统

检测记录系统包括检测器、放大器和记录仪。目前已基本采用色谱工作站微机系统，其不仅可对色谱仪进行实时控制，还可自动采集和完成数据的处理。

毛细管气相色谱仪与填充柱气相色谱仪十分相似，只是在柱前多一个分流/不分流进样器，柱后加了一个尾吹气路，常用的毛细管气相色谱仪大都是单气路。由于毛细管柱具有柱容量小、出峰快的特点，因此对毛细管气相色谱仪有一些特殊的技术要求，如要求极小量样品的瞬间注入，要有响应快、灵敏度高的检测器和快速响应的记录仪等。

气相色谱仪检测器的种类多达数十种，常用的有热导检测器、火焰离子化检测器、电子捕获检测器和火焰光度检测器四种。它们都是微分型检测器，被测组分不在检测器中积累，色谱流出曲线呈峰形，峰面积或峰高与组分的浓度或质量成正比。

根据检测原理，可将检测器分为浓度型检测器和质量型检测器。浓度型检测器测量的是载气中某组分浓度瞬间的变化，即检测器的响应值和进入检测器的浓度成正比，如热导检测器和电子捕获检测器。质量型检测器测量的是载气中某组分进入检测器的速度变化，即检测器的响应值和单位时间内进入检测器的某组分的质量成正比，如氢火焰离子化检测器和火焰光度检测器等。

根据适用范围，气相色谱检测器分为通用型及选择性检测器。通用型检测器对大多数物质都有响应，如热导检测器和火焰离子化检测器；选择性检测器又称专属性检测器，只对某些物质有响应，对其他物质则无响应或响应很小，如电子捕获检测器和火焰光度检测器。酒

类产品的色谱分析中最常用的是氢火焰离子化检测器
（FID）。

氢火焰离子化检测器的特点及工作原理：FID 主要用于
可在氢气-空气火焰中燃烧的有机化合物（如烃类物质）的检
测。为典型的质量型检测器，具有结构简单、稳定性好、灵
敏度高、响应迅速等优点，比热导检测器的灵敏度高出近 3
个数量级，检测下限可达 $1.0 \times 10^{-12} \mathrm{g/g}$。FID 对有机化合
物具有很高的灵敏度，对无机气体、水、四氯化碳等含氢少
或不含氢的物质灵敏度低或不响应。氢火焰离子化检测器适
合于痕量有机物分析。FID 主要部件是不锈钢制成的离子
室，包括气体入口、火焰喷嘴、一对电极罩，如图 10-4
所示。

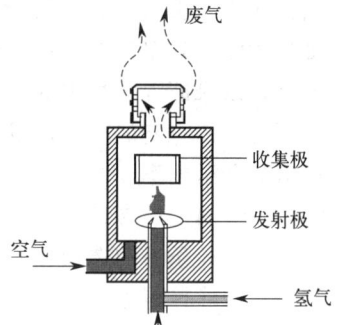

图 10-4　氢火焰离子化
检测器示意图

当有机物随载气进入火焰时，发生离子化反应，$C_n H_m$ 在火焰中发生裂解：

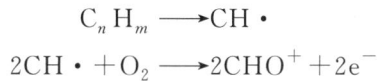

$$C_n H_m \longrightarrow CH \cdot$$

$$2CH \cdot + O_2 \longrightarrow 2CHO^+ + 2e^-$$

生成的离子被发射极捕获产生微电流，经放大后，记录下色谱峰。

影响氢火焰离子化检测器的因素有以下几种：

① 氢氮比　载气的流量由色谱最佳分离条件确定，而氢气流量则以能达到最高响应值
为度。氢气流量太低，易造成灵敏度下降和熄火，太高又会使热噪声变大。最佳的氢氮比一
般为 1：（1～1.5），此时的灵敏度高且稳定性好。

② 空气流量　空气不仅作为助燃气，也提供氧气生成 CHO^+。当空气流量低时，FID
响应值随空气流量（一般为 400mL/min）增加而增大到一定值，之后不再受空气流量影响。
一般地，氢气流量与空气流量之比以 1：10 为佳。注意空气流量不宜超 800mL/min，否则，
会使火焰晃动，噪声增大。如果各种气体中含有微量的杂质，也会严重影响基线的稳定性。

③ 极化电压　极化电压低时，响应值随极化电压的增大而增大，达一定值时，增加的
电压对响应值不再产生影响。增大极化电压，可使线性范围更宽，通常极化电压为
150～300V。

10.2.2.6　色谱条件的选择

（1）柱温的选择　柱温直接影响分离效能和分析速度。提高柱温，可加快气相、液相的
传质速率，有利于提高柱效，但随着柱温的增加，纵向扩散随之加剧，将导致柱效下降。此
外，为改善分离效果、提高选择性需要较低的温度，这又延长了分析时间。因此，柱温选择
要兼顾多方面。一般原则是在使最难分离的组分有尽可能好的分离效果的前提下，采取适当
低的柱温，但应以保留时间适宜、峰形不拖尾为度。同时柱温不能超过固定液的最高使用温
度，以免造成固定液流失。

对宽沸程的多组分混合物，可用程序升温法，即在分析过程中按一定速度提高柱温，程
序开始时，柱温很低，低沸点的组分得以分离，中沸点的组分移动很慢，高沸点的组分则停
留在柱口附近。随着柱温的升高，中沸点和高沸点的组分也依次得以分离。

可见，程序升温是指在一个分析周期内柱温随时间由低向高做线性或非线性变化的过
程，这样能兼顾高、低沸点组分的分离效果和分析时间，可使不同沸点的组分由低沸点到高

沸点依次分离出来，达到用最短时间获得最佳分离效果的目的。程序升温的起始温度、维持温度的时间、升温速率、最终温度和维持时间通常都要经过反复实验加以选择。起始温度要足够低，以保证混合物中的低沸点组分能得到满意分离。对含有低沸点组分的混合物，起始温度还需维持一定的时间，以使低沸点组分之间分离良好，如果峰与峰之间靠得很近，则应选择低的升温速率。通常，最佳柱温通过实验确定。为得到满意分析结果，应在降低柱温的同时，减少固定液含量。

（2）进样条件的选择　首先进样时间越短越好，一般应在 1s 之内。若进样时间太长，会导致色谱峰扩展甚至变形。其次，进样量与气化温度、柱容量和检测器的线性范围等因素有关。在实际分析中，最大允许进样量应控制在使半峰宽基本不变，而峰高与进样量呈线性关系的范围内。进样量太多时，柱效会下降，分离不好；进样量太小时，检测器又不易检测而使分析误差增大。一般液体进样量控制在 $0.1 \sim 10 \mu L$。

第11章

评酒员的训练与考核

评酒员应掌握有关人体感觉器官的生理知识，了解感觉器官、组织结构和生理机能，正确地运用和保护它们，同时要掌握酒中各种微量成分的呈香呈味特征与评酒用的专业术语。

11.1　评酒员的训练

评酒员训练的方法很多。首先要通过测试确定参训人员感官是否正常。感官不正常或有缺陷的人是不能担任评酒工作的。感官正常的人，还要经过多次的、科学的训练，才能逐步掌握评酒的基本方法。现介绍一些训练的方法，供参考。

11.1.1　视觉训练

酒的颜色一般用眼直接观察、判别。白酒色泽一般为无色透明，而有些白酒有自然物的颜色，如酱香型白酒及其他香型白酒的色泽应允许呈微黄色。同是一个色，其明度（深浅程度）、纯度可能不一样。评酒员应能区别各种色相（红、橙、黄、绿、青、蓝、紫）和分开微弱的色差。具备了这一基本功能就能在评酒中找出各类酒在色泽上的差异。

11.1.1.1　白酒的主要视觉特征

（1）透明　白酒具有澄清而透明的外观特征。
（2）失光、浑浊　白酒出现不清亮透明，失去光泽的外观特征。
（3）悬浮物　白酒中出现肉眼可见的固体悬浮微粒的外观特征。
（4）沉淀　白酒中出现难溶解的物质沉到底部的外观特征。

11.1.1.2　视觉训练方法

视觉训练分组进行，判断酒的色泽、透明度、杂质等可见特征。
（1）第一组　取亚铁氰化钾（又称黄血盐）或高锰酸钾，配制成 0.10％、0.15％、0.20％、0.25％、0.30％ 不同浓度的水溶液，观察透明度，反复比较。高锰酸钾要随用随配，可事先在杯底密码编号，以分辨不同的浓度。盛液后，将各杯次序弄乱，然后通过目测法，将各杯按透明度次序排好。是否正确，可以看杯底的编号加以检验。开始时各杯浓度级差间隔可以大些，然后逐步缩小级差间隔，不断提高准确性。
（2）第二组　取陈酒大曲（贮存 2 年以上）、新酒、60°酒精和白酒（一般白酒）进行颜色比较。

（3）第三组　选择浑浊、失光、沉淀和有悬浮物的样品，认真加以区别。

11.1.2　嗅觉训练

11.1.2.1　嗅闻要求

一般嗅闻，首先将酒杯举起，置酒杯于鼻下 1～2cm 处微斜 30°，头略低，采用匀速舒缓的吸气方式嗅闻其静止香气，嗅闻时只能对酒吸气，不要呼气。倒酒的量要一致，多的倒掉，酒杯与鼻孔的距离一致，每次吸气强度一致，时间间隔一致。

再轻轻摇动酒杯，增大香气挥发聚集，然后嗅闻。特殊情况下，将酒液倒空，放置一段时间后嗅闻空杯留香。

11.1.2.2　白酒的主要嗅觉特征

（1）溢香、放香　酒中风味物质溢散于杯口附近所感受到的香气。

（2）喷香、入口香　白酒入口时，其中低沸点风味物质受温度影响充满口腔而感到的香气。

（3）空杯留香　盛过酒的空杯放置一段时间后，仍嗅闻到香气的现象。

（4）鼻前嗅觉　风味物质通过鼻孔到达鼻腔嗅觉细胞形成的嗅觉。

（5）鼻后嗅觉　香气通过口腔鼻咽管再到达鼻腔形成的嗅觉。

（6）主体香　各种香型白酒中作为判断其风格依据的一种或多种感官较明显的香气特征。

（7）复合香　多种香气特征按照不同香气强度组合构成的典型酒样的香气特征。

（8）气味　嗅觉器官嗅闻某些挥发性风味物质所感受到的感官特性。

（9）香气　正常气味。

（10）酒香　白酒中舒适的气味。

（11）（多）粮香　高粱、大米、小麦等多种粮食经发酵蒸馏使白酒呈现的蒸熟粮食的香气特征。

（12）高粱香　高粱经发酵蒸馏使白酒呈现类似高粱气味的香气特征。

（13）米（饭）香　大米等粮食经发酵蒸馏使白酒呈现的蒸熟大米所具有的香气特征。

（14）豆香　豌豆等豆类经发酵蒸馏使白酒呈现的豆类香气特征。

（15）药香　制曲时加入草药使白酒呈现的草药的香气特征。

（16）米糠香　特香型发酵原料大米使白酒具有的类似米糠的香气特征。

（17）曲香　发酵过程中大曲、麸曲或小曲等使白酒呈现的香气特征。

（18）醇香　白酒中醇类所呈现的香气特征。

（19）清香　白酒地缸发酵等工艺产生的以乙酸乙酯为主的多种香气成分形成的香气特征。

（20）窖香　白酒泥窖发酵等工艺产生的以己酸乙酯为主的复合香气特征。

（21）酱香　白酒高温制曲堆积发酵等工艺产生的类似传统酱制品的香气特征。

（22）焦香　白酒中类似烘烤粮食谷物的香气特征。

（23）芝麻香　白酒中类似焙炒芝麻的香气特征。

（24）糟香　白酒中类似发酵糟醅的香气特征。

11.1.2.3　嗅觉的训练方法

人与人之间嗅觉差异较大，有的人嗅觉非常灵敏，除天赋生理条件外，还必须加以练习，才能达到高的灵敏度，能鉴别不同的香气程度的差异，能描述对香的感受。作为评酒员应该熟识各种花、果的芳香，这是评酒员嗅觉的基本功。练习采取分组进行。

（1）第一组　取香草、苦杏、菠萝、柑橘、柠檬、杨梅、薄荷、玫瑰、茉莉、桂花等各种香精、香料，分别配制成 1mg/kg（百万分之一）浓度的水溶液，先公开嗅闻，再进行密码编号，闻、测区分是何种芳香。溶液浓度，可根据本人情况自行设计，以 2mg/kg、3mg/kg、4mg/kg、5mg/kg 不等。

（2）第二组　取甲酸、乙酸、丙酸、丁酸、戊酸、己酸、庚酸、辛酸、乳酸、苯乙酸以及酒石酸等，分别配成 0.1% 的 54% 酒精溶液或水溶液，进行嗅闻，以了解各酸类物质在酒中所产生的气味，记下各自的特点，加以区别。

（3）第三组　取甲酸乙酯、乙酸异戊酯、丙酸乙酯、丁酸乙酯、戊酸乙酯、己酸乙酯、庚酸乙酯、辛酸乙酯等，分别配成 0.01%～0.1% 的 54% 酒精溶液，进行嗅闻，以了解各种酯类在酒中所产生的气味，记下各自的特点，加以区别。

（4）第四组　取乙醇、丙醇、正丁醇、异丁醇、戊醇、异戊醇、正己醇等，分别配成 0.02% 的 54% 酒精溶液，进行嗅闻，以了解各种醇类在酒中所产生的气味，记下各自的特点，加以区别。

（5）第五组　取甲醛、乙醛、乙缩醛、糠醛、丁二酮等，分别配成 0.1%～0.3% 的 54% 酒精溶液，进行嗅闻，以了解醛、酮类在酒中所产生的气味，记下各自的特点，加以区别。

（6）第六组　取阿魏酸、香草醛、丁香酸等分别配成 0.001%～0.01% 的 54% 酒精溶液，进行明嗅，以了解酚类在酒中所产生的气味。

（7）第七组　取 60° 酒精、液态法白酒、一般白酒、浓香型大曲酒、清香型大曲酒、米香型白酒、其他香型白酒等，进行嗅闻，以了解上述酒型所产生的不同气味。

（8）第八组　取黄水、酒头、酒尾、窖泥、霉糟、糠蒸馏液、各种曲药、木材、橡胶、软木塞、金属等进行嗅闻，以区分异常气味。有的物质也可用 54% 的酒精浸泡，取浸出液澄清，取上层清液，分别嗅其气味，以辨别这些物质感染酒类的气味。

11.1.2.4　嗅觉的测试

区分不同香气特征：取玫瑰、香蕉、菠萝、橘子、香草、柠檬、薄荷、茉莉、桂花等芳香物质的组织，分别制成各自的水溶液，密码编号，倒入酒杯中，以 5 杯为一组，嗅其香气，并写出香气的特征。

区分不同香气和化学名称：取乙酸、丁酸、乙酸乙酯、己酸乙酯、醋鎓（3-羟基丁酮）、双乙酰（2,3-丁二酮）、乙缩醛、β-苯乙醇等芳香物质，用体积分数 40%～50% 的酒精，按表 11-1 要求配制成相应浓度的酒精溶液。分别倒入酒杯中，密码编号，5 杯为一组，嗅闻其香气并写出对应的化学名称，直至判断正确。

表 11-1　呈香物质在相应浓度下的香气特征

化学名称	浓度/(mg/100mL)	香气特征
乙酸	50	醋味
丁酸	2	汗臭味
乙酸乙酯	10	乙醚状香气,有清香感

化学名称	浓度/(mg/100mL)	香气特征
乙酸异戊酯	6	似香蕉香气
丁酸乙酯	7.5	似水果香气,有爽快感
己酸乙酯	5	似窖香,呈醇净爽的香感
β-苯乙醇	5	似玫瑰香气
双乙酰	50	有清新爽快感
醋鎓	50	略有酸馊味,似糟香感
乙缩醛	1	稍有羊乳干酪味,柔和爽口

11.1.3　味觉的训练

11.1.3.1　品味的要求

① 闻香后稍事休息,稳定心神。

② 端起酒杯粗闻一下,饮用 0.5～2mL 的酒。

③ 鼓动使酒液布满舌面。

④ 酒在口中停留 2～6s 吐出或咽下。

⑤ 闭口使酒气随呼吸从鼻孔排出,判断酒味(香气)浓淡、有无邪杂(气)味。

⑥ 适当加大饮量,检查酒的后味(回味长短?干净?回甜后苦?余香?刺喉?)。

⑦ 通常每杯酒品尝 2～3 次,品评完一杯,可清水漱口,稍微休息片刻,再品评另一杯。

11.1.3.2　白酒的主要味觉特征

(1) 风味　品尝过程中感知到的嗅觉、味感和三叉神经感的复合感觉。

(2) 入口　白酒刚进入口腔时的感觉。

(3) 落口　白酒咽下时的感觉。

(4) 余味(香)、回味　白酒下咽后产生的嗅觉和(或)味觉感觉。

(5) 异常气味、异味　与白酒品质下降有关的非正常气味或味道。

(6) 糠味　白酒中呈现的生谷壳味的气味特征。

(7) 霉味　白酒呈现的类似发霉的气味特征。

(8) 生料味　白酒中呈现的生粮的气味特征。

(9) 辣味　白酒带有的刺激性气味特征。

(10) 硫味　白酒中呈现的类似硫化物的气味特征。

(11) 汗味　酒中过量丁酸、戊酸等呈现的气味特征。

(12) 哈喇味　白酒呈现的类似油脂酸败的气味特征。

(13) 焦煳味　白酒中类似有机物烧焦煳化的气味特征。

(14) 黄水味　酒中呈现的类似黄水的气味特征。

(15) 金属腥味　白酒呈现的类似铁锈的气味特征。

(16) 橡胶味　白酒中类似于劣质或已老化橡胶的气味特征。

(17) 泥味　白酒中类似窖泥的气味特征。

(18) 甜味　白酒中某些物质(多元醇)呈现的一种类似糖类的味觉特征。

(19) 苦味　白酒中某些物质所呈现的类似奎宁的味觉特征。

11.1.3.3 味觉的训练方法

味觉的练习采用分组方法进行。

（1）第一组 取乙酸、乳酸、丁酸、己酸、琥珀酸、酒石酸、苹果酸、柠檬酸等，每一种分别配成不同浓度（0.1％、0.05％、0.025％、0.0125％、0.00325％）的54％的酒精溶液，进行品尝，记下它们之间的区别和不同浓度的味道。

（2）第二组 取乙酸乙酯、乳酸乙酯、丁酸乙酯、戊酸乙酯、己酸乙酯、庚酸乙酯、壬酸乙酯、月桂酸乙酯等，每一种分别配成不同浓度（0.1％、0.05％、0.025％、0.0125％、0.00625％）的54％的酒精溶液，进行品尝，记下它们之间的区别和不同浓度的味道。

（3）第三组 味的区别。取甜味的砂糖、咸味的食盐、酸味的柠檬酸、苦味的奎宁、涩味的单宁、鲜味的味精、辣味的丙烯醛，用无味的蒸馏水分别配成各自的水溶液，进行品尝鉴别。

（4）第四组 异杂味的区别。取黄水、酒头、酒尾、窖泥液、糠蒸馏液、霉糟液、底锅水等，分别用54％酒精配成适当溶液，进行品尝，或再进行密码编号测试，区别和记下各种味道的特点。

（5）第五组 酒度高低的鉴别。取同一基酒兑成（体积分数）65°、60°、50°、45°、40°五度差或三度差等，品评区别其酒度的高低，并排列由低至高的顺序。

（6）第六组 名酒香型的鉴别。取茅台、汾酒、泸州特曲、三花酒、董酒、五粮液、景芝白干（芝麻香）等进行评尝，写出其香型及标准评语。

（7）第七组 对同一香型酒的鉴别。如取浓香型中的五粮液、古井贡酒、洋河大曲、双沟大曲、泸州特曲、剑南春等，进行评尝，写出各酒相同和差异的情况。

（8）第八组 各类酒的鉴别。取大曲酒、小曲酒、麸曲酒、串香酒、酒精兑成54％酒度，进行对比和品评，加以区别，记下特征。

11.1.3.4 味觉的测试

（1）区分味觉特征 用白砂糖、食盐、柠檬酸、味精、奎宁等，按表11-2配制成相应浓度的水溶液。分别倒入酒杯中，密码编号进行品尝，区分是何种味感，并写出其味觉特征。

表 11-2 呈味物质在相应浓度下的味觉特征

呈味物质	纯度	浓度/(g/100mL)	味觉特征
白砂糖	99％	0.5	甜味
食盐	食用分析纯	0.15	咸味
柠檬酸	食用分析纯	0.04	酸味
味精	95％以上	0.01	鲜味
奎宁	针剂纯	0.004	苦味

在进行味觉测试和训练时，可将蒸馏水编入暗评，以检验味觉的可靠性。

（2）区分浓度差 将白砂糖、食盐、味精分别配制成0.5％、0.8％、1.0％、1.2％、1.4％、1.6％；0.15％、0.20％、0.25％、0.30％、0.35％、0.40％；0.01％、0.015％、0.02％、0.025％、0.03％、0.035％等不同的水溶液。密码编号，品尝区分不同味觉及浓度差，准确写出由浓至淡的排列次序。

（3）区分酒度高低 用除浊后的固态发酵法白酒或脱臭后的食用酒精配制成30％～

55%（体积分数）以 3%（体积分数）梯度增长的不同酒度溶液，并通过品尝写出由低到高酒度的排列次序。注意不得通过摇晃来判断酒度的高低。

11.1.4　典型性、重现性、再现性和质量差异的训练

（1）典型性　典型性训练是准确区分各种白酒的香型及典型风格。取各种香型的白酒，分别倒入酒杯中品尝，体会其香型和风格特点，并记忆。经一段时间品尝记忆后，再揭去各种香型白酒的商标，分别倒入酒杯中，密码编号，品尝判断是什么香型和风格。在训练时，要注意用酒的色、香、味来确定香型和风格。

（2）重现性　在同一轮次的评酒中，编入两个相同的酒样，经品评后，应做到对它们香型的判断、打分及评语相同。若香型判断错误或打分及评语差别太大，则说明重现性判断是错误的。

（3）再现性　取同一酒样分别插入两个相近的轮次中，密码编号，进行品评。要求打分及评语相同，香型判断正确。

（4）质量差　在同一香型酒样的轮次中，对不同酒质的酒样进行品评，准确打分和写出评语。酒质好的得分高，评语表达好；酒质差的得分低，评语表达差。最后根据分数和评语排列次序，判断质量差异。

11.2　评酒员的考核

评酒员分国家、省（部）级评酒员和企业生产一线（厂级、车间级）评酒员。评酒员的产生一般需经过培训、考核、审核等程序。在评酒员的考核工作中，应建立具有权威性的考核机构，考核机构的工作主体是专家组，负责考核的组织领导和技术工作。

企业生产一线（厂级、车间级）评酒员的培训和考核可由企业自主组织，该类评酒员除承担生产一线的品评工作外，还可以担任勾兑工、勾兑师、酿酒操作工等工作。

国家、省（部）级评酒员的培训和考核由相应主管部门组织，这类评酒员的主要任务是参加各种级别的评酒大赛，他们的职责一般是在某个级别的评酒会（大赛）中行使。从1979 年第三届全国评酒会到 1989 年第五届全国评酒会，连续三届由主管部门（第三届由轻工业部，第四、五届由中国食品工业协会）聘请白酒评委。

第12章

品评技巧

12.1 品评技巧和注意事项

① 注重第一感觉。因为初品时感官较灵敏，往往较为准确。

② 先嗅、后尝，不要嗅尝次数过多，时间过长。

③ 吸气量和入口酒液量不要忽大忽小，要保持一致。

④ 精力要集中，不要受其他人影响，不听别人议论，要相信自己。

⑤ 须认真品评，要先正序，再反序，反复进行2～3次品评。

⑥ 抓两头带中间，要先选出最好的和最差的，然后反复比较质量相近的。

⑦ 要尽量克服顺序效应、后效应和顺效应。

⑧ 品评过程中，要随时做好记录，特别是白酒的特征记录。

12.2 尝评技巧与基本功的关系

要想有较高水平的尝评技巧必须有扎实的基础功夫，首先是应该加强理论知识的学习。

① 要学习微生物学，掌握发酵工业中微生物的特性、作用和功能，加深了解发酵过程中各种香味物质的生成机理。

② 要学习酿造工艺学，搞清楚什么样的操作方式，什么样的环境条件，什么样的菌种，生成什么样的香味物质；采取什么样的技术措施可以增加酒中的有益物质。

③ 要掌握具体的操作工艺过程，加强工艺管理，提高名酒组合酒的合格率。

④ 要学习有机化学，掌握微量香味物质的物理化学性质。

⑤ 要对全国各种香型的酒进行分析鉴定尝评，便于扩大眼界，探索各种名优酒香味成分的奥秘。

⑥ 要严格进行基本训练，认真总结经验。基本功越扎实，尝评技巧越精湛。不下苦功，只掌握几句评语，即使在某种场合可以取得成功，但环境一变，内容一变，就解决不了问题。总之，只有在扎实地练好基本功的基础上才能具备较高的技巧，才能快速准确地完成尝评任务。

12.3 提高评酒能力的四步骤

评酒员提高评酒能力和技术，不但要有良好的天赋，而且还要经过努力学习和刻苦锻炼，可按下述 4 个步骤，循序渐进，苦练基本功。但光靠苦练也不行，要拓宽知识领域，提高文化素质。否则仅靠一张嘴巴，只凭自己的经验，在这突飞猛进的时代里，是很难站住脚的。

（1）检出力　检出力是指对香及味有很灵敏的检出能力，换言之，即嗅觉和味觉都极为灵敏。

例如，在考核评酒员时，经常使用一些与白酒毫不相干的砂糖、味精、食盐及橘子汁等稀薄液进行测验。其目的就在于考核评酒员的检出力，也可以说是灵敏度的检查，以防止有嗅盲及味盲者混入。

检出力反映的是评酒员的生理素质，也是评酒员的基本条件。对评酒员来说，这是最低级阶段。因为非评酒员，也有人具有很好的检出力，说明检出力只是天赋的表现。

（2）识别力　这比检出力提高了一个台阶，要求评酒员对样品检出之后，有识别能力。评酒员考核时，要求对白酒的代表性物质及各典型体做出回答，并对其特征、协调与否，诸如酒的优点、酒的问题等，做出回答。

（3）记忆力　记忆力是评酒员基本功的重要一环，也是必备条件。要想提高记忆力，就需要勤学苦练，广泛接触酒，反复加深认识，在评酒过程中注意锻炼增强记忆力。在品尝过程中要专记其特点，并详细记录。对记录要经常翻阅，再遇到该酒时，其特点应立即从记忆中提取出来。例如，评酒员考核时，采用同种异号，不在同一轮次中测试，以检查评酒员的重现性与再现性，归根结底就是考验其记忆力。

（4）表现力　这是评酒员的高级阶段，也是其成熟的表现。凭借着识别、记忆找出问题的所在，并有所发挥。要求了解各香型的特征，延伸到工艺特征，掌握主体香气成分的化学名词和特点，熟悉气相图谱，通过勾调可以纠正其不足，或可对贮存勾调提出改进意见。

12.4　评酒员应掌握酒的四性和坚守的四原则

12.4.1　酒的四性

（1）典型性　所谓典型性者，自家酒之风格也。只有典型性强才便于消费者认识与记忆，离开这个品牌就不过瘾，这就是典型性的魅力所在。

（2）平衡性　画家讲究宾主，中药讲究君臣，表演讲究主角与配角，一言以蔽之，酒要求有整体效果与综合效果，且有主有次。数百种成分组成的白酒，不能否认某种成分有其明显作用，但它的确又不能代表一切。香味成分之间要保持适当的比例关系，即平衡性。鹤立鸡群或喧宾夺主，虎头蛇尾，出现暴香等现象，都是勾调上的大忌。

（3）缓冲性　如配制酒中的各种成分，开始时是不协调的，但添加缓冲物（例如甘油）后，各种成分则浑然一体，这就是缓冲作用。缓冲物质本身常常是香味很小，甚至是无味的，一般具有黏稠性，能将各自分离不团结的香味协调起来，此作用俗称"抱团"。白酒行业称缓冲物质为缓冲剂或助香剂，如酸对味有协调作用，醛对香有协调作用。

（4）缔合性　乙醇与水相混合时，其物理性能与纯乙醇及纯水有很大区别。水中加入乙醇时，体积收缩并生成热，体积收缩度、相对密度、表面张力都发生了变化。例如，用无水乙醇 53.94mL，与水 49.83mL 混合，如果两者无作用时，则应是 103.77mL，事实上却是 100mL。即两者拉得很紧，有极强的收缩度。乙醇分子与水分子之间有极强的亲和力，即两者的缔合作用。

12.4.2　评酒员应坚守的四项原则

（1）大公无私　评酒员首先要襟怀坦荡，大公无私。

（2）提高技术　苦练基本功，掌握典型性，把握风格，是指出质量好坏的关键所在。评酒员应不断提高识别力与记忆力，了解各香型产香与除杂生产工艺。

（3）熟悉生产　评酒员不能孤立地只当裁判员，而应该是生产上的能手，质量上的参谋。要定期有计划地参加生产劳动，了解生产，熟悉生产。评酒不单纯是把质量关，更需要通过评酒指导生产。

（4）客观公正　厂内评酒员必须做到，酒不熟不勾兑，酒不合格不出厂，并须取得领导上的支持，明确责任。

第13章

计算机在评酒技术中的应用

13.1 概述

白酒计算机品评技术，通过计算机编程完成感官数据的统计计算，以及对感官品评的归纳总结，把感官指标数据化。

多年来，白酒感官品评技术取得了长足的发展，尤其是品酒师职业技术标准的建立和职业培训工作的开展都对白酒品评技术的进步起到了重要的推动作用。白酒计算机品评技术的重要贡献是把感官指标数据化。这项技术经历了十几年的发展历程，在此之前一直都是由品酒师填涂机读卡，通过光标阅读机识别来完成品评工作的。近年来，科学家对计算机技术的应用不断总结，以提高其品评能力，尤其在 2010 年第二届全国白酒品评技能大赛实践中更好地提升和发展了这项技术。

白酒的感官品评技术受到全行业的高度重视，品酒师在产品质量监控、勾调技术进步、酿造工艺改进和提高等方面的作用越来越显著，随着品酒师职业化进程的加快，白酒感官标准的建立已经成为行业亟待解决的问题，白酒感官质量的有效鉴定和控制是稳定和提高白酒品质的重要手段。

13.2 计算机在白酒品评过程中的功能

品评的主体是评酒员，完全由计算机完成还不可能，计算机技术的应用只是辅助完成较为复杂的数据处理工作，使评酒结果更好地体现科学、合理、公正和公开，并且实现快速运算和精确统计，使品评工作人员最大限度地集中精力对样品进行准确的判断，减少评酒人员在品评过程中大量的计算工作。样品的最终得分是反映样品品质的核心，计算机品评系统的建立，有效地实现了白酒感官指标的数据化。评酒的真正意义有两个：一是通过评酒员的品酒技能和评酒经验，一般采取 5 杯比较的方法对某一样品做出评价，用百分制的方式，对白酒的质量水平打分；二是找出这个样品存在的质量优点和缺陷，一般以文字形式表达出来。简单说来，评酒的真正意义体现在样品的总分和评酒员对该样品的质量优点和缺陷的描述。找出的质量缺陷往往只有通过语言表达才能更为准确，只有熟悉工艺，并且有较高水平的评酒员才可以对样品的质量缺陷做出准确的描述，这个描述对生产企业的技术和质量方面的提高十分关键，这是所有白酒企业所期待的，同时也是高水平的评酒员所努力追求的。目前，要研究的是根据某一特定工艺产品建立能够准确描述其质量水平的感官指标，并把这些感官指标实现数据化，通过评酒员的感官品评将数据表达出来。

中国酿酒工业协会白酒分会在设计计算机评酒系统的时候主要突出了两个特点：一是便于掌握和操作，减少其他干扰，使评酒员能够集中精力进行品酒操作，从而给样品一个准确的得分；二是集中精力通过品评找出酒样存在的质量缺陷，并经过分析，准确判定出酒样在生产工艺和质量控制方面的问题，以及应该采取的技术和质量改进措施，帮助企业提高技术和质量管理水平。

13.3　计算机品评技术的应用与创新

13.3.1　计算机品评技术存在的不足

计算机品评技术应用通过几年的实践收到了很好的效果，同时也暴露了一些问题，集中表现在：

① 填涂机读卡耗用时间和精力较多。

② 在填涂过程中容易出现错误且不易被发现。

③ 感官分值范围较大，尺度不好把握，尤其分项感官指标得分与总分的关系不好计算，最终样品得分与分项指标的关系不便于直接挂钩。

④ 感官评语固化，个性化评语和酒样的特点不便于描述，感官品评不够具体，对生产指导作用不够。

⑤ 分项感官指标设置和打分不易掌握。

13.3.2　计算机品评技术在白酒品评过程中的应用创新

计算机品评技术近年来取得了较大的改进和提高，将机读卡输入改为了键盘和鼠标输入，同时修正了过去品评系统中存在的问题，进一步完善了系统功能，经过改进的计算机品评系统具备以下特点：

评酒结果能更好地体现科学、合理、公正和公开，并且快速、准确，可以做到即时显示品评结果。

有利于评酒员集中精力对样品进行准确的判断，可减少其计算和书写评语工作。打分过程非常便捷，各分项得分与总分的关系在打分过程中十分清晰，感官指标更加细化，品评人员通过使用这个系统会逐步熟悉和掌握各分项感官指标与总分的关系。样品的最终得分是反映产品品质的核心，同时各分项指标得分可以更加具体显示出产品质量水平。

白酒感官评语与感官数据有机结合，可集中、准确反映白酒产品品质，样品的最终得分与感官评语密切关联。文字评语与分值的关系一目了然，更为直观。

品评系统增加了产品优缺点的语言描述。通过品评工作，完善对工艺和产品质量的正确改进建议。系统设置了一些固定评语可供选择（表13-1），品评人员也可以根据品评样品的具体情况，自主编写相关评语（表13-2），手动录入到系统之中，这样可以更好地体现评语对产品质量和生产工艺的指导作用，此功能在原来计算机品评系统中并不具备，是在改进的新系统中得以完善的。

新的品评系统把感官指标确定为9项，各分项结合不同类型白酒设定感官指标的分值。

固定分值与感官描述紧密结合，不设定范围，便于掌握，同时便于实现感官质量标准化。更为重要的是，把感官标准尺度大大缩小了，使品评工作的要求更加严格规范。

采用给分制，而非扣分制方式。

各分值选项除了"陈味"一项外全是必选项，各分项指标与总分都有直接关联。

在回答各分项指标的分值时，样品的总分及时显现和变更，便于品评人员思考样品最终分数。

品评结果包括样品总分、样品类型、各分项得分、感官描述结果、质量优缺点的文字描述结果。

品评结果统计多样化。可以采取去掉 N 个最高分和最低分取平均得分；可以统计出各分项指标的得分；可以根据品评人员水平和等级设定品评人员在品评结果中占的比重；可以结合理化数据判定样品级别；可以实现类型选择结果统计、评语选择结果统计、自创评语选择统计，等等。

系统不仅可以对成品酒进行计算机感官品评，也可以将其应用到基酒验收和勾调工作之中。对于指导产品质量提高、工艺技术提高，尤其是勾调技术的提高意义重大，勾调技术往往是以经验为主，或者使用色谱和理化数据运算方式来进行。计算机品评系统将感官品评数据化，就可以实现应用感官数据来进行勾调实践，尤其是把各分项感官指标按照不同的组合方式进行勾调试验，可以很好地总结勾调经验，并且可以使勾调技术在此基础上有一个飞跃性的提高。

品酒方案可以多样化选择，可以进行一杯法品评，也可采用 2～5 杯比较法品评。可以按酒度，也可以按酒的类型或通过随机编制等形式编制品评方案。

可以实现远程品评，同一场合品评不同或相同酒样，不同场合和时间品评同一样品或不同样品，为白酒感官品评指导生产和指导市场提供了更加便捷的品评方式。

13.4 计算机系统感官评语

2011 年 6 月，在国家级白酒评委年会上已经对新的计算机品评系统进行了品评实践，收到了很好的效果。

13.4.1 计算机系统使用评语

计算机系统给出的感官评语是计算机品评新技术的创新点，在品评中使用效果良好，表13-1 是计算机系统使用评语。

表 13-1 计算机系统使用评语

窖香芝麻香馥郁	有苦味
窖香芝麻香明显	酸味明显
窖香焦香馥郁	凤香浓香明显
焦煳味	清香酱香馥郁
芝麻香浓香突出	糙辣味
有涩味	有糠杂味
清香浓香明显	有异香
清香酱香明显	米香酱香突出
有泥臭味	凤香酱香馥郁
有外加香	水味
凤香浓香突出	凤香酱香明显
窖香焦香明显	生料味
芝麻香浓香明显	有酒尾味
酒精味	其他杂味
窖香芝麻香馥郁幽雅	有霉糟味
寡淡	糠霉味
米香酱香明显	凤香酱香馥郁幽雅
有焦香	

13.4.2　计算机系统自创评语

品评人员可以根据样品的风格特点自创评语输入计算机系统，对样品进行描述，目前主要自创评语近 1000 条（表 13-2）。

表 13-2　计算机系统自创评语

焦香明显,有窖香	酒体欠协调	浓清酱三香兼备
焦香明显	酒体不太醇厚	浓清芝麻香兼备
复合香味不明显	酒体陈味较好,醇甜	浓特相兼
清香明显	酒体单调	浓味突出
浓香明显	酒体淡薄	浓香,芝麻香
香甜	酒体淡雅	浓香带有酱香、清香
不丰满,味淡	酒体丰满	浓香多粮窖香浓郁较优雅
糙感明显	酒体丰满,绵甜	浓香多粮缺乏自然感
糙辣味突出	酒体丰满,协调	浓香风格
糙涩	酒体干净,入口香味大	浓香和芝麻香
陈感突出,协调	酒体较淡薄	浓香加豉香
陈感突出,幽雅	酒体略粗糙	浓香加小曲清香
陈感突出,芝麻香幽雅	酒体略淡薄	浓香兼凤香
陈窖香较雅	酒体略欠协调	浓香兼酱香
陈味不足	酒体略辛	浓香酱香兼清香
陈味大	酒体绵甜	浓香酱香明显
陈味较好,酒体丰满	酒体偏酸	浓香焦香明显
陈味较好,酒体舒适,醇甜	酒体欠醇厚	浓香略带酱香
陈味较好,绵甜	酒体欠爽	浓香略带芝麻香感
陈味较好,绵甜丰满	酒体柔顺	浓香明显
陈味较好,闻香芝麻香略带浓香	酒体稍欠细腻	浓香明显、酱香明显
陈味突出	糠味明显	浓香浓
陈味突出,口味绵甜柔和	糠味较大	浓香突出
陈味突出,复合香气幽雅	糠酯香	浓香为主,还有其他复合香气
陈味突出,浓兼酱	空杯留香持久	浓香有芝麻香
陈香,芝麻香,酱香,浓香	空杯有酱醋味	浓香芝麻香明显
陈香不足,后味稍短	口感带糟味	浓香芝麻香突出
陈香气小	口感粗糙	浓香芝麻香突出,醇厚丰满
陈香突出	口感过于甜	浓香中带清香,陈味突出
陈香突出,酒体醇厚丰满	口感较糙	浓香中略带酱香
陈香宜人	口感偏涩	浓香中有酱香,略带清香
豉香带米香	口感偏酸,有泥臭	浓香中有芝麻香
豉香带其他香	口感舒适	浓芝相兼
豉香兼浓香明显	口感顺畅绵甜,舒适	浓中带酱
冲,酒精味明显	口味略单	浓中带酱芝
冲,杂	口味偏淡	浓中有酱
冲辣	口味稍淡	偏浓
冲辣,杂	口味稍欠丰富	其他味
臭味、焦味	苦长	其他杂味,不太净
醇厚	苦长、味过甜	欠饱满,欠醇厚
醇厚,后味有芝麻味	苦味明显	欠陈香
醇厚醇甜	苦味稍长	欠醇厚
醇厚丰满	老白干风格突出	欠回味悠长
醇厚较优雅	老白干型带浓香	欠净
醇厚优雅	粮香、陈香突出	欠净爽

醇甜,陈味较好	硫臭味、煳味、苦味太突出	欠蜜香,欠醇甜
醇甜、柔和	绿豆的复合香	欠绵,尾欠软
醇甜感强	绿豆香气清雅,陈味好	欠绵柔
醇甜感突出	绿豆香味	欠柔和
醇甜润和	略糙	欠柔顺
醇香清雅,绵柔,协调	略陈,净	欠爽
醋香、果香、曲香	略带陈香感	欠爽,欠细腻
带参味	略带陈香	欠爽净
带风香感	略带浮香	欠爽净,稍涩
带辅料味	略带酱、芝麻香感	欠细腻
带复合粮香感	略带酱香	欠协调
带酱菜味	略带焦苦味	欠协调,后味不干净
带糠味	略带焦香感	欠协调,酸味过头,调香突出
带糠杂味	略带泥臭	欠圆润
带霉味	略带泥味	青草气明显
带泥臭	略带其他香气	青草味、泥味,不舒适
带泥臭味	略带药感	青草香、酱菜香
带涩味	略带芝麻香	清及白干风格兼有
带生杂味	略带芝麻香感	清兼浓,后味甜
带酸腻感	略糠感	清酱浓兼有
带有较明显的黄酒味	略苦	清酱味
带有洋酒味	略霉味	清酱相兼
带有芝麻香	略欠净	清米香酱香明显
带有芝麻香的舒适感	略欠净爽	清浓酱复合香
带杂	略欠绵感	清浓酱皆有
带杂略酱	略欠爽净	清浓酱芝诸香协调
带芝麻香感	略欠协调	清浓酱三香具有
单体乙酯香大,有多粮风格	略涩	清香、米香、酱香复合香
淡雅,绵甜,爽净	略显窖臭	清香、米香复合香
淡雅浓香	略异	清香＋酱香
淡雅有陈味	略异稍杂	清香纯正
底窖香、老窖香明显舒适	略有浮香	清香纯正,醇甜,爽净
底窖香刺激感明显	略有辅料香	清香纯正,绵柔,甘润爽净
底窖香刺激性较强	落口返焦香	清香带凤香
典型,较突出、舒适	落口回酱感	清香带浓香、酱香微微的芝麻香
调香	落口欠净	清香带芝麻、酱感
调香酒	米、清、浓混香	清香淡雅
多粮复合香	米香糟味	清香典型
多粮兼香	米香,陈香突出	清香风格明显
多粮浓香带酱香带陈香	米香,略有豉香	清香馥郁
多粮浓香焦香明显	米香、豉香	清香兼白干香气
多粮浓香明显,兼有清香	米香＋黄酒	清香兼浓香兼酱香,绵柔爽净协调
多粮香	米香＋酱香	
多粮香略带酱焦感	米香,陈味突出	清香酱香浓香馥郁
多粮香明显	米香带浓香明显	清香酱香浓香明显
多粮香突出	米香带橡木味	清香较雅致
放香不够	米香带有加饭酒的香气	清香略带酱香,陈味较好
放香好	米香典型	清香略带酱香,闻香带米香
丰满感略差	米香加黄酒	清香米香酱香明显
风格不典型	米香兼酱,酱味突出	清香米香明显
凤兼浓	米香兼酱香	清香明显
		清香浓香明显,窖香较浓

凤酒味	米香兼清香明显	清香浓香明显,口感有芝麻香味
凤香兼窖香幽雅,陈味突出	米香酱香明显,陈味好	清香突出
凤香酱香明显	米香突出	清香为主,略带浓香,醇甜
凤香窖香明显、突出	蜜香幽雅,陈香舒适,味长怡畅	清香雅致顺畅柔和
凤香浓香较突出	米香为主,有蜜香,醇厚绵甜	清香芝麻香明显
凤香浓香相结合	米香小曲清香突出	清香中带点蜜香
凤香清香明显	米香小曲香明显	清香中带点酸陈味
凤香清香突出	米香型+黄酒,很黄	清香中带小曲清香感
麸曲带酱	米香型+黄酒组合	清香中有浓香
麸曲清香	米香药香突出	柔和绵长
麸曲清香+酱香	米香中带有药香	柔和绵长,醇厚,空杯留香久
麸曲清香类	米香中有豉香味	柔和绵顺
浮、馊味明显	米香带油脂味,顺滑	柔顺
辅料味、霉味较明显,欠清爽	蜜香不太纯正	入口冲辣
辅料味	蜜香不突出,有生青味	入口略重
辅料味重	蜜香带陈,突出	入口稍寡淡
复合粮香尾带焦香	蜜香带陈香	入口酸,冲,压香
复合略缺欠	蜜香略带陈	入口酸味大
复合香不幽雅	蜜香甜润,回味长	入口有黄酒气息
复合香气淡雅,绵软	蜜香突出	入口有霉味,欠净
复合香气较好	蜜香突出甘润,醇厚	入口有特殊香味,很舒服
复合香气细腻,绵软	蜜香幽雅	醇甜,其他香,稍有米香
复合香气幽雅	口味醇厚绵柔,回味悠长爽净	涩,味短淡
复合香气幽雅,酒体丰满	绵长	涩口
复合香气幽雅,细腻	绵柔	稍糙、欠净
复合香突出	绵柔醇厚	稍臭
复合香味明显	绵柔醇甜	稍粗糙
复合香怡人	绵柔顺畅	稍淡
复合芝麻香馥郁	绵柔顺畅,自然协调	稍加放置后香气变化快
馥郁香气幽雅	绵甜、舒适	稍闷
甘润爽净	绵甜,酸	稍平淡,欠净,尾味略涩
感染了异杂味	绵甜净爽	稍欠醇甜
个性典型	奶香味	稍欠丰满度
果香、腌制品香气搭配合适	泥臭	稍欠净爽
果香、芝麻香搭配,焦煳香	泥臭味大,酒体略粗糙	稍欠爽净
过甜	泥臭味明显	稍欠协调
很甜	泥臭味明显、咸菜味	稍涩
后口酒精味露头	泥味较重	稍涩,欠协调
后口糠杂味	泥味重	稍馊
后口欠协调	腻甜	稍有调香,入口酸度稍大
后口涩味较明显	浓、凤、酱三香相兼,浓香较突出	稍有辅料味
后味短,有点涩	浓、清、酱、芝诸香相兼	稍有辅料味,后味短
后甜稍重	浓、清酱三香相兼,以浓为主	稍有酸感
后尾略欠	浓兼凤	稍有酸味
后尾略短	浓兼芝	稍有芝麻香
后味酸、涩,欠细腻、爽净	浓兼芝麻香	稍有芝麻香味
后味酸涩感重	浓酱兼香	少许腌制品香气,苦味适当
后味不净	浓酱兼香带芝麻香	生闷味
后味单	浓酱兼香风格	生青类香气
后味短	浓酱兼香明显	生味重
后味短,太甜	浓酱兼香特点明显	爽净

后味短,微涩	浓酱清复合香	爽净欠缺
后味过长,回味中两种以上香气	浓酱香突出	水解味
后味回苦	浓酱协调	水味重
后味酱味明显	浓酱芝麻香	似外加香
后味焦煳感稍重	浓酱芝相兼	似橡木香,味酸甜
后味较短	浓略酱略陈	似有碳酸饮料味
后味较短,蜜香略欠缺	浓清淡	似有外加甜味剂,欠自然
后味苦	浓清兼香	似有橡胶味
后味苦,太甜	浓清酱兼香	似有愉悦的果香
后味略带糠味	小曲特有的咸菜味	酸陈
后味略带水解味	小曲香气比较正	酸大
后味略短	协调不够	酸大,太甜
后味略苦	协调感略欠	酸大,协调感欠缺
后味略显粗糙	协调感稍差	酸涩
后味略重	协调略显欠缺	酸涩,泥味明显
后味欠长	协调稍欠,味短	酸甜味突出
后味欠光滑	协调性稍差	酸味,牛奶味
后味欠爽净	新酒味、糠杂味	酸味大
后味涩	颜色太黄	酸味过重,入口不爽
后味稍短	颜色重	酸味明显
后味稍苦	药味明显	酸味明显,后味杂
后味稍欠净	药香明显	酸味重
后味稍欠绵长	乙酸乙酯味太重	太烈
后味稍欠爽净	以酱香为主,稍有浓香	太甜
后味稍涩	以酱香为主,酸陈	特兼浓
后味酸、有鲜味	以酱香为主,酸涩感重	特色不典型
后味太重	以酱香为主	特色不突出
后味甜腻	以浓为主,辅以清和酱	特甜
后味微苦	以浓为主,辅以芝麻香	特型加浓香
后味协调感有待提高	以清为主,略带酱香	特征不突出,后味不明显
后味有其他味	以芝麻香感为主,带浓香	甜但甜不自然
后味有异味,后味淡	以芝麻香为主,辅以酱香	甜,香气闷
后味糟味明显	以芝麻香为主,有酱香	甜度大
后香淡,味短	异腥味明显	甜度大,带糠味
黄色,放香有酸气	幽雅醇厚	甜感略重
回味长	幽雅和细腻略欠缺	甜感突出
回味较短	幽雅	甜腻
回味欠长	油糊香突出	甜腻,味杂
回味稍欠协调	有陈香,酱芝清感	甜稍大
回味太短	有陈香感	甜味大,苦味长
回味悠	有点酸	甜味过大
回味悠长	有调香感	甜味突出
回味有酱味	有调香感,微酸,欠协调	甜味重
己酯味突出	有丁臭味	甜味较突出
兼香带芝麻香较浓郁幽雅	有多粮味	外加己酸乙酯香气
黄淮派兼香	有浮香	外加香
酱、浓、清三香相兼,以酱为主	有浮香,欠协调	微糙
酱陈感突出幽雅	有浮香,酸味重	微糙欠绵柔
酱带焦香	有辅料味	微陈
酱感欠浓	有烟香、稍臭	微带酱香
酱兼浓	有黄酒香	微带泥腥味

酱兼清	有胶管子味,酒精味	微糠感
酱焦明显,焦回味长	有胶皮臭味	微苦
酱较突出,浓轻	有胶皮味	微涩
酱味过头	有焦煳味	微酸
酱味略突出	有焦苦味	微酸涩
酱味突出,略带五粮酒香味	有焦香稍欠丰满	微甜,有一种中药香
酱香、焦煳、窖香突出	有焦香稍欠绵柔	微有泥味
酱香、窖香明显	焦香突出	尾短
酱香、浓香、清香浓郁	有窖泥味	尾欠净
酱香不明显	有窖泥香	尾欠协调
酱香带芝麻香舒适	有酒海容器味道,舒适度较差	尾涩
酱香辅以芝麻香	有酒精气味	尾涩不净
酱香馥郁	有酒精味	尾尚净
酱香馥郁幽雅	有糠味	尾微苦
酱香加小曲清香	有糠油味	尾味欠净
酱香焦煳香明显	有苦味,刺激	尾子不净,有杂味
酱香较细腻	有苦味,泥味	尾子略杂,清爽较欠缺,酒带新糙
酱香窖香清香明显	有粮糠味	味陈,回甜
酱香窖香幽雅	有霉味	味淡
酱香略带焦香,丰满	有蜜香,纯甜,后味怡畅	味淡,协调稍欠
酱香略带浓香	有木酒海味	味淡薄
酱香略带清香	有木香味,后味清爽	味短
酱香蜜香明显	有泥臭	味短、淡
酱香明显,兼有芝麻香、清香感	有泥味	味焦苦
酱香浓香,酸涩重,欠协调	有泥香	味较淡
酱香浓香突出	有其他香	味较淡,回味较短
酱香浓郁	有曲霉味	味较淡薄
酱香突出,细腻	有涩口感	味较短
酱香突出,幽雅,空杯留香	有生青味	味苦涩
酱香为主,辅以浓香	有生香,微带糠味	味米香带酱焦味
酱香尾带芝麻香	有熟甜味,档次不高	味重,略酸
酱香幽雅	有水解感	闻香略杂,较冲
酱香芝麻香馥郁	有水解味	闻香浓香,芝麻香复合香气幽雅
酱香芝麻香馥郁幽雅	有水味	浓香略带陈味,放香好,绵甜
酱香芝麻香明显	有酸涩感	闻香浓香略带酱香,绵甜
酱香芝麻香舒适	有酸味	闻香浓香略带清香,绵软
芝麻香突出,焦香煳香舒适	有酸香味	闻香浓香为主,略带酱香
酱香中带芝麻香	有特香风格	闻香浓香为主,略带芝麻香
酱中略带芝麻香,酒体细腻	有甜腻感	闻香清香,略带酱香,酒体绵甜
胶管味	有土味,药味明显	闻香入口舒适,挺拔不刺激
胶皮管味或煤油味	有土腥味	闻香馊、有涩味
焦煳味,后味杂	有土腥味,药味明显	闻香酸、涩
焦煳味,味淡	有外加香,略带酒精味	闻香微酸、酱香突出
焦煳味,苦味	有外加香,酸味大	以酱香为主略带浓香,酒体丰满
焦煳味,焦香突出	有外加香感	闻香以浓香为主
焦煳味重	有细腻感	闻香以浓香为主,略有芝麻味道
焦煳香露头	有香料味	闻香以芝麻香明显
焦酱较回长	有香料香	闻香以芝麻香为主,带浓香
焦苦味	有些许熟甜味	闻香芝麻香突出,后味浓香感重
焦苦味太重	有液态发酵感	无明显缺陷
焦味明显	有乙醛气味,有青草气	细腻感差

焦香过大	有异味	细腻略欠缺，带焦香
焦香明显	有异杂味	咸菜味，后味略酸
较冲	有油哈气	香、味欠协调
较净	有杂味	香不太突出
较净欠爽	有糟糠味	香草气息
较杂，微涩	有榨菜味	香和味略显拖沓
窖陈	有芝麻香	香料味中
窖陈感舒适，幽雅，丰满	有芝麻香味	香略欠幽雅
窖陈感突出	有芝麻香味，陈味好	香气协调略欠缺
窖陈感突出，口感绵厚	余味稍短	香气纯正，醇甜
窖臭感明显	余味稍杂	香气醇甜爽净
窖香突出	杂醇味道较重	香气刺激感较大，新酒味较明显
窖泥味	杂醇油味重	香气刺激性大
窖泥味明显	杂味大	香气带酸菜气味
窖香，多粮香，口味细腻	糟麸香突出	香气带酸味
窖香、陈香突出，略有酱香	糟味	香气独特，似绿豆香
窖香、粮香、陈香馥郁	糟香甜香	香气短
窖香、粮香突出	糟香曲药香复合	香气丰满，舒适
窖香、酱香馥郁	糟香味大	香气复合，口味细腻顺和
窖香陈味突出，略有酱香	糟味突出	香气复合得一般
窖香陈香	整体协调，口味绵爽	香气复合较舒适
窖香陈香浓郁	整体协调感略欠，兼香不太协调	香气复合舒适
窖香陈香突出	芝麻香、焦香	香气馥郁
窖香馥郁，陈味突出	芝麻香带浓香	香气馥郁，陈粮香
窖香馥郁	芝麻香多粮浓香明显	香气馥郁，干净
窖香馥郁、幽雅	芝麻香馥郁	香气馥郁，酱大于浓
窖香馥郁幽雅	芝麻香馥郁幽雅	香气馥郁，绵柔，醇甜
窖香馥郁幽雅、风格明显	芝麻香感突出，酒体丰满	香气馥郁，酒体醇甜
窖香好	芝麻香兼浓	香气馥郁幽雅
窖香酱香馥郁	芝麻香兼浓香，浓香风格突出	香气馥郁有幽雅感
窖香酱香明显	芝麻香酱香焦煳香突出	香气较淡，口味不错
窖香酱香明显，陈香好	芝麻香窖香明显	香气较闷，较粗糙，后味带泥臭
窖香酱香突出，陈味明显，绵柔	芝麻香粮香	香气较清淡
窖香酱香明显	芝麻香略带酱香	香气较幽雅，入口醇甜
窖香酱香幽雅	芝麻香浓香复合很好	香气略差
窖香焦香馥郁，陈味突出	芝麻香浓香复合较好，陈香明显	香气浓郁舒适
窖香焦香馥郁，焦香突出	芝麻香浓香较突出	香气欠浓郁
窖香焦香馥郁，绵柔顺畅	芝麻香浓香明显，陈味突出	香气欠幽雅
窖香、焦香馥郁，酒体舒适	芝麻香气、酱香	香气缺乏纯正
窖香焦香明显，绵柔顺畅	芝麻香清香馥郁	香气散
窖香焦香明显，酒体醇甜	芝麻香突出，陈香明显	香气舒适，绵甜
窖香焦香突出	芝麻香突出，有焦煳香	香气舒适度一般，后味有酸涩感
窖香焦香幽雅	芝麻香味突出	香气突出，酒体绵甜
窖香较馥郁，绵柔，醇甜	芝麻香突出	香气小略有酒精气
窖香较明显	芝麻香幽雅	香气一般
窖香馥郁	芝麻香中带小曲清香感	香气幽雅舒适
窖香粮香突出	芝麻香中酱香明显	香气幽雅，诸味协调
窖香露头	芝麻香中有浓香	香欠幽雅
窖香略带芝麻香	芝清酱相兼	香味不持久
窖香蜜香明显、突出	芝稍兼浓	香味略显突出
窖香蜜香突出	酯略高	香味欠纯正

窖香明显甜净	酯香	香味舒适较细腻
窖香浓	诸味协调	香味协调,口感绵厚
窖香浓,有粮香	诸香较协调	香味协调,甜感突出
窖香浓郁	诸香协调	香与味之间不太协调
窖香酱香突出	自然花香,幽雅绵甜	小曲清香
窖香幽雅浓郁	小曲清香突出	小曲清香,纯甜
窖香芝麻陈味好	小曲清香水果香明显	小曲清香,入口甜
窖香芝麻香馥郁,陈香好		小曲清香带窖香
窖香芝麻香馥郁,特点突出		小曲清香的特点,入口甜,
窖香芝麻香馥郁幽雅,酒体丰满		小曲清香风格明显
窖香芝麻香较丰满		小曲清香明显
窖香芝麻香明显,陈味突出		
窖香芝麻香明显,陈香味好		
近似单粮浓香		
酒度过高,冲辣感		
酒度太高		

第 3 篇

白酒酒体设计

第 14 章

白酒的贮存与老熟

在白酒生产中，新蒸馏出的酒具有辛辣味和冲味，饮后会感到燥辣而不醇和，只有经过一定时间的贮存后，才能使酒变得醇香、幽雅、协调、柔和。白酒的这种贮存过程，称为白酒的老熟或陈酿。白酒在贮存过程中，通过挥发、缔合等物理变化和氧化、还原、酯化与水解等化学变化，使酒的物理性质和化学性质都发生变化，从而改变酒的品质。

14.1 白酒的贮存与管理

经发酵、蒸馏而得的新酒，还必须经过一段时间的贮存，才能使酒变得醇香、幽雅、协调、柔和。不同白酒的贮存期，因其香型及质量档次而异。如优质酱香型白酒贮存期最长，要求在 3 年以上；优质浓香型和清香型白酒贮存期一般需 1 年以上；普通级白酒最短也应贮存 3 个月。贮存是保证蒸馏酒产品质量至关重要的生产工序之一。

14.1.1 白酒在贮存期内的变化

新酒中自由酒精分子比较多，口味不柔和、刺激性大。只有经过贮存老熟后，才能去除新酒味，使白酒香味更加自然协调、柔和幽雅。

新酒在贮存过程中一般发生如下的物理、化学变化：

(1) 新酒杂味物质的挥发　新蒸馏出来的酒，一般比较燥辣，不醇和，也不绵软，主要是因为含有较多的硫化氢、硫醇、硫醚（二甲基硫）等挥发性硫化物，以及少量的丙烯醛、丁烯醛、游离氨等物质。这些物质与其他沸点接近的成分组成新酒杂味的主体。这些新酒杂味成分多为易挥发物质，自然贮存一年，可基本消失殆尽。

(2) 氢键缔合作用（物理老熟）　白酒的主要成分是水和酒精，约占总体积的 98%，其余 2% 左右为微量香味成分。水和酒精都是液体，相互间具有较强的缔合作用，当水和酒精混合在一起，成为酒精的水溶液时，水与酒精的氢键被破坏，放出潜能，并缩小体积。根据实验，当 100mL 12.5℃ 的酒精，与 92mL 同温度的水混合时，混合液的温度，就由 12.5℃ 上升到 19.7℃，而其体积则缩小 3% 左右。

随着贮存时间的延长，水和酒精分子之间，逐步构成大的分子缔合群，缔合度增加，使酒精分子受到束缚，自由度减少，也就使得其刺激性减弱，对于人的味觉来说，就会感到柔和。

白酒中各缔合成分之间形成的缔合体要比单纯乙醇水溶液的醇水分子间形成的缔合体的作用强烈，这也进一步说明了微量的香味成分对缔合体的作用有着重要的影响。同时白酒中存在的一定量的有机酸对白酒中氢键的缔合有明显的促进作用。

在短时间内，由于氢键的缔合，使白酒中乙醇固有的刺激性减少，但是所谓的"老酒味"（陈味）并未明显的出现，而是要经长期的贮存才能达到所谓的老熟。因此，氢键缔合作用并非老熟陈酿过程的决定性因素。在贮存期间发生的化学变化（化学老熟）是老熟陈酿过程的决定性因素。

（3）化学变化　白酒中存在的醇、酸、酯、醛等成分在老熟过程中经过缓慢的氧化、还原、酯化与水解等化学反应相互转化而达到新的平衡，同时有的成分消失或增减，也会有新的成分产生。这是白酒老熟的主要机理。

① 酸类的变化　白酒在贮存过程中，总酸呈上升趋势，尤其是乙酸、丁酸、己酸、乳酸。有机酸的来源有两个方面：一是醇、醛的氧化作用，二是酯的水解作用。醇先氧化为醛，进而再氧化为相应的酸。酯类的水解作用也是酸上升的主要原因。白酒在降度时水的比例增大，促进了酯的水解作用。

② 酯类的变化　白酒在贮存过程中，几乎所有的酯都减少。这充分显示了白酒在贮存过程中酯类的水解作用是主要的。酯化反应是可逆反应，要提高酯的量，酸和醇必须足够多，平衡才能向产生酯的方向移动，相反，酯和水含量高则出现水解，产生酸和醇。低度酒由于含水量大，发生水解的概率变大。

③ 醇类的变化　浓香型白酒在贮存过程中高级醇含量呈上升趋势。高级醇的增加主要是酯类的水解造成的，而其含量的减少，则是因酒中的分子氧被激活，醇的氧化作用突出。另外，高级醇含量的降低还与贮存过程中其较高的挥发性有关。

④ 醛类的变化　乙缩醛是重要的香气成分，在贮存过程中，可由乙醛和乙醇缩合生成。因而乙缩醛含量上升，乙醛的含量会相应地减少，但这并不表明酒中的乙醛总量就一定减少，因为醇的氧化作用还会产生相应的醛类。

醇氧化成醛：　　　　　$2RCH_2OH + O_2 \longrightarrow 2RCHO + 2H_2O$

醛氧化成酸：　　　　　$2RCHO + O_2 \longrightarrow 2RCOOH$

醇酸生成酯：　　$RCOOH + R'CH_2OH \longrightarrow RCOOR'CH_2 + H_2O$

醇醛生成缩醛：　　$2R'OH + RCHO \longrightarrow RCH(OR')_2 + H_2O$

某浓香型白酒不同酒度在贮存期总酸、总酯及四大酯等理化指标的变化规律见表14-1～表14-3。

表 14-1　某 38%vol 浓香型白酒不同贮存期理化指标变化规律

时间/天	乙酸乙酯/(g/L)	丁酸乙酯/(g/L)	乳酸乙酯/(g/L)	己酸乙酯/(g/L)	总酸/(g/L)	总酯/(g/L)
0	0.71	0.16	1.02	1.48	0.84	2.48
120	0.66	0.15	0.8	1.42	0.87	2.39
180	0.65	0.16	0.88	1.5	0.91	2.24
360	0.61	0.16	0.82	1.42	1.02	2.18
540	0.45	0.13	0.56	1.31	0.98	2.06
600	0.49	0.13	0.67	1.29	1	1.99
720	0.51	0.14	0.88	1.31	1	1.99
900	0.47	0.13	0.64	1.27	1.05	1.8
960	0.46	0.13	0.6	1.2	1.04	1.9
1080	0.45	0.13	0.61	1.11	1.06	1.78
1260	0.43	0.11	0.39	0.95	1.03	1.6
1380	0.35	0.1	0.68	0.97	1.03	1.59
1530	0.34	0.1	0.45	0.77	1.03	1.58

时间/天	乙酸乙酯/(g/L)	丁酸乙酯/(g/L)	乳酸乙酯/(g/L)	己酸乙酯/(g/L)	总酸/(g/L)	总酯/(g/L)
1710	0.38	0.11	0.43	0.97	1.05	1.52
1890	0.37	0.09	0.27	0.83	1.05	1.38
2100	0.37	0.08	0.18	0.79	1.08	1.36
2250	0.33	0.09	0.23	0.74	1.06	1.3
2430	0.32	0.09	0.23	0.74	1.05	1.24
2610	0.39	0.09	0.24	0.78	1.05	1.22
2730	0.32	0.08	0.17	0.69	1.06	0.69

表 14-2　某 46%vol 浓香型白酒不同贮存期理化指标变化规律

时间/天	乙酸乙酯/(g/L)	丁酸乙酯/(g/L)	乳酸乙酯/(g/L)	己酸乙酯/(g/L)	总酸/(g/L)	总酯/(g/L)
0	1.06	0.2	1.04	1.91	1.12	3.27
120	1.08	0.19	0.88	1.91	1.19	2.98
180	1.05	0.21	1.16	1.81	1.19	2.96
360	1.05	0.2	0.79	1.73	1.22	2.91
540	0.68	0.17	0.78	1.7	1.24	2.89
600	0.79	0.17	0.86	1.75	1.23	2.75
720	0.93	0.18	0.6	1.69	1.23	2.75
900	0.89	0.18	0.67	1.57	1.27	2.64
960	0.86	0.17	0.56	1.59	1.24	2.63
1080	0.82	0.18	0.75	1.56	1.27	2.54
1260	0.65	0.14	0.54	1.52	1.26	2.24
1380	0.54	0.15	0.7	1.35	1.28	2.13
1530	0.58	0.12	0.43	1.14	1.28	1.96
1710	0.54	0.12	0.41	1.31	1.3	1.87
1890	0.47	0.11	0.36	1.27	1.29	1.78
2100	0.55	0.11	0.27	1.13	1.3	1.8
2250	0.48	0.1	0.35	1.16	1.28	1.67
2430	0.47	0.11	0.28	1.13	1.27	1.68
2610	0.5	0.11	0.34	1.25	1.27	1.66
2730	0.41	0.08	0.13	1.11	1.29	1.11

表 14-3　某 54%vol 浓香型白酒不同贮存期理化指标变化规律

时间/天	乙酸乙酯/(g/L)	丁酸乙酯/(g/L)	乳酸乙酯/(g/L)	己酸乙酯/(g/L)	总酸/(g/L)	总酯/(g/L)
0	0.86	0.18	0.89	2.05	1.13	3.39
120	0.9	0.18	0.87	1.94	1.13	3.07
180	0.91	0.19	0.87	2.04	1.14	3.1
360	0.76	0.18	1	1.97	1.21	3.1
540	0.74	0.18	1	2.03	1.17	3.1
600	0.69	0.17	1	1.93	1.14	2.94
720	0.8	0.18	0.87	2.02	1.14	3.05
900	0.76	0.18	0.88	1.86	1.15	3.03
960	0.78	0.18	0.85	1.86	1.13	3.02
1080	0.74	0.18	0.86	1.82	1.15	2.96
1260	0.82	0.17	0.77	1.51	1.14	2.83
1380	0.7	0.16	0.76	1.78	1.13	2.79
1530	0.68	0.15	0.62	1.71	1.12	2.7
1710	0.66	0.14	0.46	1.65	1.13	2.72
1890	0.5	0.13	0.53	1.65	1.13	2.5
2100	0.5	0.13	0.35	1.60	1.14	2.44
2250	0.49	0.13	0.52	1.61	1.14	2.39
2430	0.46	0.13	0.53	1.62	1.14	2.27
2610	0.43	0.13	0.53	1.60	1.14	2.26
2730	0.42	0.13	0.52	1.60	1.15	2.25

由表 14-1~表 14-3 可知，白酒在贮存的过程中酯水解比较明显，总酯及各单体酯含量

均有不同程度的下降，在四大酯中，丁酸乙酯含量变化较小，乳酸乙酯含量变化较大，酒度越低变化越明显。总酸含量在货架期呈上升趋势，时间越长总酸含量越高。以上酸酯含量的变化不仅在不同程度上影响酒的口感效果，而且随着货架期的延长，总酯含量或己酯含量会出现低于国家标准的现象，酒度越低，货架保质期越短，38%vol 和 46%vol 白酒在 5~6 年后就会出现总酯含量低于国家标准的可能，54%vol 白酒货架保质期较长，但酸含量上升、酯含量下降仍比较显著。从以上规律可以得到一个启示，在调制低度白酒时选择基酒质量好、酯含量高的优质白酒有利于延长货架期间的保持期，且可保持低度白酒低而不淡的风格。

14.1.2　酒库管理

14.1.2.1　新酒入库

① 新酒入库时，应经品评小组人员评定等级，然后按等级或风格分别存放，各种不同风格的酒，不要不分好坏任意合并，这样无法保证质量；新酒的品评方法与老酒要有区别，也就是要排除新酒味来尝。

② 应在容器上贴上标签，详细建立库存档案，上面写清坛号、产酒日期、窖号、生产车间和班组、酒的风格特点、毛重、净重、酒精含量等，有条件的厂，最好能附上色谱分析的主要数据，为酒体设计和勾兑创造条件。

③ 分别贮存后，还要定期品尝复查，随时调整级别，做到对库存酒心中有数。

④ 调味酒单独原度贮存，不能任意合并，最好单独有一间小酒室贮存。

⑤ 酒体设计人员要与酒库管理员密切联系，酒库管理人员要为酒体设计人员提供方便。

⑥ 要建立一整套完善的贮存管理制度，应将白酒贮存视为酿酒工艺过程中的一道重要工序。

⑦ 要有新酒分型、分级入库规定。新酒的风味与老酒的风味大不相同，如果用出厂酒的标准来品评新酒，往往会对新酒贮存中的变化估计失当。例如，初评时认为异味大而不合格的酒，经过贮存后可能会变成香醇的好酒。也有的初评认为是好酒，经过贮存后酒味变得寡淡。

14.1.2.2　容器的选择

酒厂中酒库贮酒容器现在一般都采用酒罐和酒坛并用，大容器（不锈钢大罐）贮大宗酒，酒坛（如陶坛）盛调味酒和好一点的优级酒，待一段时间再将优级酒按各自特点和使用情况组合入大罐，再次贮存。

每个酒厂的贮存容器都不同，其容量也有区别。如小坛有 20kg、50kg、100kg、150kg、250kg、500kg、1000kg 等，大罐有 5t、10t、15t、20t、30t、60t、100t、200t、400t、1000t 等。

在名优酒的生产中，酒库管理很重要，不能把酒库孤立地看作是存放和收发的容器，应该看成是制酒工艺的重要组成部分。在贮存中白酒质量仍在不断发生变化，它起着排除杂质、氧化还原、分子排列等作用，可使酒味醇和、酒体绵柔，给勾兑调味创造良好的条件。

14.1.2.3　原酒入库程序

① 收酒前先将酒度计、温度计等计量器具准备妥当。

② 将酿酒车间所交酒库的酒按等级搅拌均匀。

③ 用量筒取酒样，测实际酒精度，做好记录。

④ 先称其毛重，将酒收入库中后，除其毛重，分别记录。

⑤ 将酒精度、重量填入原始记录和入库单，交车间一份。

⑥ 将酒取样交品尝人员进行等级品评，交质检部门进行总酸和总酯的化验，待结果出来后按各自等级分别入库，做好标记。

⑦ 所交原酒每桶混合均匀后，由质检部门进行取样，密码编号后由具有一定职业资格的品酒员进行鉴评。

⑧ 香气的鉴别，闻香大致分为糟香、窖香、放香好、放香小、浓香、香浓、有异香等评语，应根据企业对原酒的质量要求按等级进行鉴别，并记录。

⑨ 口味的鉴别，将其等级与质量要求进行对比，做好记录。

⑩ 根据鉴别的结果，将原酒依据各自的特点和级别分级入库，做好标记和记录。

14.1.2.4　原酒验收标准

由于每个酒厂的生产条件、技术水平、酒曲质量、发酵工艺以及气候环境等因素不同，其原酒的质量水平也差别很大，所以没有统一的国家标准和行业标准，每个酒厂可根据自己的生产实际状况和质量水平来制定各自的原酒企业标准，在原酒验收时根据标准规定的感官和理化要求进行验收和分级入库。表 14-4 是黄淮流域某浓香型白酒原酒感官标准，表 14-5 是黄淮流域某浓香型白酒原酒理化标准。

表 14-4　原酒感官标准

项目	一级	二级	三级	普级
色泽	无色、清亮透明、无悬浮物、无沉淀、无杂质			
香气	具有特别浓郁、纯正、以己酸乙酯为主体的复合香气	具有浓郁、纯正、以己酸乙酯为主体的复合香气	具有较为浓郁、纯正、以己酸乙酯为主体的复合香气	具有以己酸乙酯为主体的复合香气
口味	绵甜爽净、香甜味突出、颇纯正后味长净	绵甜爽净、香甜味明显、纯正后味较长净	浓厚绵甜、香气协调、后味净长	入口纯正，香气协调
风格	具有本品突出的风格	具有本品明显风格		

表 14-5　原酒理化标准

项目		一级	二级	三级	普级
酒精度/%vol	≥	65	63	61	58
总酯/(g/L)	≥	6	5	4	3
己酸乙酯/(g/L)	≥	4	3	2.2	1.0
己酸乙酯/乳酸乙酯		>1			—
固形物/(g/L)	≤	0.40			
甲醇/(g/L)	≤	0.40			
杂醇油/(g/L)	≤	2.0			

14.1.2.5　分级入库

原酒一般是按酒头、前段、中段、尾段、尾酒等进行分级接酒，并按不同的验收结果分级入库。实际生产中，都是采用一个班组，按各自确定的等级将酒存入各自的容器中，根据的酒的级别和接酒数量的多少，由质检部门按 3 天、5 天等不同时间取样鉴评，鉴评后按鉴评等级统一存入大库。

原酒等级的确定跟酿酒车间的生产有很大关系，一般分为调味酒、优级酒、普通酒三大类，也可根据本厂的特点再粗分。如采用特殊工艺生产的酒，可能只有两个等级，即调味酒和优级酒。这就要求酒库人员和酿酒车间人员都具备一定的尝评能力，能大致区分酒的优劣。

原酒在入库后，需对其质量、数量等情况进行区分，也就是记录贮存容器中酒的详细资料卡，即原酒的标识。在原酒酒库中的标识，其内容一般有：入库时间、质量（kg）、酒精度、等级、使用时间等，有条件的最好将色谱分析报告和理化检测指标同时附上，更有利于管理和使用。

14.1.2.6 原酒贮存

好酒都要经过一段时间的贮存，酒质才能醇和绵柔，消除新酒味和辛辣味。所以名优酒都要有一定的贮存期才能包装出厂，贮存期的管理工作也是十分重要的。根据勾兑的需要，贮存酒库的管理必须做好以下工作。

① 调味酒的存放 调味酒用陶坛或麻坛装存，用布垫盖口，用木板压盖并在木板盖上加沙袋。原则上不能用塑料布封口。

② 优级酒的存放 优质酒和待升优质酒可用陶坛或不锈钢桶装存。各等级酒要按不同的特点、等级并坛。库房管理人员要详细地记录，清楚地掌握酒库、包装车间各种酒的方位、等级和数量。

14.2 贮存条件对酒质的影响

14.2.1 贮酒容器

白酒的贮存容器有许多种，常见的有陶瓷容器、金属容器、塑料容器、血料容器、水泥池容器等。各种容器都有其优缺点。在确保贮存中酒不变质、少损耗并有利于加速老熟的原则下，可因地制宜，选择使用。现将常用的贮酒容器介绍如下。

（1）陶瓷容器 这是传统的盛酒和贮酒容器。陶瓷容器稳定性高，不易氧化，且有助于酒质的老熟、陈化，但采用陶瓷容器的缺点是酒损较大，容量较小，一般为 $250\sim300kg$，占地面积大，每 1t 酒平均占地面积约 $4m^2$，只适用于少量酒的存放，若大批量贮存则操作甚为不便。因此，优质、高档的调味酒及长期发酵或双轮底酒可选用陶瓷酒坛；但陶瓷坛容易破裂，怕碰撞，质量不好的坛子也时常出现渗漏的现象，造成损失。使用陶瓷容器应注意以下几个问题。

① 制造和涂釉是否精良、完整。

② 装酒前先用清水洗净，浸泡数日，以减少"皮吃"、渗酒等损失。

③ 检查有无裂纹、砂眼。

④ 若有微细毛孔，可采用糊血料纸或环氧树脂（外涂）等方法加以修补。

（2）橡木酒海 橡木酒海是一种存储酒的木桶，以橡木为材料制作而成，此款木材所含有的物质单宁酸，可快速催酒成熟，在短时间内可使各类酒的味道变得更加香醇浓郁。橡木还具有独特的透气性，微量的氧会通过桶壁与酒发生反应，氧化过程中可产生不同的芳香物质，同时可柔化单宁，促进不可溶解物质沉淀，使酒变得柔和均衡，口感醇厚，回味余香。橡木能将酒中的多酚和芳香物质挥发出来，使酒更加醇和，有风味。橡木还具有稳定和增加白酒颜色的好处，一般经过橡木处理的酒颜色看起来很鲜明，是令人愉悦的。

木质酒海是白酒贮存的较好容器，橡木酒海容量较小，一般有 1t、2t 和 5t，最大的不过 10t，由于其容量小，不宜存放大宗酒，主要用于贮存优质酒或调味酒，要求优质酒贮存做到"恒温窖藏、木香坛养"。

（3）不锈钢容器　随着生产的发展，小量贮存已不能满足需要。目前贮酒大容器多采用不锈钢制造。不锈钢罐虽然成本较高，但其具有容量大（100～1000t），酒损较小的优点，且对于白酒没有不良影响，一般用来贮存数量较大的基酒。

（4）水泥贮酒池　水泥贮酒池是一种大型贮酒设备，建筑于地下或半地下，采用混凝土钢筋结构。普通水泥池是不能直接用来贮酒的，因为水泥池壁易渗漏，又不耐腐蚀。水泥池用来贮酒，应在水泥表面贴上一层不易被腐蚀的涂料，使酒不与水泥接触。目前采用的方法有内衬陶瓷板，用环氧树脂填缝；瓷砖或玻璃贴面；使用环氧树脂或过氯乙烯涂料等。

14.2.2　贮酒容器及时间对酒质的影响

不同的贮酒容器，对白酒的老熟产生不同的效果，直接影响着产品质量，因此在生产实践中，对贮酒容器影响白酒质量的因素和如何选择适当的贮酒容器，应引起足够的重视。

在酒类生产中，不论是酿造酒还是蒸馏酒，都把发酵过程结束、微生物作用基本消失以后的阶段称为老熟。老熟有个前提，就是在生产上必须把酒做好，次酒即使经长时间贮存，也不会变好。对于陈酿也有个限度，并不是所有的酒都是越陈越好。酒型不同，以及容器、容量、室温不同，酒的贮存期也应有所不同，而不能单独以时间为标准。夏季酒库温度高，冬季温度低，酒的老熟速度有着极大的差别。为了使酒有一定的贮存时间，适当增加酒库及容器的投资是必要的，应在保证酒质量的前提下，确定合理的贮存期。

经对浓香型白酒、清香型白酒、酱香型白酒进行贮存实验并进行感官分析，得到如下结果：浓香型白酒和清香型白酒，在贮存初期，新酒气味突出，具有明显的糙辣等不愉快感，但贮存 5～6 个月后，其风味逐渐转变，贮存 1 年左右，已较为理想；而酱香型白酒，贮存期需要 9 个月以上才稍有老酒风味，说明酱香型白酒的贮存期应比其他香型白酒长，通常要求 3 年以上较好。从常规化验分析来看，清香型和浓香型白酒在贮存 5～6 个月后，酱香型白酒在贮存 9 个月以后，它们的理化分析数据趋于稳定，这与品评结果基本上是吻合的，其中酱香型白酒贮存期越长，香味越好。

新产酱香型白酒贮存 1 年后，可将不同轮次和香型的酒并坛，再继续贮存。酱香型酒入库时的酒精度较低，多在 55% 左右，化学反应缓慢，需要贮存时间长。

浓香型白酒入库时的酒精度较高，正是化学反应的一个有利条件。因此，浓香型白酒的贮存期就不需要像酱香型白酒那样长。

14.3　白酒的人工老熟

所谓人工老熟，就是人为地采用物理或化学方法，促进酒的老熟，以缩短贮存时间。人工催陈处理白酒，即使是采用同一方法试验，若试样不同，其效果也各异。一般来讲，随着原酒质量的提高，人工催陈的效果降低，即质量越差的酒，经人工催陈后，质量提高越显著；质量好的酒，效果就差些。目前对于新酒的人工催陈尚无一种比较理想的方法，但随着科技的不断发展，人工催陈机理的深入研究和探索，人工催陈新技术、新设备的不断出现，人工催陈的效果会逐步提高，从而可进一步地缩短白酒的贮存时间，节约库存资金，提高经济效益。

14.3.1　人工老熟的机理

水和酒精是白酒的主要成分。水的结构式为 H—O—H，因此它具有由氢键缔合而形成的基团。同时，酒精分子也带有—OH，同样可以形成缔合分子。如果水和酒精共存，就会形成两者的缔合群，这种变化成年累月地进行，使其物理性质起了变化。同时，酒在放置过程中，有的成分增加，有的成分减少，有的不变，因此，与新酒相比，老酒中微量成分间的比例关系发生了变化，同时发生了化学变化，自然感官上也就有很大的区别，人工催熟就是加速这种变化。

（1）促进缔合作用　增强极性分子间的亲和力，不仅可增强酒精分子与水分子之间的缔合度，而且可能形成更大且牢固的极性分子间的缔合群；同时，可使酯化反应增强，使体系中产生酯类分子。某些酯类及酸类等成分也可能参与这种缔合群。

（2）增强各类物质的分子活化能　提高分子间的有效碰撞率，可使酯化、缩合、氧化还原等反应加速进行，有利于形成酒的醇酯酿制香味。

（3）加速低沸点成分的挥发　由于分子动能的增加，可能存在的硫化氢、乙醛等成分可加速从酒液中逸出，使酒的辛辣等异味迅速消除。

14.3.2　人工老熟的方法

14.3.2.1　冷热处理

对酒进行冷热交替处理，会使酒加快成熟，如以下实验所示。

① 在 40℃ 环境下，连续贮存，时间分别为 1 个月、2 个月、3 个月，贮存 1 个月效果较好。

② 在 40℃ 和 25℃ 两种环境下，每 12h 交替循环处理，时间分别为 1 个月、2 个月、3 个月，贮存 2 个月效果较好。

③ 在 60℃ 和 −60℃ 两种环境下，分别保持 24h，共处理 48h，效果较好，尤其对醇甜型更为明显。

贵州省茅台酒厂曾模拟茅台酒的自然老熟过程，采用冷、热交替处理方法，即先在 40℃ 环境下连续贮存，然后在 40℃ 和 25℃ 两种环境中交替循环处理，再在 60℃ 和 −60℃ 两种条件下交替处理，取得了一定效果。

14.3.2.2　氧气处理

氧气处理的主要目的是促进氧化作用。在室温下将装在氧气袋内的工业用氧气直接通入酒中，密闭存放 3～6 天，进行品尝，经处理后的酒较柔和，但香味淡薄。

14.3.2.3　高频处理

某酒厂采用工作频率为 14.8kHz、设计功率为 1kW、输出 50% 的中子处理仪，于两极之间卧放瓶装酒，进行高频处理。选择三种不同的电流强度（10A、15A、20A），三种不同的处理时间（10min、15min、20min）。结果表明，以 15A、10min 处理酒的效果较好。处理后的酒进口香、味纯正、尾辣。此外，还有人应用高频振荡与紫外线照射相结合的方法，进行人工老熟，也取得了一定效果。

14.3.2.4　紫外线处理

紫外线是波长小于 400nm 的光波，具有较高的能量。在紫外线作用下，可产生少量的初生态氧，进而可促进白酒中一些成分的氧化。某酒厂用 253.7nm 的紫外线对酒直接照射，初步认为以 16℃ 处理 5min 效果较好，处理 20min 后，酒出现过分氧化的异味。从常规分析的结果来看，随着处理温度的升高，照射时间的延长，酒的成分变化增大。这说明紫外线对酒内微量成分的氧化有一定的促进作用。

14.3.2.5　振荡处理

通过搅拌、振荡可使酒体充分混合，可增加酒中各种分子的碰撞机会，增加反应概率。特别是超声波振荡能使酒老熟，超声波高频振荡能增加各种反应的概率，改变酒中分子结构，使酒体变得醇和。但处理时间应选择好，如处理时间过长，酒味发苦；过短则效果不明显。有人选用频率为 14.7kHz、功率为 200W 的超声波发生器，在 −20~10℃ 各种温度下分别处理 11~42h。处理结果表明，酒香甜味都有所增加，总酯含量有所提高。

14.3.2.6　磁化处理

酒内的极性分子在强磁场的作用下，极性键能减弱，而且分子定向排列，可使各种分子运动易于进行。同时，酒在强磁场作用下，可产生微量的过氧化氢。过氧化氢在微量重金属存在时，可分解出氧原子，促进酒中的氧化作用进行。

磁感应强度为 0.04~0.4T 的可变磁场或固定磁场均可使白酒催陈。经磁化处理后的酒，香味略比原酒提高，醇和，杂味减少。但是单独用磁场来催陈，效果不明显，将磁场催陈法与氧化法、催化剂催陈法、光催陈法等配合使用效果才会明显。

14.3.2.7　微波处理

微波是指波长为 1~1000mm，或频率为 $3 \times 10^{8} \sim 3 \times 10^{11}$ Hz 范围内的电磁波。由于微波的波长与无线电波相比更为微小，故而称为微波。

微波是一种高频振荡电磁波，它把高频振荡的能量附加于酒上，使酒也做出和微波频率一样的分子运动。高速度的运动，改变了酒液的分子排列，因此促进了酒的物理性能上的老熟，使酒显得绵软；同时分子的高速运动，产生大量的热量，使酒温上升，进而使酒的酸、醇酯化反应加速，总酯含量上升，酒的香味增加。

微波加热有以下几个特点。

① 热是被加热物体内部的分子运动产生的，热量分布在物体之内，所以可实现均匀加热。

② 速度快，效率高，能量只被需要加热的物质所吸收。

③ 能准确控制加热速度和时间，有利于提高产品质量。

④ 选择性加热。微波通过介质损耗而发热，故损耗较大者加热较快。水是吸收微波最强的介质，故对含水物质的加热非常有利。

⑤ 有利于连续生产，设备简单，易于维修与操作，占地面积小，投资省，效率高。

14.3.2.8　激光催陈

激光催陈是借助于激光辐射物的光子以高能量对物质分子中的某些化学键发生有力的撞

击，致使这些化学键出现断裂或部分断裂，某些大分子团或被撕成小分子，或成为活化络合物，自行络合成新的分子。利用激光的特性就能在常温下为酒精与水的相互渗透提供活化能，使水分子不断解体成游离的氢氧根，同酒精分子亲和，完成渗透过程。

14.3.2.9 ^{60}Co γ 射线处理

使用高能量的 γ 射线，使葡萄酒和白兰地酒人工老熟，早在 20 世纪 50 年代国外已有人研究过，近年来用此法处理白酒也有一定的发展。^{60}Co γ 射线能量很大，采用此法照射，可用密闭的容器或用连续流动的方法。如果饮料酒在有塞的瓶中进行照射，而瓶中留有 1/5 容量的空隙，则酯与过氧化氢的含量，在照射的规定时间内或完毕时达到最大值，酒的酸度略有下降，乙醛含量稍有上升。一般根据这一点可说明射线的有效作用。

14.3.2.10　催化剂催陈

加酸可以加快醇酸反应生成酯的速率，在己酸和乙醇体系中加入酸性催化剂，可使其生成己酸乙酯的酯化速率提高 10 倍以上。

通过光作用可使酒中的氧分子处于激化态，从而可加速氧化反应使酒老熟。在白酒中加入微量的过氧化物（$1 \times 10^{-6} \sim 1 \times 10^{-4}$ mol/L）如过氧碳酸钠、过氧化氢、过氧乙酸等，可为酒体增加新生氧，也可以加速氧化反应，进而增加酯含量，使老熟加快。微量金属离子对白酒的陈酿老熟有明显的促进作用，尤其是铁、铜、锌等金属离子催陈效果明显，钾离子、钙离子稍差。微量金属离子对不同档次香型白酒的催陈效果略有差异，好酒优于差酒。经一定自然贮存期的白酒，微量金属离子对其仍有一定的催陈效果，且其效果要好于刚蒸出的新酒。微量金属离子对白酒的催陈效果还因材质不同而异，在透气性良好的贮存容器中要比在非透气性容器中的催陈效果好。

14.3.2.11　超滤

超滤是指以适当的超滤膜对酒进行过滤，即使用临界介质相对分子质量（指不能通过超滤膜的最小相对分子质量）为 20 万以内（酒中蛋白质和果胶质等会造成酒味恶化的因子可被滤过排出）的超滤膜，对酒类进行过滤，以除去酒中的浑浊成分使之澄清透明，并除去能引起酸败的因素，进而提高其保存性能。通过超滤可赋予酒以老熟风味，使之成为轻质化（即酒中胶体物质浓度不高，酒不带色或略带淡色）的白酒。如某厂用临界介质相对分子质量为 500～1400 的超滤膜把酒过滤后，大大提高了其口感，增加了饮用的舒适感。

14.3.2.12　综合处理

采用超声波、热处理和磁场综合处理的办法，无论是化验分析还是品尝，酒质均有所提高。某厂采用 60℃热处理 3 天，超声波于 10℃下处理 1h，机械振荡 24h，磁场处理 22h，试验表明，总酸含量略有增加，总酯、总醛、糠醛、甲醇含量略有下降，杂味减弱，香甜味增加。

第15章

白酒勾调原料的预处理

白酒勾调所用材料包括水、组合酒、调味酒、食用酒精、酒用添加剂等，本章主要从白酒勾调用水的处理技术、基酒的选择与组合、调味酒的选择、食用酒精的选择和处理等方面进行阐述。

15.1 白酒勾调用水处理技术

15.1.1 白酒勾调用水的要求

白酒生产中影响质量最关键的一环是勾调，而勾调用水的质量不仅影响白酒的内在质量，还影响白酒的外在质量。近些年，随着人们生活水平的提高，国家在白酒标准中增加了固形物含量项目。勾调用水是引起白酒固形物超标的一个重要因素，勾调用水应使用软化水，有条件的最好使用纯净水。为此，勾调用水必须进行处理，可采用离子交换树脂法、电渗析法、反渗透膜法等方法，原水硬度经过处理后应达到 0.04mmol/L 以下，水质应满足无色、无味、无悬浮物等要求。在处理过程中，要严格按工艺流程操作，及时化验水的理化指标，切实保证勾调用水质量。

15.1.2 白酒勾调用水处理技术

15.1.2.1 离子交换树脂法

离子交换树脂法是水处理技术中最常用的一种，离子交换器是利用阴阳交换树脂对离子的选择性及平衡反应原理，去除水中电解质离子的一种水处理装置，它在水处理中的应用最为广泛，是高纯水制取的必备设备。

离子交换膜是一种具有离子交换性能的薄膜，阳离子交换膜只能让水中阳离子通过，而阴离子交换膜只能让水中阴离子通过。如将阳膜、阴膜、阳膜依次交替排列，并在两端设置电极，通上直流电，使需处理的水通过阳膜和阴膜的隔室内，水中的正负离子就向两极迁移。

用离子交换树脂法制备无离子水是在化工方面广泛应用的技术，但勾调用水不要求达到无离子水平，可根据实际需要进行选择。

15.1.2.2 电渗析法

电渗析法利用正负离子的电吸附原理除盐。由于地下水是长期存在于地下岩石间的，很容易溶进一些矿物质，而这些物质大部分都是以离子形式存在的，阴离子如 Cl^-、SO_4^{2-}、CO_3^{2-}、HPO_4^{2-} 等，阳离子有 K^+、NH_4^+、Ca^{2+}、Mg^{2+}、Fe^{2+} 等。

电渗析法的工作原理是：阴阳离子在直流电场的作用下，向正、负两极板移动，使水中的阴阳离子浓度减少，这部分水的含盐量降低，电导率减小，固形物也降低，达到勾调用水的标准，所用设备为电渗析器。其操作流程为：深井水→沙滤→石英砂柱→电渗析器→水罐→合格水。进入电渗析器的水应经预处理，浑浊度在 2mg/L 左右，水中不含铁、锰，有机物尽量少。

电渗析器的再生：当电渗析器进水压力明显上升（达 0.15MPa）时，必须进行酸洗处理。可采用浓度 2%～3% 的稀盐酸（每台设备 500kg），用泵循环打入电渗析器进行酸洗，待酸液打完后，用水冲洗至 pH 6～7 即可重新使用。

电渗析技术的优点：

① 能量消耗低。

② 药剂消耗少，环境污染小。

③ 对原水含盐量变化适应性强。

④ 操作简单，易于实现机械化、自动化。

⑤ 设备紧凑耐用，预处理简单。

⑥ 水的利用率高。

电渗析也有它自身的缺点，它在运行过程中易发生浓差极化而导致结垢，且与反渗透系统（RO）相比，脱盐率低。

电渗析法较离子交换树脂法酸碱消耗量大大降低，连续运行时间长，生产耗费低，离子交换膜的使用寿命比离子交换树脂的使用寿命长得多，除盐效果很好。但是，电渗析法处理水，只能除去水中溶解盐类和离子态杂质，而分子杂质、不带电杂质（如游离残余氯、酚类化合物、有机杂质、农药残留等）在处理前后变化不大，而离子交换树脂处理，可依靠树脂多孔的特点进行机械吸附，从而可除去一部分上述杂质。

15.2　基酒组合

15.2.1　基酒及组合酒的来源

基酒是经发酵、蒸馏未经过勾调的酒，组合酒是按一定的质量标准将不同的基酒进行调配而成的酒。在实际生产中所有参加组合的各类产品酒，在组合中统称为基酒，组合完成后，准备进行调味的酒称为组合酒。

组合酒是成品酒的骨干，它的好坏是大批量成品酒质量好坏的关键。组合酒是由合格酒（经过验收符合质量标准的原酒）组成的。因此，首先要确定合格酒的质量标准及类型。例如，某品牌浓香型合格酒的感官要求是香气正，尾味净；理化标准是将各种微量香味成分划分为 86 个指标和 20 个比例关系，入库前按制定和划分的范畴验收合格酒。

15.2.2　组合酒的基酒比例及指标要求

由于受各地水、土、气候、原料、季节等因素影响较大，微生物的种类及数量有很大的差异，因而不同基酒中的各种微量香味物质的多寡及种类悬殊较大。白酒中的臭、苦、酸、辣、涩、油味等与白酒众多微量成分（如酸、酯、醇、醛、酮、酚等物质）的含量多少、相互间的比例有着极为密切的关系。

15.2.2.1　基酒用量的确定

调制不同级别和风格的酒，对所需基酒的要求也不相同。在各香型白酒的国家标准中，除调香白酒外，其他香型白酒均不得添加食用酒精及非自身发酵产生的呈香呈味物质，只能选择适当的基酒进行组合设计。一般情况下，前段酒酯类物质含量高，低沸点物质多，醇溶性物质集中，放香好，不足是酒的杂味大；中段酒风味物质比例较为协调，口感比较纯净；后段酒高沸点物质多，水溶性物质较为集中，酸味重，后味悠长，缺点是高级脂肪酸和高级脂肪酸乙酯含量高。所以在选择基酒时以中段酒为主，再根据酒的缺点和不足搭配前段酒和后段酒，最后再选择适用的调味酒。

15.2.2.2　调香酒的基酒组合比例

经过长期的实践和探索，在固态法白酒组合时，加入 30％的液态法白酒或串香酒，会使口感更加完美，可以除掉轻微的杂味、涩味，增加醇甜、柔和的感觉，其质量可超过全固态法组合的白酒，更加适合消费者的需要。所以许多厂家都用这种方法来生产精品酒，既可降低成本，提高质量，还可开拓市场，增加效益。此酒各类基酒的比例关系一般为：固态法白酒占 60％～70％，其中多粮酒可用 40％～50％，单粮酒用 20％；液态法白酒或食用酒精占 30％～40％。也可以根据酒体设计的风格要求和市场需求来调整基酒的组合比例。

生产实践中，为提高酒体质量，丰富酒体风格，可用固态法酒 45％左右、串香酒 50％左右为基酒，用酱香酒 1％～5％或芝麻香酒 1％～5％进行调味。

15.2.2.3　指标要求及标样制作

要规定各等级酒的香味微量成分的量比关系，在组合阶段主要是掌握各种酯的量比关系。

以浓香型白酒为例，酒体设计人员根据市场和消费需求制定产品开发方案，确定各等级产品酒的口感及理化要求，组合标准实样或老产品对照样，这样在组合酒时既有明确的标准又有实物对照，有利于组合工作。

浓香型白酒呈现的是以己酸乙酯为主体的复合香，所以在酒体设计时，一般先确定己酸乙酯的含量。高度优级白酒己酸乙酯在国家标准允许的范围内宜相对高点，低度优级白酒己酸乙酯在标准允许的范围内宜相对低点。

制作各等级基酒的实物标样，由酒体设计部门和质量检测部门共同协作完成。通常是由酒体设计部门进行小样设计，质量检测部门分析认定。正常情况下，酒体设计人员根据现有基酒进行多次反复组合，最后确定 3～5 个小样配方，再由品评人员反复品评，确定最优配方，作为酒体组合放大样的依据。

15.2.3　基酒组合的方式

15.2.3.1　原度酒组合

原度酒组合是将选用的各类基酒编号后，不加浆降度，直接进行搭配组合，组合完成后，再按所需求的酒精含量降度，降度后再进行必要的微调。大多数情况下不需再微调，即成为合格的组合酒。

15.2.3.2　降度酒组合

降度酒组合是将选用的各类基酒，分别降到高出所需酒精含量的 0.5%～1%，然后再根据口感或理化成分进行搭配组合，以达到合格为止。

15.2.3.3　口感组合

将选用的各类基酒，包括原度酒和降度酒，分别进行尝评，根据基酒的口味和香气，以及成品酒的质量等级要求确定基酒的用量和组合比例。在组合过程中，应边组合边品评，尽量使组合的酒口感风格最优化。开始组合时，先细致地品尝一次实物标样（对照样）加深认识，然后拟订 1～4 个与实物标样一致或接近的组合方案。按拟订方案组合几个小样，分别与实物标样比较，找准各个组合小样的优、缺点，再进行必要的补加微调或重新组合。按此反复进行，直到符合组合酒要求标准为止，即组合完成。

15.2.3.4　数据组合

在选用各类基酒时，首先参考各类基酒的己酸乙酯含量以及己酸乙酯与乙酸乙酯、乳酸乙酯、丁酸乙酯和戊酸乙酯的量比关系，再品尝各类基酒的风格特点，来挑选基酒。按规定比例把挑选好的各类基酒的酯类分析数据输入计算机，进行运算组合，组合 1～3 个符合该实物标样（对照样）中酯类含量及量比关系的方案。得出各类基酒用量，按此用量组合 1～3 个组合酒酒样，再与实物标样做对比品评和比较。若其中有 1 个符合实物标样的要求，组合即完成；若有 2 个以上均符合感官要求，则可在其中选用 1 个；若 3 个均不符合口感要求，就应重新选择酒样，把分析数据输入计算机，再运算，按此反复进行，直到其中某一次有一个方案所组成的组合酒符合标准要求为止。这种组合方法，能使每批酒的香味微量成分的含量、主要酯类的量比关系基本保持稳定，并可给今后开展微机组合和勾调打下基础。

15.2.4　基酒组合中应注意的事项

基酒组合是酒体设计工作中的重要环节，其目的是使产品酒成型，基本上达到成品酒的标准。所以基酒组合后都要送样到检测室进行色谱分析，即对总酸、总酯、固形物等进行常规分析，酒体设计人员要把分析结果进行登记备案，并对照所有结果是否符合卫生指标和各等级酒香味成分的规定范围。通常化验分析结果都会符合要求，最多进行微调。分析调整合格后即书面通知库房管理人员，进行规定数量的大样组合，组合好后再取样两瓶到酒体设计室进行口感和理化指标的复查，合格后即可进行下一步的调味工作。

基酒组合得好，调味工作就比较容易，相反就会给调味带来困难。在实践操作中应不断总结经验和教训，以提高基酒组合的技术水平。发现了好的或差的基酒以及基酒的变化情况要及时反馈库房，使库房管理人员了解信息，以便总结调整基酒质量的经验，以保证基酒组合工作的顺利进行。

15.2.4.1　注意不同香型调味酒的添加

经验表明，若组合酒的香味冲或大，口味糙辣，尾味短，或酱香气陈味不足，这时应添加酱香型酒；若香放不出来，带酸味，或酱香气陈味过重，则应减少酱香型酒。对酱香型酒添加要有一个正确的认识和了解才能搭配好基酒。酱香型酒含酸量较高，它有增进酒体丰满度、味长、压辛辣等作用，同时也压香、压爽。酱香型基酒酱香和糟香气浓，它有增加基酒陈香和糟香的作用。在设计浓香型白酒时也可根据香气的需要适量添加芝麻香调味酒，以增加酒的复合香，若基酒己酸乙酯含量过高也可适量添加大曲清香、小曲清香等调味酒，以改善酒的口感。

15.2.4.2　注意小样组合的重要性

组合是一项非常细致的工作，选酒不当，后果是很严重的。既浪费了好酒，也影响了组合酒的效果。因此，做小样设计是必不可少的，可以通过小样组合，逐渐认识各种酒的性质，了解不同酒质的变化规律，不断总结经验，提高基酒组合技术水平。

15.2.4.3　全面掌握基酒信息

每坛酒必须有健全的卡片，卡片上记有入库时间、车间班组、窖号、酒度、重量和酒质情况（如醇、香、甜、爽或其他怪杂味等应分别注明）。组合时应全面了解各坛合格基酒的情况，以便于组合。

15.2.4.4　做好组合原始记录

记录是保持追溯最好的证据，无论小样设计、大样组合，或是感官品评、理化分析，都应做好原始记录，以提供分析研究的数据。通过大量的小样设计和大样组合，找出其中的规律，有助于提高技术水平和实操能力。

15.2.4.5　注意勾调过程中杂味的形成

带杂味的酒，尤其是带苦、酸、涩、麻味的酒，要进行具体分析，视情况做出处理。在勾调环节若基酒使用不当、组合比例不协调，组合好的酒会出现这样或那样的邪杂味。

酒尾味，勾调过程中酒尾用量偏大，将使酒带有酒尾味；霉味，勾调环境卫生管理差，使用设备有霉菌污染，将使酒带霉味；刺激性气味，酒体设计方案不合理，将导致酒中的香味物质失去协调性，部分香气过浓则会带来刺激性；臭味，某些单体成分物质原本是呈香的，但因其过浓，或组分间失去平衡，可导致香味变成杂味。如丁酸乙酯稀薄时呈现的是水果香，浓时则呈汗臭味；杂醇类、糠醛、酚类化合物含量过高，失去平衡，会造成酒体带有苦味。

15.2.4.6　注意杂味酒的使用

（1）后味带苦的酒　可以增加组合酒的陈味；后味带涩的酒，可以增加组合酒的香味；后味带酸的酒，可增加组合酒的醇甜味。

（2）丢糟黄水酒　在近年来的实践中，人们发现正常丢糟黄水酒，在组合中可以明显地提高组合酒的浓香和糟香味。

总之，组合是调味的基础。组合酒质量的好坏，直接影响后续调味工作和产品质量。如组合酒质量差，增加了调味的困难，势必增大调味酒的用量，而且会造成反复多次都调不好的可能；组合酒组合得好，调味容易，且调味酒用量少，调味成功后的产品质量既好又稳定。所以，做好前期组合工作是十分重要的。

15.2.5　调味酒的种类及作用

采用特殊工艺研制和生产的调味酒用于低度酒调味效果较好，主要调味酒有陈酿调味酒、曲香调味酒、糟香调味酒、双轮调味酒以及窖香调味酒等，应用于白酒调香和调味，完善酒体风格，提升口感效果。

生产低度白酒时，大多选用酒头调味酒、酒尾调味酒、新酒调味酒、双轮底调味酒、老酒调味酒、花椒调味酒等。

（1）酒头调味酒　含有大量的挥发性物质，如挥发酯、挥发酸等低沸点香味物质。其能提高低度白酒的前香和喷香。由于酒头中杂味太重，必须贮存 1 年以上才能作为调味酒使用。

（2）酒尾调味酒　选双轮底糟或延长发酵期的粮糟酒的酒尾，经 1 年以上的贮存即可作为调味酒使用。酒尾调味酒含有大量的不挥发酸、酯，可以提高组合酒的后味，使酒体回味悠长和浓厚。使用得当，会产生较好的效果。

（3）新酒调味酒　选用辛辣、味冲、香长、尾子干净的新酒调味，可弥补低度白酒酒度低、口味淡的缺点，起到延长口感、增加后味的作用。

（4）双轮底调味酒　双轮底调味酒是调味用的主要酒源。双轮底调味酒酸、酯含量高，浓香和醇甜突出，糟香味大，有的还具有特殊香味。

（5）老酒调味酒　一般在贮存 3 年以上的老酒中选择调味酒。有些酒经过 3 年以上的贮存后，酒质变得特别醇和、浓厚，具有独特的风格和特殊的味道。用这种酒调味可提高组合酒的风格和陈酿，去除部分新酒味。

（6）花椒调味酒　取适量整粒花椒，用文火将豆油加热至 7～8 分热时，把花椒迅速放入油中浸炸，当花椒变成浅黄色时立即捞出。然后脱油洗净再加入 70%（体积分数）左右的高度基酒中浸渍 5～7 天。花椒中的山椒素易溶于 70%（体积分数）的乙醇。花椒调味酒对低度白酒有增香增味的作用。

15.3　酒精与添加剂

15.3.1　酒精质量对酒质的影响

食用酒精是以谷物、薯类、糖蜜或其他食用农作物为原料，经发酵、蒸馏精制而成的，供食品工业使用的含水酒精，应符合 GB/T 10343—2023 和 GB 31640—2016 的要求。

食用酒精是调香白酒的主要原料，对其质量有严格的要求。调香白酒的酒精须符合食用酒精的标准，如将高纯度酒精与二级酒精或食用酒精的普通级用 2 倍水稀释后品尝，前者只有轻微的香气和回甜的感觉，而后者则有令人不愉快之感。人们说的"酒精味"，实质是酒精中杂质所形成的异杂味。酒精中很多杂质的放香阈值是很低的，常规分析方法不易检出，所以常规分析不能检定酒精中呈味物质的变化。氧化实验（或称高锰酸钾实验）是定性酒精中所含还原性杂质多少的一种简单易行的实验方法，是衡量酒精质量的一项主要指标。氧化实验不合格，说明酒精中含有的还原性杂质和其他一些影响氧化实验的杂质多；氧化实验合格，说明酒精中含有的这些杂质少。

15.3.2　白酒常用食品添加剂

在组合酒中添加由特殊发酵作用形成的微量芳香物质，可增加组合酒的微量香味成分的结构，可使酒体变浓，风味改变。

如果组合酒中含有某种芳香物质较少，达不到其放香阈值，香味就显示不出来。若在其中加入这种芳香成分，达到其阈值，就能使酒放出令人愉快的香味，使酒的香气和口味变得较为协调和圆满，进而可突出酒体的特殊风格。白酒中微量芳香成分的芳香阈值一般在 0.1～1mg/L 的范围内，因此，在组合酒中稍微添加一点微量芳香成分，就可达到或超过它们原来的放香阈值，从而呈现出它单一或综合的香韵来。

各种添加剂的使用必须符合 GB 2760—2024《食品安全国家标准　食品添加剂使用标准》。

15.3.2.1　常用添加剂的阈值

人们把开始闻到香气时香料物质的最小浓度作为表示香气强度的单位，叫作阈值（单位 mg/L）。从阈值的定义可以看出，阈值越小的香料香气越强，反之，阈值越大的香料香气越弱。但是阈值并不具有普遍性，而是根据稀释溶剂发生微妙的变化。并且单体香料的阈值会因为加入某些其他单体香料而发生变化，微量杂质的影响也很大。阈值也称极限值或最小可嗅值，是对香气强度的定量表示。

阈值分为两种：一种是检知阈值，只检出有味或无味；另一种是认知阈值，可检出是什么味，甚至是什么成分。在实践中，这两种阈值的测定结果往往存在很大的差异，所以在文献上经常出现同一种物质的阈值却有很大差异的情况。除检知阈值和认知阈值不相等之外，测定方法和测定条件不同也会带来很大的差异。

味阈值测定方法比较简单，可制定不同的浓度，以一种评酒方法进行测定；嗅阈值测定方法比较复杂，嗅阈值一般以 1L 空气中气味物质的质量（g 或 mg）为基础，而味阈值则以 1L 液体内呈味物质的质量（g）为基础，两者一般都用 mg/L 表示。个别情况下，有在阈值上采用 500mL 空气中的呈味物质的相对分子质量来表示的，但此法采用者不多。

微量成分在白酒中的含量相同时，其滋味有强有弱，甚至有的没有感觉，这主要是各种微量成分的香味阈值大小不同造成的。若某一种香味物质在白酒中的含量低于它本身的阈值，则不会对酒的风味产生影响，只有超过它的阈值时才会呈现出该成分的香味来。

15.3.2.2　常用添加剂的风味特征

白酒中的食用添加剂包括增味剂、酸味剂、甜味剂和增香剂等。常用添加剂中有机酸类是产出酸味的物质基础，也是形成香味成分的主要物质，更是形成酯类的前体。酯类是具有芳香性气味的挥发性化合物，是曲酒的主要呈香呈味物质，对各种名优酒的典型性起到决定性作用。醇类是各种名优白酒的醇甜剂和助香剂，亦是酯的前体。醛类也与名优白酒的香气有密切关系，对构成曲酒的主要香味物质较为重要。酮类是名优白酒产生优良风味的重要化合物，具有类似蜂蜜一样的香甜口味，可使酒的风格变好。芳香族化合物中 β-苯乙醇具有玫瑰香；4-乙基愈创木酚也是重要的呈味物质，可使白酒入口时具有浓厚感，并带甜味。含氮化合物中，4-甲基吡嗪具有甜味，并可使酒具有浓厚感；氨基酸类在酒中虽然很少，但也是呈味物质或前体物质。

第 16 章

白酒的勾调

本章重点介绍勾调的作用和意义、勾调的原理和酒体设计，并介绍一些名优酒厂白酒勾调的情况。通过本章的学习，可了解勾调的一般原理，掌握白酒加浆计算和操作方法，掌握数学勾调法，了解勾调过程中的注意事项。

16.1 勾调的作用和意义

白酒勾调是生产中的一个组合过程，是指把不同车间、班组以及窖池和糟别等生产出来的各种酒，通过巧妙的技术组合，组合成符合本厂质量标准的组合酒。组合酒的标准是"香气正，形成酒体，初具风格"。勾调在生产中起取长补短的作用，可重新调整酒内的不同物质组成和结构，是一个由量变到质变的过程。

无论是我国的传统法白酒生产，还是其他调香白酒的生产，由于生产的影响因素复杂，生产出的同类酒酒质可能相差很大。例如，固态法白酒生产，基本采用手工操作，富集自然界多种微生物共同发酵，尽管采用的原料、制曲和酿造工艺大致相同，但由于不同的影响因素，每个窖池所产的酒酒质是不相同的。即使是同一个窖池，在不同季节、不同班次、不同的发酵时间，所产的酒质量也有很大差异。如果不经勾调，每坛酒分别包装出厂，酒质则极不稳定。通过勾调可以统一酒质、统一标准，使每批出厂的成品酒质量基本一致。勾调可起到提高酒质的作用，实践证明，同等级的原酒，其香味各有差异，有的醇和，有的醇香而回味不长，有的醇浓回味俱全，但甜味不足，有的酒虽各方面均不错，但略带杂味或不爽口等。通过勾调，可以弥补缺陷，使酒质更加完美一致。

16.2 勾调的原理

如前所述，酒中含有醇、酸、酯、醛、酮、酚等微量香味成分，因生产条件不同，它们含量多少及其相互间的量比关系各异，从而构成各种酒的不同香型和风格。目前，名优白酒的生产设备仍是以窖（或坛）、甑为单位，每个窖所生产的酒质是不一致的；即使同一个窖，每甑生产的酒质也有所区别，所含的微量成分也不一样；加上贮存酒的容器是坛、池等，每坛（池）酒的质量也存在一定差异；就是经尝评验收后的同等级酒，在香气和口味上也不一样。在这种情况下，不经过勾调，是不可能保证酒质量稳定的。只有把含有不同微量香味成分的酒，通过勾调统一达到本品所固有的各种微量香味成分的适宜含量和相互间的适宜比例，使每批出厂产品质量基本一致，才能保证酒的质量稳定和提高。

16.2.1　好酒和差酒勾调可能变成好酒

好酒和差酒勾调时酒质有可能变得更好，究其原因是，差酒中有一种或数种微量香味成分含量偏多，也有可能偏少，但当它与比较好的酒勾调时，偏多的微量香味成分得到稀释，偏少的可能得到补充，所以勾调后的酒质就会变好。例如，有一种酒乳酸乙酯含量偏多，为200mg/100mL，而己酸乙酯含量不足，只有 80mg/100mL，己酸乙酯和乳酸乙酯的比例严重失调，因而香差味涩；当它与较好的酒（如乳酸乙酯含量为 150mg/100mL，己酸乙酯含量为 250mg/100mL 的酒）相勾调后，则调整了己酸乙酯和乳酸乙酯的比例，结果变成好酒。假设勾调时，差酒的用量为 150kg，好酒的用量为 250kg，混合均匀后，酒中上述两种微量成分的含量则变化为：

$$乳酸乙酯含量 = \frac{200 \times 150 + 150 \times 250}{150 + 250} = 168.75 (mg/100mL)$$

$$己酸乙酯含量 = \frac{80 \times 150 + 250 \times 250}{150 + 250} = 186.25 (mg/100mL)$$

16.2.2　差酒与差酒勾调有可能变成好酒

差酒与差酒勾调，有时也会变成好酒，这是因为一种差酒所含的某种或数种微量香味成分含量偏多或偏少，另一种差酒微量香味成分含量正好与其相反，于是经勾调组合后，互相得到了补充，组合酒的品质就会变好。例如，一种酒丁酸乙酯含量偏高，而总酸含量不足，酒呈泥腥味和辣味；而另一种酒则总酸含量偏高，丁酸乙酯含量偏低，窖香不突出，呈酸味。把这两种酒进行勾调后，正好取长补短，成为较全面的好酒。

一般来说，带涩味与带酸味的酒组合可以使酒变好。实践总结可得：甜与酸、甜与苦可以抵消；甜与咸、酸与咸可中和；酸与苦反增苦；苦与咸可中和；香可压邪，酸可助香等。

16.2.3　好酒和好酒勾调有可能变成差酒

好酒和好酒勾调，有时反而变差。在相同香型酒之间进行勾调不易发生这种情况，而在不同香型的酒之间进行勾调时就容易发生。因为各种香型的酒都有不同的主体香味成分，而且差异很大。如浓香型酒的主体香味成分是己酸乙酯，其他的醇、酯、酸、醛、酚只起烘托作用；酱香型酒的主体香味成分是酚类物质，以多种氨基酸、高沸点醛酮为衬托，其他酸、酯、醇类为助香成分；清香型酒的主体香味成分是乙酸乙酯，以乳酸乙酯为搭配，其他为助香成分。这几种酒虽然都是好酒，甚至是名酒，但由于香味性质不一致，如果勾调在一起，原来各自协调平衡的微量香味成分含量及量比关系均受到破坏，就可能使香味变淡或出现杂味，甚至改变香型，比不上原来单一酒的口味好，从而使两种好酒变为差酒。

16.3　酒体设计

勾调已成为白酒生产中非常重要的环节。但勾调不是万能的，它不能替代一切，如果生产出的是劣质酒，则难以勾调出好酒。只有在生产出比较好的酒的基础上，正确选择具有不同特点的合格酒，注意各种酒之间的配比关系，同时加强酒库管理，才能保证勾调工作的顺利进行。勾调用酒要充分发挥基酒优势，取长补短，重点应注意以下几点：

（1）注重各种糟醅原酒之间的搭配 各种糟醅原酒都有各自的特点，不同甑次蒸馏出的酒具有不同的特殊风格。如粮糟酒浓厚感好、甜味重、香较淡；红糟酒香味好、醇甜差、味较燥。将它们按适当的比例混合，能使酒质全面、风格突出，否则酒味就会不协调。

（2）注重老酒和新酒的搭配 储存时间长的酒（3年以上）具有醇和、绵软、陈味好的特点，但香味较淡；储存期短的（半年左右）酒口感较燥，但香味较浓。两者适当搭配可以使酒质全面，如老酒占35%左右，新酒占65%左右。

（3）注重老窖酒与新窖酒的搭配 随着人工老窖技术的推广和应用，有些新窖（2年以内），也能产部分优质酒，但与老窖酒相比此类酒味较寡淡。老窖酒则香气浓郁、味较正。如果用老窖酒来带新窖酒，既可以提高质量，又可以提高产量。在勾调优质酒时可适当添加部分新窖酒。

（4）注意不同季节所产酒的搭配 由于一年中气温变化幅度较大，粮糟入窖温度也有较大差异，发酵条件不同，所以产出的酒酒质也不一致。

（5）注意不同发酵期所产酒的搭配 发酵期的长短与酒质有着密切关系。发酵期长的酒香浓，味醇厚，酒体丰满；发酵期短的酒，挥发性香味物质多，醇厚感差。若两者搭配合理，既可以提高酒的香气又能使酒有一定的醇厚感。一般发酵期短的酒用量5%～10%较为合适。

16.3.1 确定合格基酒

合格基酒是指验收生产班组所产的符合质量标准的原酒。验收合格酒的质量标准应该以香气正、味净为基础。在这个基础上，还应具备浓、香、爽、甜等风格特点。每个班组生产的原酒是不一致的，差异可能很大。例如，有的酒香气正、尾子净、窖香浓；有的酒香气正、味净、香气长；有的酒香气正、味净、风格突出等。这些类型的酒均符合上述标准，可以作为合格酒验收入库。另外，有的原度酒味不净、略带杂味，但某一方面的特点突出，如有的浓香型酒带苦味，但浓香突出；微涩，但陈味突出；微辛，但醇厚，有回甜；燥辣但香长；欠爽但具备风格等。这些酒可以用来勾调成质量较好的组合酒，可作为合格酒验收入库。另外，带酸、带馊、带窖泥臭、带中药味的酒，均可作为合格酒验收使用，质量较好的甚至可作为调味酒。

在对出厂产品做总体设计时，应包括感官、理化、卫生标准，酸、酯、醇、醛、酮的量比关系，各微量成分的含量范围等。要求勾调人员牢记自身产品的特点，以便取得最佳的设计方案，并确保酒质的稳定性。

16.3.2 组合酒的设计

组合酒是按照一定的质量标准将不同的基酒进行调配而成的酒，是调味的基础。因此必须考虑基酒的设计问题，为了实现总体设计的质量标准，必须首先设计组合酒的标准，组合酒的标准是香气正、形成酒体、初具风格。组合酒是由合格基酒组成的，根据主要微量香味成分的相互量比关系，合格基酒大体有以下几个范畴。

① 己酸乙酯＞乳酸乙酯＞乙酸乙酯 这样的酒浓香好，味醇甜，典型性强。

② 己酸乙酯＞乙酸乙酯≥乳酸乙酯 这种酒喷香好，清爽纯净，舒畅。

③ 乳酸乙酯≥乙酸乙酯＞己酸乙酯 这种酒闷甜，味不爽，香气短淡。

④ 丁酸乙酯≥戊酸乙酯（含量达到25～50mg/100mL） 这样的酒，有陈味、窖香味和

类似中药味。

以上几种类型都是构成浓香型白酒必不可少的组成部分。按这些范畴验收合格酒后，再根据设计要求组合成组合酒，这样就能提高名优酒的合格率。

16.3.3　勾调时各种酒的配比关系

勾调时应注意以下各种酒的配比关系：

（1）各种糟酒之间的混合比例　各种糟酒各有特点，如粮糟酒甜味重，香味淡；红糟酒香味较好但不长，醇甜差，酒味燥辣。因此各种糟酒具有不同的香和味，将它们按适当的比例混合，才能使酒质全面，酒体完美。优质酒勾调时，各种糟酒的比例，一般是双轮底酒占10％，粮糟酒占 65％，红糟酒占 20％，丢糟黄水酒占 5％。各厂可根据具体情况，通过小样勾调来确定各种糟酒配合的最适比例。

（2）老酒和新酒的比例　一般说来，贮存一年以上的酒称老酒，它具有醇、甜、清爽、陈味好的特点，但香味不浓。而新酒贮存期相对较短，香味较浓，但口味糙辣、欠醇和，因此在勾调组合酒时，一般都要添加一定数量的老酒。老酒和新酒的组合比例可以为：老酒20％，新酒（贮存时长不足 6 个月的合格酒）80％。由于每个酒厂的生产工艺及酒质定级标准都不完全相同，在选择新酒与老酒之间的比例及贮存期时都有不同的要求，如四川五粮液酒厂，则全部采用贮存 1 年以上的酒进行勾兑。是否需要存更长时间的酒（如 3 年、5 年等），应视各厂具体情况而定。

（3）老窖酒和新窖酒的配比　一般老窖酒香气浓郁、口味较正，新窖酒寡淡味短，如果用老窖酒带新窖酒，既可以提高产量，又可以稳定质量。在勾调时，新窖合格酒的比例可占20％～30％。相反，在勾调普通级别组合酒时，也应注意配以部分相同等级的老窖酒，这样才能保证酒质的全面和稳定。

（4）不同季节所产酒的配比　尤其是夏季和冬季所产之酒，各有优缺点。夏季产的酒，窖香浓、味杂，冬季产的酒，窖香差、绵甜度较好，二者应合理搭配。

（5）不同发酵期所产酒的配比　若按适宜的比例将发酵期长（60～90 天）的酒与发酵期短（30～40 天）的酒混合，可提高酒的香气和喷头，使酒质更加全面。勾调时，一般可在发酵期长的酒中配以 5％～10％的发酵期短的酒。

（6）全面运用各种酒的配比关系　只注意老酒和新酒、各种糟酒之间、新窖酒和老窖酒、不同季节所产酒之间的配比关系是不够的。

例如，粮糟酒过多，香味淡、甜味重；而回糟酒过多，酒味暴辣，醇甜差，香味虽好但不长，回味也短，酒味不协调。所以在勾调中常发生味不协调而找不到原因的情况，多是没有很好地注意运用各种酒的配比关系导致的。

16.4　白酒勾调与加浆

16.4.1　质量分数和体积分数的相互换算

酒的酒精度最常用的表示方法有体积分数和质量分数。体积分数是指 100 份体积的酒中，有若干份体积的纯酒精。例如，65％的酒是指 100 份体积的酒中有 65 份体积的酒精和35 份体积的水。质量分数是指 100g 酒中所含纯酒精的质量（g）。这是由纯酒精的相对密度为 0.78934 所造成的体积分数与质量分数的差异。每一个体积分数都有一个唯一的固定的质量分数与之相对应。两种浓度的换算方法如下。

（1）将质量分数换算成体积分数（即酒精度）

$$\varphi(\%)=\frac{\omega \times d_4^{20}}{0.78934}$$

式中　　φ——体积分数，%；

　　　　ω——质量分数，%；

d_4^{20}——样品的相对密度，是指20℃时样品的质量与同体积纯水在4℃时的质量之比；

0.78934——纯酒精在20℃/4℃时的相对密度。

【例16-1】有酒精质量分数为51.1527%的酒，其相对密度为0.89764，体积分数为多少？

解：
$$\varphi(\%)=\frac{57.1527 \times 0.89764}{0.78934}=65.0(\%)$$

（2）体积分数换算成质量分数

$$\omega(\%)=\varphi \times \frac{0.78934}{d_4^{20}}$$

【例16-2】有酒精体积分数为60.0%的酒，其相对密度为0.90915，其质量分数为多少？

解：
$$\omega(\%)=60.0 \times \frac{0.78934}{0.90915}=52.09(\%)$$

16.4.2　高度酒和低度酒的相互折算

高度酒和低度酒的相互换算，涉及折算率。折算率，又称互换系数，是根据"酒精体积分数、质量分数、密度对照表"的有关数字推算而来的，其公式为：

$$折算率=\frac{\varphi_1 \times \dfrac{0.78934}{d_4^{20}}}{\varphi_2 \times \dfrac{0.78934}{d_4^{20}}} \times 100\%=\frac{\omega_1}{\omega_2} \times 100\%$$

式中　　ω_1——原酒酒精度（质量分数），%；

　　　　ω_2——调整后酒精度（质量分数），%。

16.4.2.1　将高度酒调整为低度酒

$$调整后酒的质量(kg)=原酒的质量(kg) \times \frac{\omega_1}{\omega_2} \times 100\%$$

$$=原酒质量(kg) \times 折算率$$

式中　　ω_1——原酒酒精度（质量分数），%；

　　　　ω_2——调整后酒精度（质量分数），%。

【例16-3】酒精度为68.0%（体积分数）的酒200kg，要把它折合成酒精度为48.0%（体积分数）的酒，折合后的酒是多少千克？

解：查酒精体积分数、质量分数、密度对照表可得：

$$68.0\%（体积分数）=60.2733\%（质量分数）$$

$$48.0\%（体积分数）=40.5657\%（质量分数）$$

$$调整后酒的质量＝200kg×\frac{60.2733\%}{40.5657\%}×100\%＝297.2kg$$

16.4.2.2　将低度酒折算为高度酒

$$折算高度酒的质量＝欲折算低度酒的质量×\frac{\omega_1}{\omega_2}×100\%$$

式中　ω_1——欲折算低度酒的酒精质量分数，%；

　　　ω_2——折算为高度酒的酒精质量分数，%。

【例 16-4】要把酒精度为 39.0%（体积分数）的酒 350kg，折算成酒精度为 65.0%（体积分数）的酒，折算后的酒是多少千克？

解：查酒精体积分数、质量分数、密度对照表可得：

$$39.0\%（体积分数）＝32.4139\%（质量分数）$$
$$65.0\%（体积分数）＝57.1527\%（质量分数）$$

$$折算成高度酒的质量＝350kg×\frac{32.4139\%}{57.1527\%}×100\%＝198.50kg$$

16.4.3　不同酒精度基酒组合

有高、低度数不同的两种原酒，要勾调成一定数量、一定酒精度的酒，需原酒的量，可依照下列公式计算：

$$m_1＝\frac{m(\omega－\omega_2)}{\omega_1－\omega_2}$$
$$m＝m_1＋m_2$$

式中　ω_1——较高酒精度的原酒质量分数，%；

　　　ω_2——较低酒精度的原酒质量分数，%；

　　　m_1——较高酒精度的原酒质量，kg；

　　　m_2——较低酒精度的原酒质量，kg；

　　　m——勾调后酒的质量，kg；

　　　ω——勾调后酒的酒精度（质量分数），%。

【例 16-5】有酒精度为 68.0% 和 52.0%（体积分数）的两种原酒，要勾调成 150kg 60.0%（体积分数）的酒，各需多少千克？

解：查酒精体积分数、质量分数、密度对照表可得：

$$68.0\%（体积分数）＝60.2733\%（质量分数）$$
$$52.0\%（体积分数）＝44.3181\%（质量分数）$$
$$60.0\%（体积分数）＝52.0879\%（质量分数）$$

$$m_1＝\frac{m(\omega－\omega_2)}{\omega_1－\omega_2}＝150kg×\frac{52.0879\%－44.3181\%}{60.2733\%－44.3181\%}＝73.05kg$$
$$m_2＝m－m_1＝150kg－73.05kg＝76.95kg$$

即需 68.0%（体积分数）的原酒 73.05kg，需 52.0%（体积分数）的原酒 76.95kg。

16.4.4　不同温度的酒度与标准酒度的换算

我国规定酒精计的标准温度为 20℃。但在实际测量时，酒精溶液温度不可能正好都在

20℃。因此必须在温度、酒精度之间进行折算，即把其他温度下测得的酒精溶液的浓度换算成20℃时的酒精溶液的浓度。

【例16-6】某坛酒在温度为14℃时测得的酒精度为64.0%（体积分数），求该酒在20℃时的酒精度是多少？

解：在"酒精计示值换算成20℃时的乙醇浓度"校正表中酒精溶液浓度栏中查到14℃，再在酒精计示值体积浓度栏中查到64.0%，两点相交的数值66.0，即为该酒在20℃时的酒精度[66.0%（体积分数）]。

【例16-7】某坛酒在温度为25℃时测得的酒精度为65.0%（体积分数），求该酒在20℃时的酒精度是多少？

解：在"酒精计示值换算成20℃时的乙醇浓度"校正表中酒精溶液温度栏中查到25℃，再在酒精计示值体积浓度栏中查到65.0%，两点相交的数值63.3，即为该酒在20℃时的酒精度。

在无"酒精计示值换算成20℃时的乙醇浓度"校正表时，或不需精确计算时，可用酒精度与温度校正粗略计算方法计算，其公式为：

该酒在20℃时的酒精度（体积分数）＝实测酒精度（体积分数）＋（20℃－实测酒的温度度数）$\times \frac{1}{3}$

以上述【例16-6】和【例16-7】的有关数据为例说明：

【例16-8】某酒在14℃时测得的酒精度为64.0%（体积分数），求该酒在20℃时的酒精度（体积分数）。

解：　　　　酒精度＝$64.0＋(20－14)\times \frac{1}{3}＝66.0$（%）（体积分数）

【例16-9】某酒在25℃时测得的酒精度为65.0%（体积分数），求该酒在20℃时的酒精度（体积分数）。

解：　　　　酒精度＝$65.0＋(20－25)\times \frac{1}{3}＝63.3$（%）（体积分数）

16.4.5　白酒加浆用水量的计算

不同白酒产品均有不同的标准酒精度，原酒往往酒精度较高，在白酒勾调时，常需加水降度，使成品酒达到标准酒精度，加水数量的多少要通过计算来确定：

加浆量＝标准量－原酒量

＝原酒量×酒精度折算率－原酒量

＝原酒量×（酒精度折算率－1）

【例16-10】酒精度为68.0%（体积分数）的原酒900kg，要求兑成酒精度为48.0%（体积分数）的酒，求加浆数量是多少？

解：查酒精体积分数、质量分数、密度对照表可得：

68.0%（体积分数）＝60.2733%（质量分数）

48.0%（体积分数）＝40.5657%（质量分数）

加浆数＝$900\times (\frac{60.2733\%}{40.5657\%}－1)＝437.22$（kg）

【例16-11】要勾调200kg 46.0%（体积分数）的成品酒，问需多少千克酒精度为

68.0％（体积分数）的原酒？需加多少千克的水？

解：查酒精体积分数、质量分数、密度对照表可得：

$$68.0％（体积分数）＝60.2733％（质量分数）$$
$$46.0％（体积分数）＝38.7165％（质量分数）$$

$$需酒精度为 68.0％（体积分数）的原酒的质量＝200×\frac{38.7165％}{60.2733％}＝128.47（kg）$$

$$加水量＝200－128.47＝71.53（kg）$$

16.5　勾调流程

16.5.1　酒体设计方案

新产品设计的重要程序应该是进行酒体设计，在进行酒体设计前要做好调查工作，调查工作的内容应该包括以下几个方面。

（1）市场调查　即应了解国内外市场对酒的品种、规格、数量、质量的需求，也就是说，应调查市场上能销售多少酒，现在的生产厂家有多少，总产量有多少，群众购买力如何，何种产品销量最好，该产品的风格特征怎样，内在质量达到什么程度，感官指标达到什么程度，是用什么样的生产工艺在什么样的环境条件下生产出来的，为什么会受人欢迎等。这从现代管理学来讲叫市场细分，分得越细，对酒体设计就越有利。

（2）确定产品等级及市场定位　应根据市场调研，对本厂基酒水平进行质量分析，确定产品的受众群体、质量等级、执行标准以及产品的名称等。可根据本厂的实际生产能力、技术条件、工艺特点、产品质量的情况，参照国际国内优质名酒的特色和人民群众饮用习惯的变化情况进行新产品的构思。

为了保证新产品的成功，需要把初步入选的设计创意，同时搞成几个新产品的设计方案。然后再进行新产品酒体设计方案的决策，决策的任务是对不同方案进行技术经济论证和比较，最后决定取舍。衡量一个方案是否合理，主要的标准是看它是否有价值。

价值公式：　　　　　　　　　　　价值＝功能/成本

一般有 5 种途径可使产品价值更高：功能一定，成本降低；成本一定，功能提高；增加一定量的成本，使功能大大提高；既降低成本，又提高功能；功能稍有下降，成本大幅度下降。这里讲的功能是指产品的用途和作用，任何产品都有满足用户某种需要的特定功能。

16.5.2　调制小样

根据市场调研和产品构思，进行小样调制，调制小样时应遵循两个原则：

一是市场导向原则，哪种酒在市场上畅销，就向这个酒的风格靠拢，以此来设计酒体，根据酒体选择需要什么样的基酒。

二是风味导向原则，即根据酒厂发酵蒸馏出来的酒体的天然风格，通过酒体设计师、品酒师们对风味的理解，设计出小样酒的主体风格。

在以上原则的基础上进行选酒和基酒组合，合格基酒的选择及用量至关重要，将直接影响组合酒的质量优劣，组合酒的质量好坏是大批量成品酒是否达到酒体设计方案规定的质量标准的关键。因此，小样调制之前首先要确定合格基酒的标准和类型。例如，黄淮流域某浓香型白酒的合格基酒的标准按四级验收，感官和理化要求见表 16-1 和表 16-2。

表 16-1　合格基酒感官要求

项目	一级	二级	三级	四级
色泽	无色、清亮透明、无悬浮物、无沉淀、无杂质			
香气	具有特别浓郁、纯正、以己酸乙酯为主体的复合香气	具有浓郁、纯正、以己酸乙酯为主体的复合香气	具有较为浓郁、纯正、以己酸乙酯为主体的复合香气	具有以己酸乙酯为主体的复合香气
口味	绵甜爽净、香甜味突出、颇纯正后味长净	绵甜爽净、香甜味明显、颇纯正后味较长净	浓厚绵甜、香气协调、后味净长	入口纯正、香气协调
风格	具有本品突出的风格	具有本品明显风格	具有本品明显风格	具有本品应有的风格

表 16-2　合格基酒理化要求

项目		一级	二级	三级	四级
酒精度/%vol	≥	65	63	61	59
总酯/(g/L)	≥	6	5	4	3
己酸乙酯/(g/L)	≥	4	3	2.2	1.0
己酸乙酯/乳酸乙酯		>1	>1	>1	—
固形物/(g/L)		≤0.30			
甲醇/(g/L)		≤0.40			
杂醇油/(g/L)		≤2.0			

注：调味酒己酸乙酯≥6.0g/L，酒度≥65.0%。

16.5.3　小样的评价验证

当小样设计完成后，要对样品进行验证和确认，确保其各项理化指标和感官指标满足设计要求。首先进行理化检测，验证其理化指标是否符合要求，然后进行感官确认。感官确认按两个方面进行：其一专业品评，由公司专家组成员和省级以上评酒员认真品评，反复地讨论，确认是否符合要求、是否有不足之处，若有缺陷提出改进建议，酒体设计人员针对存在的问题进行整改，达到克服缺陷、改善酒质之目的；其二消费者试喝，由酒体设计部门安排不同层次、不同酒量、不同区域人员进行试喝，然后搜集试喝后的感受和意见，若发现问题及时调整，以确保饮后舒适，开发成功产品。

在小样酒研制出来以后还要从技术和经济上做出全面评价，再确定是否进入下一阶段的批量生产。评价工作必须严格进行，未经全面评价的产品不得投入批量生产，这样才能保证新产品的质量和信誉，使新产品有较强的竞争能力。

16.5.4　基酒组合

经全面评价合格之后，就可以按照小样标准中的各项指标进行基酒组合，然后按小样酒中微量香味成分的含量和相互间比例关系的数据验收组合酒。

基酒组合可分为人工组合和微机组合两种。不论是人工组合还是微机组合，首先都是将组合酒的各种标准数据保存下来，然后将进库的各坛酒用气相色谱仪分析检验，把分析结果输入数据库或软盘上贮存起来，然后按规定的标准范围进行对照、筛选和组合，最终得出一个最佳的数字平衡组合方案。酒体设计师按比例组合小样进行复查，待组合方案与实物酒样一致后，新产品试制过程就完成。

16.5.5　微机勾调法

微机勾调就是将组合酒中代表本产品特点的主要微量成分含量输入电脑，电脑再按指定坛号的组合酒中各类微量成分含量的不同，进行优化组合，使各类微量成分含量控制在规定的范围内。

（1）基酒选择　基酒的好坏关系到大批量产品酒的质量。组合酒是由合格酒组成的，因此先要确定合格酒的质量标准和类型。入库时按事先制定和划分的范畴验收合格酒。

（2）微机勾调程序　首先将验收入库的原度酒逐坛进行气相色谱分析，测定微量香味成分含量。然后将测定所得数据按定性定量的种类、数量编号，用电脑进行运算平衡，使其达到组合酒的质量标准。最后按电脑显示的各坛酒的数量，输入大容器中混合贮存。

（3）微机勾调操作　首先，对气相色谱数据进行分析，认清酒中重要的微量香味成分及其配比对酒的影响，得出若干名优白酒中微量香味成分含量的标准区间值，结合感官品尝，得到多套指标数据，从而将勾调归结为一数学模型。再通过一系列措施，将这一数学模型转化为软件系统。因此对勾调系统的控制其实就是对勾调指标的控制。软件应操作简便，并附有回答指示，有较强的纠错和灵活的查询及修改功能，便于掌握。要控制组分多，以增加半成品酒用量，并提高组合酒的合格率。库房号、楼层号、行列号、酒坛号及半成品酒原用途等数据的建立，是勾调的基础。微机勾调仍需进行感官品尝鉴定，两者必须相互配合才能保证产品质量。

第 17 章

低度白酒酒体设计

低度白酒的酒体设计通常有两种方法：一是将贮存一定时间的高度基酒进行组合、降度、调味、除浊、再调味；二是将选择好的基酒降度后，再进行组合、调味、除浊、再调味。无论采取哪一种方法，最突出的问题或者主要关注的问题，是基酒微量成分的合理组合。低度白酒酒体设计的目的是使加浆后的低度白酒主要香味成分能保持一定的量比关系，除浊后能保持原酒风格，再用优质、个性鲜明的调味酒进行细致的调味。

17.1 酒体组合和调味

17.1.1 酒体组合

调制低度白酒首先要选择口感纯正、香气突出、酯含量高的优质原酒作为基酒，以确保延长货架期，而且还要对这些基酒实行科学的组合，既要注重色谱骨架成分的协调性、合理性，又要注重微量复杂成分对酒质的影响。勾调时必须掌握主体香气和一般香气的协调性，不能使一种成分过分突出，失去平衡而产生异香。因此，在组合酒时，要注重各种基酒之间的比例关系，例如，不同工艺特点的酒（老窖酒和新窖酒）、不同季节的酒、不同发酵期的酒、不同贮存期的酒、不同馏分之间的比例关系。力争做到组合的基酒降度后能够保持原有的风格，切实达到降度不降质。

17.1.2 酒体调味

调味是针对已组合好的接近标准的且仍存在一定不足的酒进行弥补和完善，以克服酒体存在的不足，进一步完善和提高产品质量，是进行最后调整的工艺过程，是一项细致的工作，要合理挑选和使用用量小且效果显著的调味酒。勾兑调味并不是雪中送炭，而是画龙点睛，勾兑是画龙，调味是点睛，两者相辅相成。

调味时，首先对组合好的基酒进行认真细致的检测和感官评尝，找出基酒的优缺点，明确主攻方向，对症下药，选准能弥补其缺陷的调味酒。根据基酒的实际质量状况，可选一种或多种调味酒，调味酒的性质要与基酒相符合，不但能充分弥补基酒的缺陷，而且具有较强的典型性，能起到平衡、缓冲和缔合的效果。因此，选择调味酒时，一要了解各种调味酒的特性和功能，以及每种调味酒在基酒中所起到的作用和反应；二要准确弄清组合酒的质量优缺点，切实做到对症下药；三要有丰富的调味实践经验，善于从实践中积累总结经验，以全面了解调味工作。

17.2　低度白酒除浊技术

17.2.1　低度白酒浑浊原因分析

高度原酒加水降度后，极易出现失光、浑浊等现象，经科学分析，引起失光浑浊的主要因素有以下几个方面：其一，高级脂肪酸及其酯类物质，其具体成分为棕榈酸、亚油酸、油酸及其乙酯类，这些高级脂肪酸及其乙酯在酒度下降或低温下，溶解度降低易析出而导致浑浊；其二，其他酯、酸、醛、酮等物质及部分醇溶性物质，当酒度降低、溶解度达到一定的临界值时，易析出，出现失光、浑浊现象，同时这些物质的溶解度与温度也具有一定的关系，温度越低，溶解度越低，越易产生浑浊、失光现象；其三，加浆用水水质与酒质存在着密切的关系，如果加浆水硬度过大，水中的钙离子、镁离子及无机盐类在酒中也会形成浑浊和沉淀，而且使酒味变得涩口、酒体单调，因此对加浆用水需经严格的处理，电导率必须控制在 $20\mu S/cm$ 以下。

17.2.2　低度白酒浑浊处理方法

低度白酒生产的技术关键之一是降度后的除浊。目前，应用最广泛的白酒除浊工艺主要是吸附过滤和膜分离过滤等手段，现将国内常用的除浊方法做简要介绍。

17.2.2.1　冷冻过滤法

这是国内解决低度白酒浑浊采用较早的方法。白酒中棕榈酸乙酯、油酸乙酯、亚油酸乙酯的凝固点较低，棕榈酸乙酯为 $-24℃$，油酸乙酯为 $-34℃$。此法是根据醇溶性的物质——高级脂肪酸乙酯在低温下溶解度降低而析出凝聚沉淀的原理，将加浆后的白酒（38%～40%，体积分数）冷冻到 $-16～-12℃$，并保持数小时，使高级脂肪酸乙酯絮凝、析出、颗粒增大，并在低温条件下过滤除去浑浊物，以获得澄清透明的白酒。由于沉淀物是油性物质，过滤比较困难，一般可通过添加淀粉、纤维素、硅藻土等作助滤剂。这种方法效果较好，也较稳定，但需要一套高制冷量的冷冻设备和一个低温过滤室，必须冷至 $-12℃$ 以下，否则遇冷又会返浑。这种方法设备投资大、生产费用高。此外，这种方法呈香成分损失也较大，对酒基要求较高。

17.2.2.2　仿生物膜透析法

本法是将待降度的白酒放在透析袋中，袋外容器中按一定比例放稀释用水，每隔 10min 左右振荡混合一次，促使杂乱运动的溶质分子通过透析袋的微孔从高浓度区向低浓度区扩散（即透析袋中的乙醇分子向容器中扩散，容器中小分子物质向透析袋中扩散），其他高分子的酯类则难以通过透析袋上的微孔进入容器中，这样即可在容器中得到清亮透明的低度白酒。但此法目前仅在实验室完成。

17.2.2.3　蒸馏法

根据棕榈酸乙酯、油酸乙酯、亚油酸乙酯沸点较高，不溶于水，而且蒸馏时这三种物质多集中于酒头、酒尾的特点，将组合酒加水稀释到 30%（体积分数）再次蒸馏，并掐头去尾。这样得到的酒再加水稀释也不会出现浑浊。此法理论上能解决低度白酒的浑浊问题，但酒中风味物质损失较多。

17.2.2.4　吸附法

利用吸附技术，将三种高级脂肪酸乙酯吸附出来，而尽可能不吸附或少吸附其他香味物质，从而可达到除浊的目的，使低度白酒清亮透明，并且能保持原酒基本风格。常用的吸附材料有活性炭、淀粉、硅藻土、高岭土、树脂及其他特制澄清剂等。各种吸附剂处理酒样的效果不同，常用的吸附法有以下几种。

（1）活性炭吸附法　活性炭具有吸附能力强、分离效果好、处理量大、价格低、来源容易等优点。由于活性炭来源或制造方法的不同，其吸附能力也有不同。目前，处理低度酒常用活性炭吸附法有两种，其一是活性炭加入酒内直接吸附法，其二是塔式吸附法。经过多次试验表明，塔式吸附法不但耗时短，活性炭可以反复使用，降低生产成本，而且操作方便，便于大生产应用。常用的活性炭有粉末状和颗粒状两种。塔式吸附法是将待处理白酒流经装有介质的塔，靠介质的吸附作用，除去酒中的棕榈酸乙酯、油酸乙酯、亚油酸乙酯等高级脂肪酸乙酯，及部分杂醇油和其他的酸类、醇类，使酒体变得清亮透明。

（2）淀粉吸附法　淀粉吸附法是国内生产低度白酒的常用方法之一。其吸附原理为：淀粉分子中的葡萄糖分子通过氢键卷曲成螺旋状的三级结构，聚合成淀粉颗粒，淀粉颗粒吸水膨胀后颗粒表面形成许多微孔，能吸附白酒中的浑浊物，再经过滤而除去。淀粉种类很多，以玉米淀粉为好。

（3）植酸澄清法　在浑浊失光的低度白酒中，或带黄色的白酒中（指染锈的酒）添加适量的植酸，静置过滤后即可得到澄清透明的酒液，该法对酒的香味物质含量、总酸、总酯等均无影响。酒液经低温冷冻处理，也不复浑。总之，植酸也是一种白酒除浑浊较为理想的澄清剂。

17.2.2.5　离子交换树脂吸附法

离子交换树脂吸附法是采用离子交换树脂与酒中的阴阳离子进行交换而除去造成低度白酒浑浊的成分，这是一种常用的分离、纯化、除杂的方法。具体所用树脂种类和工艺条件可根据酒基的实际情况通过试验确定。吸附达到饱和的树脂经再生液再生后重新使用。

17.2.2.6　无机矿物质吸附法

以天然无机矿物质如高岭土、麦饭石、硅藻土等多孔性物质作为吸附剂，有利于低度白酒的澄清。

17.2.2.7　超滤法

应根据酒液中要去除物质相对分子质量的大小，选择透析性不同的过滤介质。当酒液经过过滤介质时依照相对分子质量大小、沸点高低，通过或滞留在介质的两侧，达到除浊的目的。经超滤法处理后的白酒，能保持原酒风味不变，总酸、总酯不降低，无邪杂味。

在实际生产中上述方法可单独使用，也可结合使用。

17.2.3　低度白酒除浊应用实例

某酒业公司在处理低度酒时主要采用活性炭塔式吸附法和活性炭加入酒中直接吸附过滤法。塔式吸附法主要用于原酒的吸附过滤。介质是装在塔内的吸附剂。吸附是一种物质吸附和聚集在另一种物质表面的作用，这是库仑力、范德瓦尔斯力、偶极氢键力等综合作用的表现。用于除浊的吸附剂有多种，主要有变性玉米淀粉、硅藻土、高岭土、树脂、活性炭等。介质的选择首先要考虑其吸附能力和吸附效果。将以上介质分别装入层析管中进行处理试验，不同介质性质及处理结果如下。

酒在不同介质中流速不同其处理效率也有差别，不同介质流速见表 17-1。

表 17-1　不同介质的流速

介质	玉米淀粉	硅藻土	树脂	颗粒炭	高岭土
流速	较慢	较慢	快	快	极慢

不同介质耐低温程度见表 17-2。

表 17-2　不同介质耐低温程度

处理酒样	玉米淀粉柱	硅藻土柱	树脂柱	颗粒炭柱	高岭土柱
保持无色透明时最低温度	5℃	5℃	−12℃	−12℃	—

不同介质处理酒感官效果见表 17-3。

表 17-3　感官品尝对照表

处理酒样	玉米淀粉柱	硅藻土柱	树脂柱	颗粒炭柱	高岭土柱
评语	香味较浓、带有杂味	能保持原白酒风格	可较好地保持原白酒风格	可较好地保持原有酒风格	—

不同介质处理酒后其主体香己酸乙酯的损失率见表 17-4。

表 17-4　己酸乙酯损失率

处理酒样	玉米淀粉柱	硅藻土柱	树脂柱	颗粒炭柱	高岭土柱
损失率	4.6%	0.28%	17.8%	17.9%	—

通过以上试验数据可以看出，塔式吸附法处理低度酒较理想的介质是树脂和活性炭，由于颗粒活性炭较树脂价格低廉，因此，颗粒活性炭是较理想的处理介质。

选择活性炭也应有一定的质量要求，不但要求其脱色、脱臭能力高，吸附能力强，而且要求其处理后的白酒主体香味物质损失少，且能保持原酒的风格。据有关资料介绍：己酸乙酯分子直径为 1.4nm，若选用孔径为 1.4～2.0nm 的活性炭，己酸乙酯会进入微孔而被吸附，使白酒风格受损。若选用孔径小于 1.4nm 的活性炭，虽然己酸乙酯不能进入微孔，但对半径大的高级脂肪酸乙酯等物质吸附较少，达不到除浊的目的。只有选择孔径大于 2.0nm 的活性炭才能达到除浊的效果。

活性炭加入酒中直接吸附过滤法主要用于中间半成品的吸附过滤，根据吸附效果和最佳口感，经多次试验，探索出用粉末活性炭处理效果较好，而且根据酒体风格，粉末活性炭的加入量为 1‰～2‰。

具体操作流程如下：

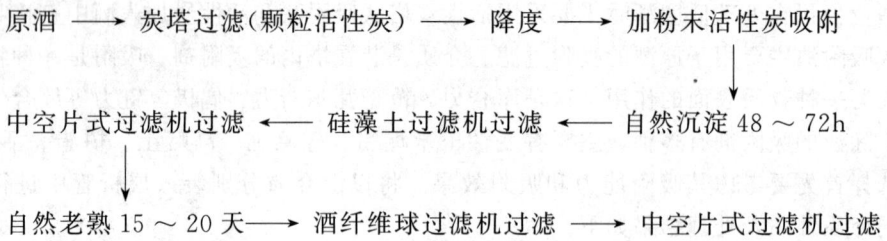

原酒 ⟶ 炭塔过滤（颗粒活性炭） ⟶ 降度 ⟶ 加粉末活性炭吸附

中空片式过滤机过滤 ⟵ 硅藻土过滤机过滤 ⟵ 自然沉淀 48～72h

自然老熟 15～20 天⟶ 酒纤维球过滤机过滤 ⟶ 中空片式过滤机过滤

第18章

调香白酒酒体设计

调香白酒是指以固态法白酒、液态法白酒、固液法白酒或食用酒精为基酒，添加食品添加剂调配而成，具有白酒风格的调配酒。本章将介绍调香白酒的特点、调香白酒生产原料及处理方法和调香白酒的生产技术等。学生通过本章的学习，应了解调香白酒的概念以及调香白酒生产的基础原料；掌握生产调香白酒过程中基础原料的处理方法；通过勾调的训练，掌握调香白酒勾调的基本技术。

18.1 调香白酒原料处理与增香

由于酿酒原料多种多样，酿造方法也各有特色，酒的香气特征各有千秋，故白酒分类方法有很多。按酿造的工艺特点可将白酒分为固态法白酒、固液结合法白酒和液态法白酒三类。

调香白酒是固液结合法白酒和液态法白酒的统称，是采用食用酒精为主要原料，配以多种食用香料（精）、调味液或固态法基酒，按名优酒中微量成分的量比关系或自行设计的酒体进行增香调味而成的一大类白酒。调香白酒既可以是某个香型的白酒，也可以是独创香型的白酒。

18.1.1 食用酒精处理

调香白酒所用的酒精必须达到食用级酒精标准，如果用来生产中、高档优质白酒，必须采用以玉米为原料、以六塔蒸馏工艺酿造的酒精，且应符合 GB/T 10343—2023 优级以上要求。

酒精中的杂质主要是醛、高级醇、酸、酯、挥发含氮物、硫化物等。醛和杂醇油是影响口感的主要因素之一；挥发性含氮物、硫化物对口感的影响也比较大。含有杂质的酒精必须经过脱臭处理后才能用来勾兑调香白酒。常用的酒精处理方法有以下几种。

18.1.1.1 酒类专用活性炭处理法

活性炭在活化过程中，产生了很多空隙，形成了活性炭的多孔结构。这些孔隙一般分为微孔、过渡孔、大孔三类。孔径不同，吸附对象也不同。例如，孔径在 2.8nm 的活性炭能吸附焦糖色，称为糖用活性炭；孔径在 1.5nm 的活性炭吸附亚甲蓝的能力强，称为工业脱色活性炭。对不同的酒基，应选用不同的活性炭来处理。

18.1.1.2　高锰酸钾处理法

高锰酸钾是一种强氧化剂，可氧化甲醇为甲醛，氧化甲醛、乙醛为甲酸、乙酸。反应式为：

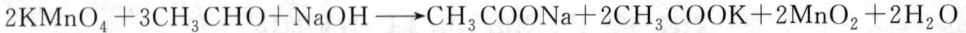

$$2KMnO_4 + 3CH_3CHO + NaOH \longrightarrow CH_3COONa + 2CH_3COOK + 2MnO_2 + 2H_2O$$

因此酒精中加入适量的高锰酸钾，对降低酒精中甲醇、乙醛等杂质含量有很显著的作用。为了防止酒精被氧化，一般反应在碱性条件下进行，所以加入高锰酸钾的同时应加入一定量的氢氧化钠。

18.1.1.3　活性炭和高锰酸钾联合法

在 100L 酒精含量为 57%～65% 的待处理酒基中加入 30～40g 活性炭（粉末或颗粒状），充分搅拌后作用 24h，过滤，然后加入按测定量计算的高锰酸钾溶液，充分搅拌，静置 8h 后进行复蒸，取蒸馏后的酒精作为处理酒基。

另一种简单的方法是，加入高锰酸钾，用量只要测定量的一半，控制最终锰离子含量不得超过 2mg/kg。作用 8h 后，再加入活性炭（用量为 0.3～0.4g/L），作用 24h 后过滤。处理时高锰酸钾和活性炭用量要严格控制，并细致过滤，以免影响酒基的质量。

18.1.1.4　化学精制法

该法是将酒精先进行化学处理，即加入氢氧化钠，然后再进行重新蒸馏。加入氢氧化钠的作用：

① 皂化酯类，使挥发性的酯类转变成酒精及不挥发性的盐类。

$$RCOOR' + NaOH \longrightarrow R'OH + RCOONa$$

② 中和挥发酸，将酸类变成不挥发的盐类。

$$CH_3COOH + NaOH \longrightarrow CH_3COONa + H_2O$$

③ 缩合乙醛，将挥发性乙醛聚合成红色沉淀。

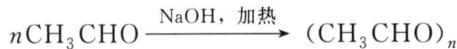

$$nCH_3CHO \xrightarrow{NaOH, 加热} (CH_3CHO)_n$$

18.1.1.5　蒸馏法

蒸馏可分釜式间隙蒸馏和塔式蒸馏两种。从处理效果上讲，釜式间隙蒸馏有利于掐头去尾，便于排出杂质，不足之处是工效低，能耗高，酒损大。用酒精塔连续蒸馏，各项杂质排除更方便、更彻底，而且效率高，酒精质量提高更大。

18.1.1.6　热处理法

将酒精加热处理，处理后的酒精中不饱和化合物发生缩合作用，可使酒精本身味道变得柔和，氧化时间增加。

18.1.1.7　白酒净化器处理法

净化是通过净化介质来完成的。净化介质是由不同型号的分子筛按一定比例配制而成的，它们具有选择性吸附的能力，分子较大或分子极性较强的引起浑浊的物质或杂味物质被吸附；相反，分子较小，分子极性较弱的不被吸附。白酒净化器不仅对各种组合酒具有良好的除浊净化功能，对新酒具有一定的催陈作用，而且对酒精具有良好的脱臭除杂功能（和处理组合酒的介质不一样），经处理的酒精无明显的刺激、暴辣和不愉快的酒精味。

18.1.2　酒精增香

18.1.2.1　酒精串蒸香醅

当前各厂普遍采用的方法，一般是先将高度酒精稀释至酒精含量为 60%～70%，倒入甑桶底锅，用酒糟或制作好的香醅作串蒸材料。串蒸比（酒糟∶酒精）一般为（2～4）∶1。若比例过大，成品酒虽香，但不协调，反而影响产品质量；比例过小，香短味淡。在保证成品酒质量的前提下，应少用香醅，可降低成本。串香操作时要注意以下几方面问题。

（1）对装甑的要求　串香蒸酒装甑时要轻、松、薄、匀、缓，不压汽、不跑汽、不坠甑。为了使气化后的酒精分子能与香醅层充分接触，在装甑过程中，必须撒得准、撒得松、撒得平，使汽上得齐，不压汽，不跑酒。具体操作过程为：将出池香醅加入适量的稻壳（稻壳要清蒸）拌和均匀，先在甑底撒少许稻壳，装一层香醅，厚度约 15cm，然后将上述比例的食用酒精与前锅酒稍加入底锅，混匀后浓度为 50%（体积分数）左右，或将食用酒精加浆稀释到一定浓度，然后开汽加热，稍待片刻，让酒精蒸气上升时，按上述要点进行装甑。在装甑满 4/5 时，即打醅墙，装满后迅速盖上甑盖，进行蒸酒。串香白酒同样要截头去尾，根据实践经验，每甑截酒头 0.5～1.5kg，作回酒用，以断花去尾（50%左右）为宜。初摘的酒尾作回酒用，浓度较低的回下一次底锅进行重新蒸馏。

（2）串香蒸酒的速度　串香蒸酒宜缓慢进行，这样可使酒精蒸气与香醅层充分接触，促进相互间的物理与化学反应，提高成品酒的风味。一般流酒速度为 7.5～8kg/min 较宜，每甑流酒时间为 85min 左右。

（3）串香流酒的温度　串香流酒的温度，直接影响成品酒的质量。根据生产实践经验，流酒温度以 25℃左右为宜。

（4）注意串香的酒基和香醅的质量　串香用的酒精必须是符合食用酒精国家标准 GB/T 10343—2023 的产品，应干净无杂味，加水降至酒精含量为 60%～70%后串蒸；另外要制作优质的香醅。每锅装醅 850～900kg，使用酒精 210～225kg（以酒精含量为 95%计），串蒸一锅的作业时间为 4h，可产酒精含量为 50%的白酒 450～500kg，以及酒精含量为 10%的酒尾 100kg，耗用蒸汽 2t 左右，串蒸酒损 4%～5%。串蒸后的酒精含量为 50%的白酒，其总酸可达 0.08g/L 以上，总酯可达 0.15g/L 以上，相当于在酒精中添加 10%的固态法白酒的水平。

18.1.2.2　浸香法

该法用酒精浸入或加入香醅中，然后通过蒸馏把酒精与香味物质一起取出来。浸香法的优点是能使香醅中香味物质较多地浸到酒精中。缺点是酒精损失大、耗能高，且香醅中的一些杂味物质也极易带入酒中，故目前各企业已很少采用这种方法。

18.1.2.3　调香法

调香白酒调香的香源有 3 种：一是传统固态法发酵的白酒及发酵过程中的副产品，如香糟、黄水、酒头、酒尾等；二是酒用香精香料；三是自然香源，如各种草药以及各种植物、花卉的花、根、茎、叶等。

目前调香白酒大多以固态法发酵的白酒及相关产物为调香剂，尽量使用生物途径产生的混合香源，少用或不用纯化学合成的香源。

18.1.3　调味调香

调香白酒的调味调香主要有三个方面，即酸味的调整、甜味的增加和醛类的功能及调整。

18.1.3.1　酸味的调整

调香白酒调酸的原则是酸与酯的平衡，其根据为以下四点。

① 中国名优白酒大多数是遵循酯低酸高的规律。

② 酸味对其他香味物质有重要的衬托助长作用。酸度不够，酒体往往不丰满，香味也不协调；酸高，其他香味成分含量偏低，也会严重影响酒体。

③ 国外著名的蒸馏白酒酯低，酸低，"伏特加"酒甚至无酸也无酯。

④ 调香白酒加入部分酒精后，所有的香味成分均得到稀释。酯降低了，酸也降低。有些企业在调香白酒中又加入大量的外来酯类，而忽略对酸味的调整，造成了这类调香白酒饮用后不舒适、副作用大的严重缺陷。

用于调香白酒调酸的种类，最好是黄水、酒尾、尾水中含有的经发酵生成的混合酸类。这些酸味物质不仅能提高调香白酒的固态法白酒风味，更重要的是能与各种酯类很好配合，使酒的口味协调，饮用的副作用减少。必要的时候，也可以用纯度高的几种有机酸食用香料以一定比例配制成调味酸，用来勾调调香白酒。

调味酸一：乙酸 100mL，己酸 70mL，乳酸 300mL，丁酸 25mL，用特级酒精含量为 52% 的酒精溶液稀释至 1000mL。

调味酸二：乙酸 45mL，己酸 20mL，乳酸 115mL，丁酸 4mL，用酒精含量为 52% 的酒精溶液稀释后使用。

调味酸三：异丁酸∶丙酸∶戊酸∶异戊酸＝0.2∶0.6∶0.9∶1.0（体积比），用食用酒精稀释至 5～10 倍后使用。

调味酸一主要是酸性调味液，用量较大，调味酸二在白酒达到味觉转变后使用，用量较小，效果突出。

此外，大量的实践经验表明，在调香白酒的调味中用董酒和风味乙酸来调酸味，效果也相当好。

调香白酒的酸酯平衡是勾调成功的关键，在勾调中酯过高，酸偏低时，酒体表现为香气沉闷、口味淡薄、杂感丛生。一般在低酯情况下，即总酯含量不超过 2.5g/L 前提下，酸与酯的比例保持在 1∶2 左右较好。例如，低档调香白酒的总酸为 0.5～0.6g/L，总酯可为 1.0g/L 左右；中档调香白酒总酸为 0.8～0.9g/L，总酯可为 2.0g/L 左右；高档调香白酒总酸为 1.0g/L 以上，总酯可为 2.5g/L 左右。

18.1.3.2　甜味的增加

调香白酒中加入适量甜味物质会增加酒体的丰满感，常用的甜味剂是白砂糖。使用方法如下。

（1）制糖浆　在不锈钢或铜锅中制备糖浆，先加水 100L 煮沸，再加入砂糖 196kg，待溶化后按 1kg 砂糖加 10g 柠檬酸，继续加热，使糖液沸腾，趁热出锅，出锅糖浆应为无色或微黄色透明黏稠状液体。熬糖时应经常搅拌，防止造成糖浆老化，熬糖火力要均匀。熬糖时加入少许柠檬酸，不仅可以加速糖的转化，还可防止糖液结晶。

（2）用砂糖制糖色　取 10kg 砂糖放入熬糖锅中，然后倒入水 1L（糖水比为 10∶1），开始加热。先用微火，以后逐渐加大火力并不断搅拌。砂糖溶解后，颜色逐渐变黄，进而变成黑褐色。当颜色合适时，停止"焦化"，去掉火力，趁热在细筛上过滤。为防止污染，可在糖色装入贮存容器后，再加入 85% 的脱臭酒精，使糖色溶液的酒精浓度在较高的水平，起到防腐作用。

调香白酒加糖的范围应在 2～10g/L。高于这个范围，甜味突出，有失白酒风格。其他甜味剂的使用，要遵照说明书，先做小样试验找出最佳用量后再投入大生产使用。

18.1.3.3　醛类的功能及调整

在调香白酒调味调香过程中，还要注意醛类物质的功能及调整问题。如前所述，醛类化合物与酒的香气关系密切。白酒中醛类物质主要是乙醛和乙缩醛，其次是糠醛，它们占总醛物质的 98%。它们与羧酸共同组成白酒中的协调成分。酸偏重于口味的平衡和协调，而乙醛和乙缩醛主要是对白酒香气的平衡和协调。

醛类在调香白酒中主要起以下几方面的作用。

（1）携带作用　白酒的溢香、喷香与乙醛的携带作用有关，乙醛的沸点低，只有 20.8℃，很容易挥发，它可以"提扬"其他香气成分的挥发。

（2）阈值的降低作用　乙醛的存在可降低部分可挥发性物质的阈值，提高放香感知的整体效果。

（3）掩蔽作用　酸和醛的功能不一样，酸压香增味，醛则提香压味。处理好这两类物质间的平衡关系，就不会显现出有外加香味物质的感觉。醛可提高酒中各香味成分的相容性，掩盖白酒中某些成分过分突出的弊端。

此外，乙醛和乙缩醛的比例也相当重要，是影响白酒香气是否协调的重因素。一般来讲，乙醛∶乙缩醛＝3∶4～1∶1 为宜，比值波动的范围不能过大。

18.2　调香白酒的勾兑与调味

18.2.1　串蒸酒为酒基的酒体设计

（1）对串蒸酒进行常规理化指标分析和气相色谱检测　把串蒸酒加浆降至标准酒精度，如果勾调酒精度为 38%vol～46%vol 的酒应用活性炭处理，活性炭的用量一般在 0.3%～0.5%，处理时间一般在 24～48h，过滤后备用。过滤后的串蒸酒进行常规理化指标分析和气相色谱检测。

（2）色谱骨架成分的计算　根据设计的酒体色谱骨架成分，以 100mL 酒中成分的质量（mg）表示，并计算。如己酸乙酯的设计值为 186mg/100mL，经上述色谱检测，串蒸酒中含己酸乙酯 50mg/100mL，应添加己酸乙酯的量＝186－50＝136（mg/100mL），一般做小样（或放大样）时往往以体积为单位添加，所以应把 136mg/100mL 的添加量换算成体积（如 mL 或 L）的添加量。己酸乙酯的相对密度为 0.873，136mg 的己酸乙酯的体积数 136/0.873＝155.8mL。此外，还要考虑己酸乙酯纯度这一因素的影响，如己酸乙酯的纯度为

98%，则还要换算成100%纯度的添加量，那么实际的添加量为155.8/0.98＝159.0mL。以此类推，可以求出其他色谱骨架成分的添加量。

此外，对乙醛来讲，市售的乙醛是40%水合乙醛，例如，需补加乙醛30mg/100mL，那么经换算实际的添加量则为：30/0.4＝75mg。但因40%的乙醛水溶液在放置过程中能聚合成三聚乙醛，它不溶于水，为一种油状液体浮在上层，下层为水合乙醛，只能用分液漏斗分出下层来调酒，三聚乙醛不能用来调酒。

根据计算好的各香味成分的添加体积数一次配200mL或400mL，采用不同体积的微量进样器加入各种成分，为消除计量上的误差，应遵循一次加足数量的原则。如需加100μL的某成分，不能用50μL的微量进样器分2次加入，而应用100μL的微量进样器一次加入100μL的量。

采用混合酸调味，混合酸的配方如前所述。取100mL上述已配好的样品酒，用微量进样器滴入稀释好的混合酸摇匀，静置后尝评，开始加5～10μL，越到后边用量越小，加1～2μL，当酒的苦味逐渐消失而出现甜味时，说明该酒已达味觉转变区间。依次加入量的总和即为合适量。另外再取100mL同样的样品酒，一次加入总酸量的95%以核对味觉转变区是否找准。为什么不能一次全部加入？因为尝评次数多，体积发生变化，加的次数多易产生误差，否则在放大样时就会差之毫厘，谬以千里。

（3）放大样的计算　小样做成后，以小样的各种添加剂用量为准进行扩大计算。方法有两种：一种是以勾调罐的体积计算，换算关系为：$1m^3＝1000L$，$1L＝1000mL$，$1mL＝1000μL$。以己酸乙酯为例，如做小样时其添加量是60μL/100mL，勾调罐体积是20.5m³，则己酸乙酯的添加量为

$$\frac{20.5 \times 60}{100} = 12.3(L)$$

另一种是以勾调酒的实际质量计算。例如，要调配20t酒精度为52.0%的白酒，己酸乙酯的小样添加量仍为60μL/100mL，则放大样时己酸乙酯的添加量为：

$$\frac{20 \times 60}{100 \times 0.92621} = 12.96(L)$$

式中　0.92621——酒精度为52%的酒的相对密度。

放大样时，把计算好的添加剂依次加入，要求乙醛水溶液第一个加入，混合酸最后加入。搅拌均匀，混合酸不可全部加入，只加小样量的80%～90%，便于后面有调整的余地。另外要考虑加入一定比例的固态法白酒所带来的影响。

18.2.2　酒精与一种固态酒的酒体设计

酒精与一种固态酒的酒体设计一般有两种方法：一是已勾调好的串蒸酒与固态法白酒的组合；二是已调好的酒精与固态法白酒的组合。目前许多厂家为方便和效益考虑，大多用降度以后的酒精和部分曲酒按一定比例混合后进行勾调。方法简介如下：

首先必须对固态法白酒和食用酒精（所需的酒精）进行尝评。根据固态法白酒的用量为总量的10%～50%的比例，组合好组合酒。组合酒一般口感淡薄、回甜、有明显的酒精味，略带固态酒的风味。若固态法白酒本身有异杂味，可能因组合酒精而被冲淡，某些偏高的香味成分同时被稀释，从而形成新的酒体。例如，做一个浓香型固液勾兑白酒，己酸乙酯含量为220mg/100mL，类似名酒风格，酒精含量为46%。

（1）材料

① 固态法白酒：酒精度为 60％，经气相色谱检测，色谱骨架成分（单位：mg/100mL）为：己酸乙酯 210，己酸 20；乙酸乙酯 190，乙酸 25；乳酸乙酯 270，乳酸 60；丁酸乙酯 30，丁酸 15。

口感：闻香较好，酒体较醇厚，但尾涩，不协调，有新酒味，略带青草味（乳酸乙酯、乳酸偏高的结果）。

② 食用酒精：最好经酒类专用炭或白酒净化器进行脱臭除杂处理。

③ 优质酒用香精香料。

④ 调味酒：窖香调味酒、糟香调味酒、陈味调味酒等。

⑤ 用具：50μL 和 100μL 微量进样器、2mL 的医用注射器（配 $5\frac{1}{2}$ 号针头）、烧杯、锥形瓶、量筒等容器。

（2）基酒组合 将固态法白酒和食用酒精加浆降至酒精度为 46％，然后按固液比例分别为 1:9、2:8、3:7、4:6、5:5 的不同比例组合小样。经尝评比较，1:9 比例的样品其固态法白酒风味小，其他三种口感相近，从成本考虑，选择 2:8 固液比例较适宜，并组合出 1000mL 基酒。则上述各色谱骨架成分的含量变化为：

己酸乙酯： $210×38.7165％×20％/52.0879％＝31.2$（mg/100mL）

式中 38.7165％——酒精度为 46％对应的质量分数，下同；

51.0879％——酒精度为 60％对应的质量分数，下同。

乙酸乙酯： $190×38.7165％×20％/52.0879％＝28.2$（mg/100mL）

乳酸乙酯： $270×38.7165％×20％/52.0879％＝40.1$（mg/100mL）

丁酸乙酯： $30×38.7165％×20％/52.0879％＝4.5$（mg/100mL）

乙酸： $25×38.7165％×20％/52.0879％＝3.7$（mg/100mL）

己酸： $20×38.7165％×20％/52.0879％＝3.0$（mg/100mL）

乳酸： $60×38.7165％×20％/52.0879％＝8.9$（mg/100mL）

丁酸： $15×38.7165％×20％/52.0879％＝2.2$（mg/100mL）

根据某名酒色谱骨架成分含量及量比关系：己酸乙酯为 220mg/100mL（单位以下同），乙酸乙酯为 118.8（$220×0.54＝118.8$，其中 0.54 为乙酸乙酯和己酸乙酯的适宜比例），乳酸乙酯为 165.0（$220×0.75＝165.0$，其中 0.75 为乳酸乙酯和己酸乙酯的适宜比例），丁酸乙酯为 22（$220×0.1＝22.0$，其中 0.1 为丁酸乙酯和己酸乙酯的适宜比例），己酸为 20，乙酸为 45，乳酸为 45，丁酸为 10。通过数学计算，得到基酒中应补加各香味成分的量分别为：

己酸乙酯＝$220－31.2＝188.8$（mg/100mL）

$$\frac{188.8}{0.873×98％}＝220.6 （μL/100mL）$$

式中 0.873——己酸乙酯的相对密度。

乙酸乙酯＝$118.8－28.2＝90$（mg/100mL）

$$\frac{90}{0.901×98％}＝101.9 （μL/100mL）$$

式中 0.901——乙酸乙酯的相对密度。

乳酸乙酯＝$165.0－40.1＝124.9$（mg/100mL）

$$\frac{124.9}{1.03 \times 98\%} = 123.7 \text{（}\mu\text{L/100mL）}$$

式中　1.03——乳酸乙酯的相对密度。

$$丁酸乙酯 = 22 - 4.5 = 17.5 \text{（mg/100mL）}$$

$$\frac{17.5}{0.879 \times 98\%} = 20.3 \text{（}\mu\text{L/100mL）}$$

式中　0.879——丁酸乙酯的相对密度。

$$己酸 = 20 - 3 = 17 \text{（mg/100mL）}$$

$$\frac{17}{0.922 \times 98\%} = 18.8 \text{（}\mu\text{L/100mL）}$$

式中　0.922——己酸的相对密度。

$$乙酸 = 45 - 3.7 = 41.3 \text{（mg/100mL）}$$

$$\frac{41.3}{1.049 \times 98\%} = 40.2 \text{（}\mu\text{L/100mL）}$$

式中　1.049——乙酸的相对密度。

$$乳酸 = 45 - 8.9 = 36.1 \text{（mg/100ml）}$$

$$\frac{36.1}{1.249 \times 98\%} = 36.1 \text{（}\mu\text{L/100mL）}$$

式中　1.249——乳酸的相对密度。

$$丁酸 = 10 - 2.2 = 7.8 \text{（mg/100mL）}$$

$$\frac{7.8}{0.964 \times 98\%} = 8.3 \text{（}\mu\text{L/100mL）}$$

式中　0.964——丁酸的相对密度。

其他一些香味成分如醇、醛等同样做相应的补加，使酒体协调丰满。

基酒的调味，正常情况下，单种调味酒的用量在0.1%左右，一般不超过0.3%；具体操作和食用香精香料相似：取100mL初组合好的基酒，加一种或两种以上的调味酒，经反复试验，得到较好方案（如窖香调味酒18滴、糟香调味酒15滴、陈味调味酒12滴），经尝评，窖香较好，酒体浓厚，醇和绵软，尾净余长，具有固态法白酒的风格，调香感不明显，风格典型。

通过调味，使酒体放香得到改善，酒体更加醇和绵软，以掩盖令人不愉快的香精味和酒精味，使白酒具有良好的固态法白酒的风味，且具有典型的风格。通过上述的小样勾调工作，确定固液比例为2∶8以及小样中各种食用香精香料和各种调味酒用量，按此方案，再适当放大勾兑，经复查质量达到小样要求，就可以进行大样勾调。

18.2.3　酒精与多种固态酒的酒体设计

（1）材料

① 1#原酒：酒精度67.2%vol，己酸乙酯含量284mg/100mL。

② 2#原酒：酒精度66.7%vol，己酸乙酯含量254mg/100mL。

③ 优级食用酒精（95.5%vol）。

（2）设计要求　用以上基酒配制54%vol成品酒若干个，己酸乙酯含量为210mg/100mL。

（3）设计过程

① 原酒降度。

将 67.2％vol 原酒降至 54％vol。

将 66.7％vol 原酒降至 54％vol。

将酒精降至 54％vol。

② 查 67.2％vol、66.7％vol 和 54％vol 的酒对应的质量分数。

67.2％vol 酒质量分数为：59.4354％。

66.7％vol 酒质量分数为：58.9139％。

54％vol 酒质量分数为：46.2202％。

③ 计算降度后己酸乙酯的含量。

$$67.2\%vol 酒降度后己酸乙酯含量 = 284 \times \frac{46.2202\%}{59.4394\%} = 221 （mg/100mL）$$

$$66.7\%vol 酒降度后己酸乙酯含量 = 254 \times \frac{46.2202\%}{58.9139\%} = 199 （mg/100mL）$$

④ 小样组合。

酒样 1：1$^\#$酒 30％、2$^\#$酒 40％、酒精 30％进行酒体组合。

　　　　　己酸乙酯 = 221×30％+199×40％ = 145.9 （mg/100mL）

酒样 2：1$^\#$酒 20％、2$^\#$酒 30％、酒精 50％进行酒体组合。

　　　　　己酸乙酯 = 221×20％+199×30％ = 103.9 （mg/100mL）

⑤ 己酸乙酯的补加量。

酒样 1：　　　　　　　210-145.9 = 64.1 （mg/100mL）

酒样 2：　　　　　　　210-103.9 = 106.1 （mg/100mL）

考虑己酸乙酯的密度为 0.873，己酸乙酯的实际补加量为：

　　　　　　酒样 1 = 64.1/0.873 = 73.42 （μL/100mL）

　　　　　　酒样 2 = 106.1/0.873 = 121.53 （μL/100mL）

18.2.4　以食用酒精为基酒的酒体设计

以食用酒精为基酒的酒体设计关键是要搞好配方的设计。配方设计以名优白酒的微量成分含量及其相互间的量比关系、各微量成分的香味界限值和各单体香料的风味以及白酒的理化卫生指标等为主要依据。首先拟订模仿什么香型、什么风味的酒，然后拟订设计原则，进行计算、试配、尝评，再反复调整逐步完善。

配方设计的方法一般有两种：分比例设计和全比例设计。

18.2.4.1　分比例设计

分比例设计主要是先确定主体香味成分的含量范围，再通过其他成分与主成分的比例关系，推导出其他成分的用量，再根据各个组分之间的比例进行调整，或选择其中某些成分含量，分别确定其使用量，或通过试验进行优选，以取得最佳值。

18.2.4.2　全比例设计

首先确定和选择模拟酒的各类量比关系，再确定各类微量成分中各组分的量比关系，通过计算得出总酯、总酸、醇类、羰基化合物等的各自含量，再分别计算各类中的各组分含量。根据某些法则或特殊要求进行调整。先进行统计、试配、尝评、调整、再试配、再尝评，并逐步完善。

参 考 文 献

［1］ 吴敏彩. 浅析我国调香白酒生产技术的发展 ［J］. 科技创新与应用，2013（27）：132.

［2］ 朱帅，王冬梅，陈波，等. 白酒酒体设计中几种分析工具的应用研究 ［J］. 酿酒科技，2022（02）：65-68.

［3］ 黄莹琪，阳飞，王伟平，等. 中国白酒活性功能因子及其研究进展 ［J］. 酿酒科技，2017（08）：17-21.

［4］ 喻国霆. 特型酒中的高级醇与典型风格 ［J］. 酿酒科技，1995（01）：94.

［5］ 王瑞明. 彭茵，张广据. 白酒勾兑技术 ［M］. 北京：化学工业出版社，2023.

附录1

理论试题及参考答案

理论试题　　试题参考答案

附录2

白酒工业术语

附录3

酒精体积分数、质量分数、密度对照表

附录 4

酒精计温度与 20℃酒精度（乙醇含量）换算表

（引自 GB 5009.225—2023《食品安全国家标准　酒和食用酒精中乙醇浓度的测定》）